高等学校规划教材

化学实验室安全基础

孙建之 王敦青 杨 敏 主编

HUAXUE
SHIYANSHI
ANQUAN
JICHU

U0234993

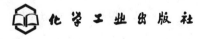
化学工业出版社
·北京·

内 容 简 介

《化学实验室安全基础》的内容与安全科学的专业思想融合，对化学品知识、安全原理、安全管理等内容进行了系统性介绍。全书共分九章，第一章介绍了实验室安全管理中存在的问题、安全常识和安全教育的必要性。第二、三章讲述了安全科学的基本概念和安全管理的基本知识，有助于学生加深对实验室安全共性和特性的认识，旨在从安全科学的角度让学生树立"大安全观"。第四～八章详细讲解了化学实验的安全知识，包括化学品、危险化学品、消防安全、常用压力容器、安全用电常识等内容，以提高学生的专业素养。第九章介绍了实验室废弃物的各种处理方法，以培养学生的环保意识。书中列举了大量的安全事故典型案例，以加深学生对安全知识的理解。为了方便学生的学习，每章提供了学习目标、习题等，课程思政元素和课件在每章开篇以二维码形式呈现供参考。

《化学实验室安全基础》既可作为高等院校化学相关专业的教材，又可供从事化学实验工作或从事化学研究的技术人员参考。

图书在版编目（CIP）数据

化学实验室安全基础/孙建之，王敦青，杨敏主编
. —北京：化学工业出版社，2021.6（2024.1 重印）
高等学校规划教材
ISBN 978-7-122-39166-7

Ⅰ.①化…　Ⅱ.①孙…②王…③杨…　Ⅲ.①化学实验-实验室管理-安全管理-高等学校-教材　Ⅳ.①O6-37

中国版本图书馆 CIP 数据核字（2021）第 092901 号

责任编辑：宋林青　　　　　　　　　　文字编辑：刘志茹
责任校对：王　静　　　　　　　　　　装帧设计：史利平

出版发行：化学工业出版社（北京市东城区青年湖南街 13 号　邮政编码 100011）
印　　刷：三河市航远印刷有限公司
装　　订：三河市宇新装订厂
787mm×1092mm　1/16　印张 13¼　字数 305 千字　2024 年 1 月北京第 1 版第 6 次印刷

购书咨询：010-64518888　　　　　　　售后服务：010-64518899
网　　址：http://www.cip.com.cn
凡购买本书，如有缺损质量问题，本社销售中心负责调换。

定　　价：35.00 元

前言

　　《化学实验室安全基础》是针对我国实验室安全教育体系的现状和发展趋势，遵循专业认证标准和教学质量国家标准的要求而编写的，教材内容与安全科学的专业思想融合，对化学品知识、安全原理、安全管理等内容进行了系统性介绍。

　　全书共分九章，第一章介绍了实验室安全管理中存在的问题、安全常识和安全教育的必要性。第二、三章讲述了安全科学的基本概念和安全管理的基本知识，有助于学生加深对实验室安全的共性和特性的认识，旨在从安全科学的角度让学生树立"大安全观"。第四～八章详细讲解了化学实验的安全知识，包括化学品、危险化学品、消防安全、压力容器、安全用电常识等内容，提高学生的专业素养。第九章介绍了实验室废弃物的各种处理方法，培养学生的环保意识。书中列举了大量的安全事故典型案例，以加深学生对安全知识的理解。

　　《化学实验室安全基础》中蕴含着丰富的课程思政元素，根据本科专业类教学质量国家标准，结合课程特点，教材每章都对政治认同、家国情怀、文化自信、法治意识、科学思维、创新思维、工匠精神、团队协作、工程伦理、生态环保等课程思政目标进行了举例，旨在抛砖引玉，引起大家对该问题的进一步研究。

　　为了方便学生学习，每章都提供了教学目标、重点与难点、习题等内容。另外，本教材对一些教学资源进行了一体化设计，嵌入了二维码，扫码可查看课程思政元素和课件。

　　本书由德州学院化学化工学院孙建之、王敦青、杨敏、董岩、王新芳、孔春燕、王芳编写，最后由孙建之统稿定稿。

　　本书编者长期从事一线教学，经验丰富。编者根据教学的实际经验，参阅国内外相关教材及文献资料，编写了本教材，在此对相关兄弟院校的同行、专家表示诚挚的谢意。

　　本书在编写过程中，得到山东省本科教改项目（M2018X015）、山东省精品课程、德州学院教材建设基金项目、实验技术项目等的资助，并得到化学工业出版社的支持与帮助，在此深表感谢。

　　由于化学实验室安全涉及的知识面非常广，编者力图建立"大安全"的课程体系，但由于水平所限，难免存在一些不当之处，敬请读者批评指正。

编者　于德州学院（山东德州）

2021 年 5 月

目录

习题参考答案

参考文献

第一章

化学实验室概述

第一章课程思政

第一章课件

第一节　化学实验室安全管理

在当今高等教育改革的背景下，人才培养的一个重要方面是实践能力培养。化学是一门以实验为基础的学科，化学实验室是高校开展实验教学及科学研究等的重要场所，同时也是高校培养学生实践能力、创新意识、专业素养的必备场所，在实践育人和人才培养方面发挥着越来越重要的作用。在应用型人才培养的背景下，实验室的使用频率更高，人员流动性更大。化学实验室因危险因素多，一直是高校安全管理的重点场所。虽然各高校都有比较完善的实验室管理规章制度，对实验室的管理也越来越严格。但近年来，高校化学实验室的安全事故仍时有发生，造成人员伤亡与财产损失，实验室安全已经成为高校的一项热点和难点工作。化学实验室只有建立完善的实验室安全保障体系，才能最大限度地降低安全风险，更好地为应用型人才培养服务。

发生实验室安全事故的原因，从主观因素上看，是因为参加实验的学生不按流程规范操作，或者顺序混淆、操作失误。例如配制硫酸溶液时，错将水往浓硫酸里倒；或者配制浓 NaOH 溶液时，未等冷却就把瓶塞塞住摇动，导致发生爆炸。从客观因素上来看，设备老化、设备故障也是造成实验室安全事故不可忽视的原因：各种电器设备在开、关和短路时往往产生火花，如果与易燃气体接触，极易发生火灾。实验后插座不拔或者不关闭电源也有可能引起火灾。

对 2010～2015 年国内外高校 95 起实验室安全事故（中国大陆高校占 66 起）进行分析，结果表明：爆炸与火灾占 68%，泄漏占 12%，生物安全占 11%，中毒占 2%，其他占 7%。触发安全事故的主要原因是违反实验操作规程或实验操作不慎，占事故总数的 52%。

一、化学实验室安全管理中存在的问题

化学实验室的不安全因素可以分为人的因素和物的因素两部分。化学实验室在试剂的种类和数量上远远大于其他学科的实验室，在这些试剂中，有些属于易燃、易爆和有毒的危险化学品。另外，在实验过程也会经常使用高温、高压的各类仪器设备以及各类压缩气体钢瓶等，如果管理不善或使用不当，就会引起火灾、爆炸、灼伤等事故。这些"物"所潜伏的危险因素是客观存在的，我们无法回避。因此，我们能做的就是从"人"的方面考虑，把危险限制在可控的范围之内。目前，高校各个部门越来越重视实验室安全，也制定了各项管理规章制度并配专人管理，易制毒等危险化学品均有具体的领用、使用汇总等台账明细。但由于化学试剂数量大、分布广，因而仍然存在一些问题。

1. 安全管理薄弱

目前，实验室的安全问题越来越受到重视，虽然相关部门多次强调安全的重要性，并且每学期都要进行实验室安全检查，但是安全检查有时只是流于形式，既没有操作性强的实施细则，又没有相应的奖惩措施，难以起到好的效果。虽然各高校逐步建立了实验室的各项安全管理规章制度，但这些规章制度大部分只是挂在墙上或放在档案柜中，很少有人认真研读这些制度，更别说根据本校实验室的实际情况进行有针对性的修订了。另外，专职的实验室安全管理人员数量不足，没有更多的精力对实验室中的不安全因素进行全面的分析和管控。实验室安全涉及实验管理中心、后勤处、保卫处、二级学院等多部门的交叉管理，遇到问题往往需要协调多个部门，既浪费精力又不能及时解决。

2. 教师的安全知识欠缺

一般认为大学教师都具有比较全面的安全知识与防护技能，但教师是学术领域的专家，并不等于是安全专家，实际上，虽然大学教师都接受过严格的高等教育，但我国在大学阶段缺乏相应的安全课程，所掌握的实验室安全知识基本上只是个人实践经验的积累。这些安全知识虽然实用，但知识有局限性且系统性差，教师本身的安全素质有待提高。例如：上课时，实验室的前后两个门都要打开，以便遇到突发事故时及时疏散学生，有些教师习惯性只开一个门，经常是上了一学期的实验课，有的门上的封条还是完好的。另外，部分教师对实验室安全的重要性认识不足，甚至有抵触心理和侥幸心理。当教师讲给学生时，有些学生不以为然，对讲授的安全知识只知其然不知其所以然，甚至有学生误认为实

验室安全就是几条"注意事项"。

3. 学生缺少系统的安全知识教育

虽然国家法律法规要求高校化学实验室实施安全教育，但是由于课时、经费、师资等多方面的原因，许多高校忽略了实验室安全知识和理念的教育，并没有将安全教育纳入高校的教育教学体系。没有独立的安全教育课程，使实验课程教学存在安全隐患。有的为了应付检查，只是在大学一年级的实验教学计划中加上一节安全知识，有的甚至流于形式，造成学生的安全知识缺乏：有些学生做完一学期的实验，连实验室里最基本的水电开关的位置都不清楚。例如：水管的总阀门在什么地方？怎样开关阀门？配电箱中的各个电源开关分别控制哪部分电路？这些虽然听起来是"小儿科"，但的的确确是学生所欠缺的。其实，实验室安全不是僵化的知识，而是灵活的技能，不是让学生记住各个条目，而是让学生遇到问题时能够迅速、正确地处理。从这个角度讲，安全知识教育就是安全知识的实际应用。目前，大部分院校采用实验准入制度，根据安全知识考试成绩来判断能否进入实验室。显然，仅仅根据考试成绩是不全面的。

4. 学生创新创业活动增加了危险隐患

随着高校逐步开展创新创业教育，越来越多的学生进入开放实验室开展科技竞赛活动。这部分学生流动性大，并且有的学生做实验比较随意，认为有些操作规程太麻烦，对实验中存在的危险因素认识不足。指导教师一般只是嘱咐学生做完实验后，关上水、电、门、窗，很少对学生进行系统的安全教育。竞赛活动用到的试剂及仪器设备比实验课更多、更复杂，且实验时间长，有时候只有一两个学生做实验，发生危险时没有老师和其他同学及时提醒，由此带来的不安全因素更多。另外，有些学生专业知识不足，动手能力弱，实验室安全意识薄弱及安全知识缺乏导致自我管理能力差，遇到突发事故更容易忙中出错，这些学生更需要强化实验室安全教育。

5. 化学试剂的管理

化学试剂的管理一般可分为危险化学品的管理和非危险试剂的管理两类。目前高校各个部门越来越重视危险化学品的管理问题，一般有单独的危险化学品仓库，制定了各项管理规章制度并且有具体的领用、使用汇总等台账明细。但是，由于危险化学品的种类繁多，为了使用方便，一般只是把剧毒化学品等放置在危险化学品仓库，许多易燃性、氧化性试剂和其他普通试剂混置一起。

教学中用量大、种类多的一般是非危险试剂，由于实验用房紧张，这类试剂不能完全做到分类存放管理。有些试剂的采购数量偏大，不仅造成试剂的闲置，而且在库房紧张的情况下还多占用了库房。一些易挥发的试剂挥发严重，尤其是夏天，试剂库的气味刺鼻，对师生的身体健康也是一种危害。有些教师为了使用方便，领取较多的试剂存放在各个实验室里，造成有些实验室试剂存放量大。另外，由于实验项目的更新，有些不再使用的试剂仍然占据着本来就非常有限的实验室空间，这不仅造成实验室资源的浪费，也带来一些安全隐患。

二、实验室安全教育的重要性

1. 培养化学类专业人才的需要

化学类专业具有很强的实践性特点，要求学生在掌握扎实的理论基础的同时，还要具备过硬的实践能力。而安全素质是实践能力的基础，是化学类专业人才必备的最基本的素质之一。良好的实验室安全教育有助于培养学生的专业素养和职业精神，同时，也能提高学生的综合素质。从某种意义上讲，对学生进行安全教育比起其他知识技能的教育更具有广泛的适用性。

2. 以人为本、确保师生安全及健康的需要

化学实验室中各种潜在的不安全因素不确定性大，危害种类繁多，一旦发生安全事故，极易造成财产损失、环境污染及人身伤害事故。安全是化学实验室的无形资产和荣誉，也是维护师生根本利益的保证。随着社会的发展，人们逐步认识到"安全"是人的最基本而又最重要的一项需求。实验室安全教育的目的就是要建立一个安全的教学和科研环境，减少实验过程中发生事故的风险，确保师生员工的健康及安全，从而满足人性安全感的基本需要。因此保障师生的身体健康和安全是实验室安全教育的首要目的。

3. 创建平安校园、构建和谐社会的需要

"平安校园"建设是高校全面贯彻落实党的教育方针政策和"新发展理念"的必然要求，是满足师生安全需求期待的具体体现，是构建和谐社会、维护社会稳定的基础工程。化学实验室是高校安全管理的重点部门，实验室安全教育在增强学生自我安全防范意识的同时，还可以加强学生处理危机事件时的实际操作技能。由于安全知识和素质具有普适性，这不仅有利于化学实验室的安全，而且还可以有效提高学生在其他场所的防范意识和处置突发事件的能力，为高等院校的平安校园建设打下良好的基础。

第二节 实验室一般安全常识

一、一般安全守则

① 进入实验室必须遵守实验室的各项规定，严格执行操作规程，做好各类记录。

② 进入实验室应了解潜在的安全隐患和应急方式，采取适当的安全防护措施。

③ 熟悉紧急情况下的逃离路线和紧急应对措施，清楚急救箱、灭火器材、紧急洗眼装置和冲淋器的位置。牢记急救电话 119、120、110 等。

④ 实验人员应根据需求选择合适的防护用品；使用前，应确认其使用范围、有效期及完好性等，熟悉其使用、维护和保养方法。

⑤ 未经实验室管理部门允许不得将外人带进实验室，不得做与实验、研究无关的事情。不得在实验室内追逐、打闹。

⑥ 不得在实验室饮食、睡觉，禁止在实验室储存食品、饮料等个人生活物品；整个实验室区域禁止吸烟（包括室内、走廊、电梯间等）。

⑦ 实验过程中人员不得脱岗，实验期间严禁长时间离开实验现场。晚上、节假日做某些危险实验时，室内必须有二人以上，以确保实验安全。

⑧ 实验中碰到疑问及时请教实验室或仪器设备责任人，不得盲目操作。

⑨ 实验结束后，及时将实验台清理干净；临时离开实验室，随手锁门；最后离开实验室，关闭水、电、气、门窗等。

⑩ 离开实验室前须洗手，不可穿实验服、戴手套进入餐厅、图书馆、会议室、办公室等公共场所。

⑪ 存放在实验室的试剂数量应遵循最小化原则，未经允许严禁储存剧毒药品。

⑫ 仪器设备一般不得开机过夜，如确有需要，必须采取相应的预防措施。特别要注意空调、电脑、饮水机等也不得开机过夜。

⑬ 保持实验室门和走道畅通，保持实验室整洁和地面干燥，及时清理废旧物品，保持消防通道通畅，便于开、关电源及防护用品、消防器材等的取用。

⑭ 发现安全隐患或发生实验室事故时，应及时采取措施，并报告实验室负责人。

⑮ 特殊岗位和特种设备，需经过相应的培训，持证上岗。

二、消防安全

进入实验室一定要知道灭火器、灭火沙、灭火毯、安全淋浴、洗眼器、急救箱等的确切位置。一定要知道灭火器的型号及使用方法，特别是取下安全栓的方法一定要清楚。

1. 救火原则

发现初期火灾时，应立即大声呼叫，组织人员选用合适的方法进行扑救，同时立即报警。扑救时应遵循先控制、后消灭，救人重于救火，先重点后一般的原则。

2. 逃生自救

① 熟悉实验室的逃生路径、消防设施及自救逃生的方法，平时积极参与应急逃生演练。

② 保持镇静、明辨方向、迅速撤离，千万不要相互拥挤、乱冲乱窜，应尽量往楼层下面跑，若通道已被烟火封阻，则应背向烟火方向离开，通过阳台、气窗、天台等往室外逃生。

③ 为了防止火场浓烟呛入，可采用湿毛巾、口罩捂鼻，匍匐撤离。

④ 禁止通过电梯逃生。如果楼梯已被烧断、通道被堵死时，可通过屋顶天台、

阳台等逃生，或在固定的物体上（如窗框、水管等）拴牢绳子，然后手拉绳子缓慢下降。

⑤ 如果无法撤离，应退居室内，关闭通往着火区的门窗，还可向门窗上浇水，延缓火势蔓延，并向窗外伸出衣物或抛出物件发出求救信号或呼喊，等待救援。

⑥ 如果身上衣服着火，千万不可奔跑或拍打，应迅速撕脱衣物，或通过用水、就地打滚、覆盖厚重衣物等方式压灭火苗。

⑦ 生命第一，不要贪恋财物，切勿轻易重返火场。

三、水电安全

1. 用电安全

① 实验室电路容量、插座等应满足仪器设备的功率需求；大功率的用电设备需单独供电。

② 确认仪器设备状态完好后，方可接通电源。

③ 电器设施应有良好的散热环境，远离热源和可燃物品，确保电器设备接地、接零良好。

④ 不得擅自拆、改电气线路、修理电器设备；不得乱拉、乱接电线，不准使用闸刀开关、木质配电板和花线等。

⑤ 使用电器设备时，应保持手部干燥。当手、脚或身体沾湿或站在潮湿的地板上时，切勿启动电源开关、触摸通电的电器设施。

⑥ 长时间不间断使用的电器设施，需采取必要的预防措施。

⑦ 高电压、大电流的危险区域，应设立警示标识，防止擅自进入。

⑧ 存放易燃易爆化学品的场所，应避免产生电火花或静电。

⑨ 发生电器火灾时，首先要切断电源，尽快拉闸断电后再用水或灭火器灭火。在无法断电的情况下应使用干粉、二氧化碳等不导电灭火剂来扑灭火焰。

2. 触电救护

（1）尽快使触电人员脱离电源

应立即关闭电源或拔掉电源插头。若无法及时找到或断开电源，可用干燥的木棒、竹竿等绝缘物挑开电线；不得直接触碰带电物体和触电者的裸露身体。

（2）实施急救并就医

触电者脱离电源后，应迅速将其移到通风干燥的地方仰卧。若触电者呼吸、心跳均停止，应在保持触电者气道通畅的基础上，立即交替进行人工呼吸和胸外按压等急救操作，同时立即拨打急救电话（120），尽快将触电者送往医院，途中继续进行心肺复苏术。

（3）人工呼吸施救要点

① 将伤员仰头抬颏，取出口中异物，保持气道畅通；

② 捏住伤员的鼻翼，口对口吹气（不能漏气），每次 1～1.5 秒，每分钟 12～

16 次;

③ 如伤员牙关紧闭，可口对鼻进行人工呼吸，注意不要让嘴漏气。

（4）胸外按压施救要点

① 找准按压部位：右手的食指和中指沿触电者的右侧肋弓下缘向上，找到肋骨和胸骨结合处的中点；两手指并齐，中指放在切迹中点（剑突底部），食指平放在胸骨下部；另一只手的掌根紧挨食指上缘，置于胸骨上，即为正确按压位置。

② 按压动作不走形：两臂伸直，肘关节固定不屈，两手掌根相叠，每次垂直将成人胸骨压陷 3~5cm，然后放松。

③ 以均匀速度进行，每分钟 80 次左右。

3. 用水安全

实验室用水分为自来水、纯水及超纯水三类。在使用时应注意如下事项。

① 节约用水，按需求量取水。

② 根据实验所需水的质量要求选择不同种类的水。洗刷玻璃器皿应先使用自来水，最后用纯水冲洗；色谱仪、质谱仪及生物实验（包括缓冲液的配制、色谱及质谱流动相的配制等）应选用超纯水。

③ 超纯水和纯水都不要长时间存储，随用随取。若长期不用，在重新启用之前，要打开取水开关，使超纯水或纯水流出几分钟后再接用。

④ 使用后切记关好水龙头。

⑤ 了解实验楼自来水各级阀门的位置。

⑥ 水龙头或水管漏水、下水道堵塞时，应及时联系修理、疏通。

⑦ 水槽和排水渠道必须保持畅通。

⑧ 杜绝自来水龙头打开而无人在场的现象。

⑨ 定期检查冷却水装置连接胶管接口和老化情况，及时更换，以防漏水。

⑩ 需在无人状态下用水时，要做好预防措施及停水、漏水的应急准备。

第三节　实验室主要的安全事故

1. 火灾事故

引起火灾事故的主要原因有：忘记关电源，致使设备通电时间过长，温度过高，引起着火；操作不慎或使用不当，使火源接触易燃物质，引起着火；供电线路老化，超负荷运行，导致线路发热，引起着火；乱扔烟头，接触易燃物质，引起着火等。

这类事故的发生具有普遍性，任何实验室都可能发生。

2. 爆炸事故

引起爆炸事故的主要原因有：违反操作规程，引燃易燃物品，进而导致爆炸；设备老化，存在故障或缺陷，造成易燃易爆物品泄漏，遇火花而引起爆炸。

这类事故多发生在有易燃易爆物品或压力容器的实验室。

3. 生物安全事故

引起生物安全事故的主要原因有：微生物实验室管理上的疏漏和意外事故，不仅可能导致实验室工作人员的感染，也可能造成环境污染和大面积人群感染；生物实验室产生的废物甚至比化学实验室的更危险，生物废弃物含有传染性的病菌、病毒、化学污染物及放射性有害物质，对人体健康和环境都可能造成极大的危害。

4. 毒害事故

引起毒害事故的主要原因有：违反操作规程，将食物带进有毒物的实验室，造成误食中毒；设备设施老化，存在故障或缺陷，造成有毒物质泄漏或有毒气体排放，酿成中毒；管理不善，造成有毒物质散落流失，引起环境污染；废水排放管路受阻或失修改道，造成有毒废水未经处理而流出，引起环境污染。

这类事故多发生在存放化学药品和剧毒物质的化学实验室和有毒气排放的实验室。

5. 设备损坏事故

引起设备损坏事故的主要原因有：线路故障或雷击造成突然停电，致使被加热的介质不能按要求恢复原来状态造成设备损坏；高速运动的设备因不慎操作而发生碰撞或挤压，导致设备受损。这类事故多发生在用电加热的实验室。

6. 化学事故

引起化学事故的主要原因有：违规操作或误操作，如使用易挥发的化学试剂时，不按操作要求，不及时加盖；蒸馏或浓缩易挥发的有毒化学试剂时，未在通风橱内进行操作等；实验室管理不善，如化学药品、废弃物没有按规定分类存放，随意乱倒有毒废液，乱扔废物等；实验室设备设施老化或缺失，如通风设施不能将有毒的气体收集、排放，未配备废弃化学物收集器等；在实验室进食、饮水，误食被污染的食物；不按规定穿戴防护用品等。

如何预防化学事故发生：了解所使用的危险化学品的特性，不盲目操作，不违章使用。妥善保管身边的危险化学品，做到：标签完整，密封保存；避热、避光、远离火种。居室内不要存放危险化学品。乘船、乘车不携带危险化学品。严防室内积聚高浓度易燃易爆气体。

化学事故的防护方法如下。

呼吸防护：戴防毒面具、防毒口罩和捂湿毛巾等。皮肤防护：穿防毒衣，戴手套，穿防护靴等。眼睛防护：戴防毒眼镜、防护镜等。撤离：向上风或侧上风方向迅速撤离现场。洗消：对有毒的衣物及时进行洗涤消毒处理。医治：中毒人员及时送医院就治。

第四节　安　全　教　育

一、安全教育的意义

安全教育是事故预防与控制的重要手段之一。根据事故致因理论，要想控制事故，首先是通过技术手段或通过某种信息交流方式告知人们危险的存在或发生；其次是要求人们在感知到有关信息后，正确理解信息的含义，即何种危险发生或存在，该危险对人会有何种伤害，以及有无必要采取措施和应采取何种应对措施等。而上述过程中有关人对信息的理解、认识和反应的部分均可通过安全教育的手段实现。

用安全技术手段消除或控制事故是解决安全问题的最佳选择。在科技较为发达的今天，即使人们已经采取了先进的技术措施对事故进行预防和控制，但人的行为仍要受到某种程度的制约。相对于用制度和法规对人进行制约，安全教育则是采用一种和缓的说服、诱导的方式，授人以改造、改善和控制危险的手段和指明通往安全稳定境界的途径，因而更容易为大多数人所接受，更能从根本上起到消除和控制事故的目的。而且通过安全教育，人们会逐渐提高自身的安全素质，使其在面对新环境、新条件时，仍有一定的保证安全的能力和手段。

二、安全教育的内容

所谓安全教育，实际上包括安全教育和安全培训两大部分。安全教育是通过各种形式，包括学校的教育、媒体宣传、政策导向等，努力提高人的安全意识和素质，学会从安全的角度观察和理解要从事的活动和面临的形势，用安全的观点解释和处理自己遇到的新问题。安全教育主要是一种意识的培养，是长期的甚至贯穿于人的一生，并在人的所有行为中体现出来，而与其所从事的职业并无直接关系。而安全培训虽然也包含有关教育的内容，但其内容相对于安全教育更具体，范围更小，主要是一种技能的培训。安全培训的主要目的是使人掌握在某种特定的作业或环境下正确并安全地完成任务，故有人把生产领域的安全培训称为安全生产教育。

安全教育的内容非常广泛，学校教育是主要的教育途径。无论是小学，还是中学、大学，都应通过各种形式对学生进行安全意识的培养，包括组织活动、开设有关课程等。

在高等教育中，国外一般采用两种方式进行安全教育，一是培养安全专业人才的专业教育；二是对所有大学生的普及教育，包括开设辅修专业或选修、必修课程等。但总的来说，由于观念上的差异及学时、师资等方面的限制，高校对非安全类专业学生的安全教育迄今尚停留在较低的水平上，这使得一些工程技术和管理人员不具备基本的安全素质。这也成为近年来我国安全事故频发的间接原因。

安全培训，指旨在提高相关人员安全技术水平和事故防范能力而进行的教育培训工作，也是安全管理的主要内容。他与消除事故隐患、创造良好的劳动条件相辅相成，二者缺一不可。

小知识 1：为什么实验室门应该向外开？

实验室门朝里开的话，一旦发生火灾，因为加热空气，门会被正压带上，而这时候，凭借人力，很难将门拉开。如果实验室的门朝里开，只要门附近有玻璃窗，直接用铁架台等重物敲碎玻璃，释放正压，门也可以打开。

 小知识 2：PP 通风橱

PP 即聚丙烯，英文名称：polypropylene。PP 通风橱主要应用于对环境要求比较高的无尘室内，因为 PP 材料具有优良的耐酸性能，与全钢通风橱相比，优异的耐酸碱性能使其可以应用于更高强度的酸碱实验，是全钢通风橱无法取代的。因此可以应用于净化室等高端场所。

案例

案例 1：2010 年 10 月，某大学实验楼楼顶发生了大火，火灾过火面积约 $790m^2$，造成直接财产损失 42.97 万元，所幸未造成人员伤亡。经过现场勘验和调查，确定起火点为药物反应与分离制备室，原因是水龙头漏水，致使室内操作台下药剂储柜内的化学药剂遇水自燃引起火灾。

案例 2：2011 年 1 月，某实验室发生化学爆炸，一位博士生的左眼被严重炸伤。受伤原因为该博士生眼睛近视，在实验过程中未按要求佩戴防护眼镜。

案例 3：2009 年 11 月，某研究所一实验室发生火灾。火灾原因是实验员白天做完实验后未及时关闭实验仪器，实验材料持续反应所致。

案例 4：2009 年 4 月，某大学化学实验室发生氨气泄漏，事故主要原因为学生做完实验后，未将氨气瓶阀门关紧。

案例 5：2006 年 9 月，某大学一实验室失火，事故原因是该室一吸湿机长时间负载运行而导致火灾。事故发生后，幸好该楼消防自动报警系统启动，人员第一时间赶到扑灭火情，未造成人员伤亡。

案例 6：2006 年 3 月，某大学化学楼一实验室内突发爆炸。事故基本情况是：室内的试管、容器等相继发生连锁爆炸，所幸校方及消防部门扑救及时，没有酿成人员伤亡。据了解，事发时，该楼某实验室内有人正在进行实验操作，其间弥散在空气中的混合气体和实验室内的冰箱制冷设施发生反应，引起冰箱爆炸。存放在实验室内的众多试管、化学品储存容器等被波及，相继发生爆炸，并引起燃烧。事故原因是由操作、药品存放、实验室通风、实验室管理等多方面存在问题引起的。

另外，由于疏忽、粗心大意造成的安全事故很多，举例如下：

① 夏季气温高，某学生进入实验室后，看桌上放有矿泉水（实为刚取回的实验试剂二甲苯），拿起就喝，结果导致中毒！

② 实验时，把高氯酸看成了稀释的硫酸溶液，使用时造成爆炸。

③ 配洗液，应该用重铬酸钾和硫酸，但错用了高锰酸钾，硫酸喷溅出来，造成面部严重烧伤。

④ 处理样品时，浓硫酸加得太快，与样品剧烈反应，从瓶口冲出来，手被灼伤。

⑤ 做污水 COD 测定时，加热回流时没人在现场，中途停水，发现时瓶中的溶液已经蒸发大半，实验失败。

⑥ 在开启 0.2mol/L 硫酸溶液时，由于磨口塞与瓶口粘连，用力旋转，不慎将瓶颈拧断，断裂的玻璃割伤手指。

⑦ 学生晚上做旋转蒸发浓缩实验，离开时停止实验，拔掉了冷凝水管，可匆忙中忘记了关闭自来水开关，导致水漫实验室。

⑧ 往酒精灯里加酒精时，酒精洒在外面，实验台、手和袖口上都沾上了酒精。又急着点燃酒精灯，结果实验台、手上和袖口的酒精燃烧，手被烧伤。

⑨ 配制稀硫酸时错将水倒入浓硫酸中，结果发生猛烈飞溅，面部烧伤。

⑩ 配溶液时，通风橱里有两个大试剂瓶，没仔细查看，随便抓了个瓶子，直接把浓硫酸往里面倒，里面装的是氨水，结果溶液直接喷出来，幸好把玻璃视窗拉了下来，未造成人员伤害。

⑪ 一瓶新的硫酸试剂开盖，戴了一次性手套，内盖很紧，旁边又没镊子，认为内盖上没多少硫酸，所以就拿手直接开启内盖。启开的瞬间，硫酸溅出来几滴，脸上和眼睛顿时感到疼痛，赶忙跑到水池边用水冲才避免了更多的伤害。

⑫ 某大学一工作人员，误将冰箱中含苯胺的试剂当酸梅汤喝了引起中毒，原因是冰箱中曾存放过工作人员饮用的酸梅汤。直接原因是实验人员违反操作规程，将食物带进实验室。

▶▶ 习　题 ◀◀

一、单选题

1. 实验开始前应该做好的准备有（　　）。

A. 必须认真预习，理清实验思路

B. 应仔细检查仪器是否有破损，掌握正确使用仪器的要点，弄清水、电、气的管线开关和标记，保持清醒头脑，避免违规操作

C. 了解实验中使用的药品的性质、可能引起的危害及相应的注意事项

D. 以上都是

2. 在使用化学药品前应做好的准备有（　　）。

A. 明确药品在实验中的作用

B. 掌握药品的物理性质（如：熔点、沸点、密度等）和化学性质

C. 了解药品的毒性；了解药品对人体的侵入途径和危险特性；了解中毒后的急救措施

D. 以上都是

3. 清除工作场所散布的有害尘埃时，应使用（　　）。

A. 扫帚　　　　　　B. 吸尘器　　　　　　C. 吹风机

4. 随手使用的手纸、饮料瓶等垃圾正确的处理方法是（　　）。

A. 扔桌子上　　　B. 扔地上　　　　C. 交给老师　　　　D. 扔垃圾桶

5. 实验室钥匙不得私自配置或给他人使用。钥匙的配发、管理应由（　　）负责。

A. 实验室管理老师　B. 指导教师　　　　C. 学生

6. 可以在化学实验室穿着的鞋是（　　）。

A. 凉鞋　　　　　B. 高跟鞋　　　　C. 拖鞋　　　　　D. 球鞋

7. 对实验室施行的安全管理是（　　）。

A. 校、（院）系、实验室三级管理　　　B. 校、（院）系两级管理

C. 院（系）、实验室两级管理　　　　　D. 实验室自行管理

8. 实验中如遇刺激性及神经性中毒，先服牛奶或鸡蛋白使之缓和，再服用（　　）。

A. 氢氧化铝膏，鸡蛋白　　　　　　B. 硫酸铜溶液（30g 溶于一杯水中）催吐

C. 乙酸果汁，鸡蛋白

9. 实验中溅入口中已下咽的强碱，先饮用大量水，再服用（　　）。

A. 氢氧化铝膏，鸡蛋白　　　　　　B. 乙酸果汁，鸡蛋白

C. 硫酸铜溶液（30g 溶于一杯水中）催吐

10. 实验中溅入口中已下咽的强酸，先饮用大量水，再服用（　　）。

A. 氢氧化铝溶液，鸡蛋白　　　　　B. 乙酸果汁，鸡蛋白

C. 硫酸铜溶液（30g 溶于一杯水中）催吐

11. 在实验中，以下做法错误的是（　　）。

A. 一旦浓硫酸落在人身上，应用 4.5% 乙酸或 1.5% 左右的盐酸中和洗涤

B. 一旦浓硫酸落在人身上，应以弱碱（2% 碳酸钠）或肥皂液中和洗涤

C. 一旦碱液落在皮肤上，应用 4.5% 乙酸或 1.5% 左右的盐酸中和洗涤

12. 不慎发生意外，下列操作正确的是（　　）。

A. 如果不慎将化学品弄洒或污染，立即自行回收或者清理现场，以免对他人产生危险

B. 任何时候见到他人洒落的液体应及时用抹布抹去，以免发生危险

C. pH 值中性即意味着液体是水，自行清理即可

D. 不慎将化学试剂弄到衣物和身体上，立即用大量清水冲洗 10～15min

13. 以下物质中，（　　）应该在通风橱内操作。

A. 氢气　　　　　B. 氮气　　　　　C. 氦气　　　　　D. 氯化氢

14. 在实验设计过程中，要尽量选择（　　）做实验。

A. 无公害、无毒或低毒的物品　　　B. 实验的残液、残渣较多的物品

C. 实验的残液、残渣不可回收的物品　D. 进口药品

15. 大量试剂应放在（　　）。

A. 试剂架上　　　　　　　　　　　B. 实验室内试剂柜中

C. 实验台下柜中　　　　　　　　　D. 试剂库中

16. 取用化学药品时，以下操作正确的是（　　）。

A. 取用腐蚀性和刺激性药品时，尽可能戴上橡皮手套和防护眼镜

B. 倾倒液体时，切勿直对容器口俯视；吸取液体时，应该使用橡皮球

C. 开启有毒气体容器时应戴防毒用具

D. 以上都是

17. 取用试剂时，错误的说法是（　　）。

A. 不能用手接触试剂，以免危害健康和沾污试剂

B. 瓶塞应倒置桌面上，以免弄脏。取用试剂后，立即盖严，将试剂瓶放回原处，标签朝外

C. 要用干净的药匙取固体试剂，用过的药匙要洗净擦干才能再用

D. 多取的试剂可倒回原瓶，避免浪费

18. 涉及有毒试剂的操作时，应采取的保护措施包括（　　）。

A. 佩戴适当的个人防护器具　　　　　　B. 了解试剂毒性，在通风橱中操作

C. 做好应急救援预案　　　　　　　　　D. 以上都是

19. 关于化学品的使用、管理，下列说法错误的是（　　）。

A. 打开塑料瓶中的化学试剂时不要过于用力挤压，否则可能导致液体溢出或迸溅到身体上

B. 有机溶剂可以置于普通冰箱保存

C. 分清标签，认真阅读标签，按标签使用

D. 共用化学品从专用柜里取出，使用时注意保持标签完整，用后放回专用柜

20. 化学药品库中的一般药品的分类方法是（　　）。

A. 按生产日期分类　　　　　　B. 按有机、无机两大类，有机试剂再细分类存放

C. 随意摆放　　　　　　　　　D. 按购置日期分类

21. 领取及存放化学药品时，以下说法错误的是（　　）。

A. 确认容器上标示的中文名称是否为需要的实验用药品

B. 学习并清楚化学药品危害标示和图样

C. 化学药品应分类存放

D. 有机溶剂，固体化学药品，酸、碱化合物可以存放于同一药品柜中

22. 实验室常用溶剂应（　　）存放。

A. 按药品类别存放　　　　B. 随意摆放　　　　C. 按生产日期存放

23. 装有挥发性物质或易受热分解放出气体的药品瓶，是否要用石蜡封住瓶塞？当瓶口因用蜡封住而打不开时，是否能把瓶子放在火上烘烤？（　　）

A. 是，是　　　　　B. 是，否　　　　　C. 否，是　　　　　D. 否，否

24. 易燃、易爆物品和杂物等应该堆放在（　　）。

A. 烘箱、箱式电阻炉等附近　　　　　　B. 冰箱、冰柜等附近

C. 单独通风的实验室内

25. 把玻璃管或温度计插入橡皮塞或软木塞时，常常会折断而使人受伤。下列操作方法中错误的是（　　）。

A. 可在玻璃管上沾些水或涂上甘油等作润滑剂，一手拿着塞子，一手拿着玻璃管一端（两只手尽量靠近），边旋转边慢慢地把玻璃管插入塞子中

B. 橡皮塞等钻孔时，打出的孔比管径略小，可用圆锉把孔锉一下，适当扩大孔径

C. 无需润滑，且操作时与双手距离无关

26. 往玻璃管上套橡皮管（塞）时，错误的做法是（　　）。

A. 管端应烧圆滑　　　　　　　　　　　B. 用布裹手或戴厚手套，以防割伤手

C. 可以使用薄壁玻璃管　　　　　　　　D. 加点水或润滑剂

27. 实验中用到很多玻璃器皿，容易破碎，为避免造成割伤应该注意（　　）。

A. 装配时不可用力过猛，用力处不可远离连接部位

B. 不能口径不合而勉强连接

C. 玻璃折断面需烧圆滑，不能有棱角

D. 以上都是

28. 高温实验装置使用注意事项错误的是（　　）。

A. 注意防护高温对人体的辐射

B. 熟悉高温装置的使用方法，并细心地进行操作

C. 如不得已将高温炉之类高温装置置于耐热性差的实验台上进行实验时，装置与台面之间要保留 1cm 以上的间隙，并加垫隔热层，以防台面着火

D. 使用高温装置的实验，要求在防火建筑内或配备防火设施的室内进行，并要求密闭，减少热量损失

29. 过氧酸、硝酸铵、硝酸钾、高氯酸及其盐、重铬酸及其盐、高锰酸及其盐、过氧化苯甲酸、五氧化二磷等是强氧化剂，使用时应注意（　　）。

A. 环境温度不高于 30℃　　　　　　　　B. 通风要良好

C. 不要加热，不要与有机物或还原性物质共同使用　　D. 以上都是

30. 化学危险药品对人体会有刺激眼睛、灼伤皮肤、损伤呼吸道、麻痹神经、燃烧爆炸等危险，一定要注意化学药品的使用安全，以下做法错误的是（　　）。

A. 了解所使用的危险化学药品的特性，不盲目操作，不违章使用

B. 妥善保管身边的危险化学药品，做到：标签完整，密封保存；避热、避光、远离火种

C. 室内可存放大量危险化学药品

D. 严防室内积聚高浓度易燃易爆气体

31. 回流和加热时，液体量不能超过烧瓶容量的（　　）。

A. 1/2　　　　　　　B. 2/3　　　　　　　C. 3/4　　　　　　　D. 4/5

32. 离心操作时，为防液体溢出，离心管中样品装量不能超过离心管容积的（　　）。

A. 2/3　　　　　　　B. 1/3　　　　　　　C. 1/2　　　　　　　D. 3/4

33. 普通塑料、有机玻璃制品的加热温度不能超过（　　）。

A. 40℃　　　　　　　B. 60℃　　　　　　　C. 80℃　　　　　　　D. 100℃

34. 是否能在纸上称量过氧化钠？（　　）

A. 不能　　　　　　　B. 能

35. 配制稀硫酸时，正确的操作是（　　）。

A. 将水慢慢分批倒入酸中，并不时搅拌

B. 将浓硫酸慢慢分批加入水中，并不时搅拌

C. 将水和浓硫酸同时倒入容器中，并不时搅拌

D. 将浓硫酸快速加入水中，并迅速搅拌

36. 使用酒精灯时，灯内燃料是否可以加满？（　　）

A. 可以　　　　　　B. 不可以　　　　　C. 随便

37. 倾倒液体试剂时，瓶上标签应朝（　　）方向。

A. 上方　　　　　　B. 下方　　　　　C. 左方　　　　　　D. 右方

38. 应使用（　　）来清洗皮肤上沾染的油污。

A. 有机溶剂　　　　　B. 肥皂　　　　　C. 丙酮

39. 进行腐蚀品的装卸作业时应戴（　　）手套。

A. 帆布　　　　　　B. 橡胶　　　　　C. 棉布

40. 水银温度计破了以后，正确的处理方法是（　　）。

A. 暂时不收拾，等实验结束后再扫走

B. 用手捡起洒落的水银，并用扫帚扫走破碎的玻璃，最后一起扔到垃圾筐

C. 洒落出来的水银必须立即用滴管、毛刷收集起来，并用水覆盖（最好用甘油）

41. 室温较高时，有些试剂如氨水等，打开瓶塞的瞬间很易冲出气液流，应先如何处理，再打开瓶塞？（　　）

A. 先将试剂瓶在热水中浸泡一段时间　　B. 振荡一段时间

C. 先将试剂瓶在冷水中浸泡一段时间　　D. 先将试剂瓶颠倒一下

42. 天气较热时，打开腐蚀性液体，应该（　　）。

A. 直接用手　　　B. 用毛巾先包住塞子　　C. 戴棉线手套　　D. 用纸包住塞子

43. 下列实验操作中，说法正确的是（　　）。

A. 可以对容量瓶、量筒等容器加热

B. 使用通风橱时，可将头伸入通风橱内观察

C. 非一次性防护手套脱下前必须冲洗干净，而一次性手套时须从后向前把里面翻出来脱下后再扔掉

D. 可以抓住塑料瓶或玻璃瓶的盖子搬运

44. 下列气体须在通风橱内进行操作的是（　　）。

A. 硫化氢　　　　B. 氟化氢　　　　C. 氯化氢　　　　　D. 以上都是

45. 下列实验室操作及安全的叙述中，正确的是（　　）。

A. 实验后所取用剩余的药品应小心倒回原容器，以免浪费

B. 当强碱溶液溅出时，可先用大量的水稀释后再处理

C. 温度计破碎流出的汞，宜洒上盐酸使反应为氯化汞后再弃之

46. 将硫酸、氢氟酸、盐酸和氢氧化钠各一瓶从化学品柜搬到通风橱内，正确的方法是（　　）。

A. 硫酸和盐酸同一次搬运，氢氟酸和氢氧化钠同一次搬运

B. 硫酸和氢氟酸同一次搬运，盐酸和氢氧化钠同一次搬运

C. 硫酸和氢氧化钠同一次搬运，盐酸和氢氟酸同一次搬运

D. 硫酸和盐酸同一次搬运，氢氟酸、氢氧化钠分别单独搬运

47. 盐酸、甲醛溶液、乙醚等易挥发试剂合理的存放方法是（　　）。

A. 和其他试剂混放　　　　　　　　　　B. 放在冰箱中

C. 分类存放在干燥通风处　　　　　　　　D. 放在密闭的柜子中

48. 以下药品（试剂）在使用时不用注意干燥防潮的是（　　）。

A. 锂　　　　　B. 碳化钙　　　　　C. 磷化钙　　　　　D. 二氧化硅

49. 皮肤若被低温（如固体二氧化碳、液氮）冻伤，正确的处理方法是（　　）。

A. 马上送医院　　　　　　　　　　　B. 用温水慢慢恢复体温

C. 用火烘烤　　　　　　　　　　　　D. 应尽快浸入热水

50. 下列物质引起的皮肤灼伤禁用水洗的是（　　）。

A. 五氧化二磷　　　　B. 五硫化磷　　　　C. 五氯化磷　　　　D. 以上都是

51. 简单辨认有味的化学药品时，正确的做法是（　　）。

A. 用鼻子对着瓶口去辨认气味

B. 用舌头品尝试剂

C. 将瓶口远离鼻子，用手在瓶口上方扇动，稍闻其味即可

D. 取出一点，用鼻子对着闻

52. 欲除去氯气时，以下物质中作为吸收剂最为有效的是（　　）。

A. 氯化钙　　　　　B. 稀硫酸　　　　　C. 硫代硫酸钠　　　　D. 氢氧化铅

53. 下列加热源，化学实验室原则上不得使用的是（　　）。

A. 明火电炉　　　B. 水浴、蒸汽浴　　　C. 油浴、沙浴、盐浴　　D. 电热板、电热套

54. 关于重铬酸钾洗液，下列说法错误的是（　　）。

A. 将化学反应用过的玻璃器皿不经处理，直接放入重铬酸钾洗液中浸泡

B. 浸泡玻璃器皿时，不可以将手直接插入洗液缸里取放器皿

C. 从洗液中捞出器皿后，立即放进清洗杯，避免洗液滴落在洗液缸外等处，然后马上用水连同手套一起清洗。

D. 取放器皿应戴上专用手套，但放洗液里的时间仍不能过长

55. 在蒸馏低沸点有机化合物时应采取的加热方法是（　　）。

A. 酒精灯　　　　　B. 水浴　　　　　C. 电炉　　　　　D. 沙浴

56. 当502胶将自己的皮肤黏合在一起时，可以用（　　）慢慢溶解。

A. 汽油　　　　　　B. 丙酮　　　　　C. 酒精

57. 配制液体时，下列陈述正确的是（　　）。

A. 稀释强酸时，必须将酸倒入水中，禁止将水倒入酸中；稀释弱酸时将水倒入酸中也可以

B. 将盛有自配液体的容器做好标记，必须包括：成分、浓度、姓名、日期等

C. 使用移液管和量筒分别计量，进行配制液体

58. 皮肤上溅有腐蚀性液体时应（　　）。

A. 用干布抹去　　　B. 用大量清水冲洗　　　C. 用绷带包扎患处，请医生治疗

59. 玻璃电极的玻璃膜表面若沾有油污，使用（　　）浸洗，最后用蒸馏水洗净。

A. 酒精和四氯化碳　　　B. 四氯化碳　　　　C. 酒精

60. 一般无机酸、碱液和稀硫酸不慎滴在皮肤上时，正确的处理方法是（　　）。

A. 用酒精棉球擦　　　　　　　　B. 不作处理，马上去医院

C. 用水直接冲洗　　　　　　　　D. 用碱液中和后，用水冲洗

61. 当不慎把少量浓硫酸滴在皮肤上时，正确的处理方法是（　　）。

A. 用酒精擦　　　　　　　　　　　B. 马上去医院

C. 用碱液中和后，用水冲洗　　　　D. 以吸附性强的纸吸去后，用水冲洗

62. 当有化学品进入眼睛时，应立即（　　）。

A. 滴氯霉素眼药水　　　B. 用大量清水冲洗眼睛　　　C. 用干净手帕擦拭

63. 超级恒温水浴使用时错误的操作是（　　）。

A. 超级恒温水浴内应使用去离子水（或纯净水）

B. 恒温水浴内去离子水未加到"正常水位"严禁通电，防止干烧

C. 可以使用自来水

64. 减压蒸馏时可以应用（　　）器皿作为接收瓶和反应瓶。

A. 薄壁试管　　　　B. 锥形瓶、圆底烧瓶　　　　C. 平底烧瓶

65. 不能用作实验室皮肤或普通实验器械的消毒液的是（　　）。

A. 0.2%～1%漂白粉溶液　　　　　　B. 70%乙醇

C. 2%碘酊　　　　　　　　　　　　D. 0.2%～0.5%的洗必泰

66. 实验过程中发生烧烫（灼）伤，错误的处理方法是（　　）。

A. 浅表的小面积灼伤，以冷水冲洗 15～30min 至散热止痛

B. 以生理食盐水擦拭（勿以药膏、牙膏、酱油涂抹或以纱布盖住）

C. 若有水泡可自行刺破

D. 大面积的灼伤，应紧急送至医院

67. 强碱烧伤处理错误的是（　　）。

A. 立即用稀盐酸冲洗　　　　　　　B. 立即用 1%～2%的醋酸冲洗

C. 立即用大量水冲洗　　　　　　　D. 先进行应急处理，再去医院处理

68. 试剂或异物溅入眼内，正确的处理措施是（　　）。

A. 溴：大量水洗，再用 1%$NaHCO_3$ 溶液洗

B. 酸：大量水洗，用 1%～2%$NaHCO_3$ 溶液洗

C. 碱：大量水洗，再以 1%硼酸溶液洗

D. 以上都对

69. 眼睛被化学品灼伤后，首先采取的正确方法是（　　）。

A. 点眼药膏　　　　　　　　　　　B. 立即开大眼睑，用清水冲洗眼睛

C. 马上到医院看急诊

70. 以下是酸灼伤的处理方法：①以 1%～2%$NaHCO_3$ 溶液洗；②立即用大量水洗；③送医院。正确的顺序为（　　）。

A. ①③②　　　　B. ②①③　　　　C. ③①②　　　　D. ③②①

71. 以下是溴灼伤处理方法：①送医院；②立即用大量水洗；③用乙醇擦至灼伤处为白色。正确的顺序为（　　）。

A. ②③①　　　　B. ②①③　　　　C. ③②①　　　　D. ①②③

72. 当不慎把大量浓硫酸倒在皮肤上时，正确的处理方法是（　　）。

A. 用酒精棉球擦　　　　　　　　　B. 不作处理，马上去医院

C. 用碱液中和后，用水冲洗　　　　D. 以吸水性强的纸或布吸去后，再用水冲洗

73. 当不慎把少量浓硫酸滴在皮肤上（在皮肤上没形成挂液）时，正确的处理方法是（　　）。

A. 用酒精棉球擦　　　　　　　　　B. 不作处理，马上去医院

C. 用碱液中和后，用水冲洗　　　　D. 用水直接冲洗

二、多选题

1. 实验室是大学生创新实践的重要平台，是一个重要的公共场所，进入实验室开展研究工作时，应做到（　　）。

A. 着装不要拖沓暴露

B. 实验室内禁止进餐

C. 做好仪器设备使用登记，并管好自己的财物

D. 做好场地清洁，注意用水用电安全

2. 使用配有计算机的仪器设备时，不应该做的是（　　）。

A. 更改登机密码和系统设置

B. 自行安装软件

C. 玩各种电脑游戏

D. 将获得的图像、数据等资料存储在未予指定的硬盘分区上

3. 在使用一种不了解的化学药品前应做的准备是（　　）。

A. 明确这种药品在实验中的作用

B. 掌握这种药品的物理性质（如：熔点、沸点、密度等）

C. 掌握这种药品的化学性质

D. 了解中毒后的急救措施

4. 用扫描电镜对样品或试件进行观察时，样品需要做的处理工作有（　　）。

A. 清洗样品

B. 不导电的样品和试件需要喷镀金膜

C. 样品和试件处理好以后勿再用手触摸

5. 塑料离心管可以盛放（　　）。

A. 有机溶剂　　　　B. 酶溶液　　　　C. 盐溶液　　　　D. 普通水溶液

6. 新购置的玻璃器皿含有游离碱，先用（　　）浸泡数小时后，再用清水洗净。

A. 2%的盐酸　　　　　　　　　　B. 铬酸洗液

C. 氢氧化钠或碳酸氢钠稀溶液　　　D. 市售洗涤剂

7. 下面行为不能在洁净室内进行的是（　　）。

A. 抽烟　　　　B. 用烙铁焊接　　　　C. 配制溶液　　　　D. 饮水和进食

8. 使用移液管时下列操作正确的是（　　）。

A. 可以用移液管反复吸入和抽出传染性物质

B. 注射用针管不能用于吸液

C. 可以从移液管中强制性吹出液体

D. 不能向任何传染性物质的液体吹入空气

9. 化学事故的防护方法中，呼吸防护为（　　）；皮肤防护为（　　）；眼睛防护为

（　　　）。

　　A. 穿防毒衣，戴防护手套，穿防护靴等　B. 戴防毒面具、防毒口罩和捂湿毛巾等
　　C. 中毒人员及时送往医院救治　　　　　D. 向上风或侧上风方向迅速撤离现场
　　E. 有毒的衣物及时进行洗涤消毒处理　　F. 戴防毒眼镜、防护镜等

　　10. 下列气体须在通风橱内进行操作的是（　　　）。

　　A. 硫化氢　　　　　B. 氯化氢　　　　　C. 氟化氢　　　　　D. 溴

　　11. 显微镜的物镜和目镜必须保持清洁，如有灰尘不要用（　　）擦拭。

　　A. 纱布　　　　　　B. 毛刷　　　　　　C. 镜头纸　　　　　D. 卫生纸

　　12. 使用离心机时下列操作正确的是（　　　）。

　　A. 离心管必须盖紧盖子

　　B. 可以用盐溶液或次氯酸盐溶液平衡空离心管

　　C. 使用固定角度的离心转子时，必须注意离心管不要装得太满，以防溢出

　　D. 每次使用后要清除离心桶、转子、离心机腔的污染

三、判断题

　　1. 在实验室允许口尝鉴定试剂和未知物。（　　　）

　　2. 化学试剂或未知物，可直接用鼻子靠近些嗅气味。（　　　）

　　3. 通常有害药品经呼吸器官、消化器官或皮肤吸入体内，引起中毒。因此，我们切忌口尝、鼻嗅及用手触摸药品。（　　　）

　　4. 酒精灯内的酒精量最多可加九分满。（　　　）

　　5. 酒精灯不再使用时，应立刻用嘴吹气灭火。（　　　）

　　6. 加热试管内物质时，管口应朝向自己，以便看清楚反应过程。（　　　）

　　7. 给液体加热时，可以先开始加热，等接近沸腾时再加入沸石。（　　　）

　　8. 加热含有悬浮物质的溶液时，应加沸石或玻璃珠，以避免暴沸现象产生。（　　　）

　　9. 开启氨水、浓盐酸瓶应该在通风橱中进行。（　　　）

　　10. 可以在木质或塑料等实验台上直接使用电炉加热。（　　　）

　　11. 打开封闭管或紧密塞着的容器时，注意其内部是否有压力，容器口不得对人，避免发生喷液或爆炸事故。（　　　）

　　12. 玻璃器具在使用前要仔细检查，避免使用有裂痕的仪器。特别用于减压、加压或加热操作的场合，更要认真进行检查。（　　　）

　　13. 固态酸、碱可用手直接操作。（　　　）

　　14. 可以在纸上称量过氧化钠。（　　　）

　　15. 实验室可以存放大桶有机试剂。（　　　）

　　16. 可以穿拖鞋或凉鞋进入化学实验室。（　　　）

　　17. 可以使用明火（如：电炉、煤气）或没有控温装置的加热设备直接加热有机溶剂，进行重结晶或溶液浓缩操作。（　　　）

　　18. 取用强碱性试剂后的小勺应擦净后存放。（　　　）

　　19. 冷凝冷却系统上连接用的橡胶管必须用铁丝等固定住，以防止因水压过高而造成管子脱落。（　　　）

20. 在实验室进行有机合成时，放热反应不能在密闭的玻璃容器中进行；对反应物进行加热时，也不能将玻璃容器密闭。（　　）

21. 做减压蒸馏时，如果没有梨形接收瓶，可用锥形瓶代替。（　　）

22. 打开易挥发或浓酸、浓碱试剂的瓶塞时，瓶口不要对着脸部或其他人，宜在通风橱中进行。（　　）

23. 在进行萃取或洗涤操作时，为了防止物质高度浓缩而导致内部压力过大，产生爆炸，应该注意及时排出产生的气体。（　　）

24. 烧杯、烧瓶及试管等加热时比较安全。（　　）

25. 吸滤瓶及一些厚壁玻璃容器，清洗后可直接放入温度较高的烘箱进行干燥。（　　）

26. 冷凝冷却系统上连接用的橡胶管必须定期检查更换，避免管子老化而引起漏水事故的发生。（　　）

27. 化学废液要用适当的容器盛装存放、定点保存，不需要分类收集。（　　）

28. 各种气瓶的存放，必须远离明火，避免阳光直晒，搬运时不得碰撞。（　　）

29. 实验室走廊不能放木制桌子、柜子等易燃物品，但可以放金属柜、冰箱等。（　　）

30. 实验室内严禁吸烟、饮食，或把食具带进实验室。实验完毕，必须洗净双手。（　　）

31. 禁止穿拖鞋、背心、短裤（裙）进入实验室，高跟鞋可以进实验室。（　　）

32. 凡进行有危险性的实验，应先检查防护措施，确认防护妥当后，才可进行实验。（　　）

33. 有机溶剂只会经口鼻进入人体，只要正确地使用呼吸防护面具，就可以有效防止其危害。（　　）

34. 通风控制措施就是借助于有效的通风，使气体、蒸气或粉尘的浓度低于最高容许浓度。（　　）

35. 做危险化学实验时应配戴各种眼镜进行防护，包括戴隐形眼镜。（　　）

36. 含碱性洗涤剂的水可以清洗掉水果蔬菜表面的农药。（　　）

37. 有机溶剂能穿过皮肤进入人体，应避免直接与皮肤接触。（　　）

38. 为避免皮肤受到化学品伤害，可通过穿防毒衣，戴防护手套，穿雨衣、雨鞋等方法进行防护。（　　）

39. 进行化学类实验，应戴防护镜。（　　）

40. 发生化学事故后，有毒的衣物应及时进行无毒化处理。（　　）

41. 实验室的药品和设备一定要标明其名称，以免误用。（　　）

42. 塑料制品在烘干过程中温度不能超过100℃，植物样品在烘干过程中不超过70℃。（　　）

43. 在开放实验室，外来人员可随便操作实验室仪器设备。（　　）

44. 在人员稀少的时间段，要特别注意随手关门，以确保实验室财产和个人物品的安全。（　　）

45. 使用过的实验服脱下后，不得与日常衣服放在一起，也不得放在洁净区域。

（　　）

46. 实验时，禁止用口吸方式移液。（　　　）

47. 正在进行实验时，可戴着防护手套接听电话。（　　　）

48. 要保持实验室环境整洁，做到地面、桌面、设备三整洁，减少安全隐患。（　　　）

49. 做实验时要爱护实验设备，同时注意自身的安全，避免发生事故。（　　　）

50. 安全事故处理应本着先人后物的原则，果断地、坚决地快速处置。（　　　）

51. 身边没有胶水胶棒时可以用口舔标签用于粘贴。（　　　）

52. 用手搬运重物时，应先以半蹲姿势，抓牢重物，然后用腿肌出力站起，切勿弯腰，以防伤及背部和腰。（　　　）

53. 因实验需要，仪器设备可以随便拆装。（　　　）

54. 实验室应对仪器设备加强维护保养，定期校验和检修。（　　　）

55. 使用电子门禁的大楼和实验室，应对各类人员设置相应的级别，对门禁卡丢失、人员调动或离校等情况应及时采取措施，办理报失或移交手续。（　　　）

56. 液体和固体实验废弃物不需分开放置。（　　　）

57. 实验室如发现存在安全隐患，要及时向所在学院和实验室负责人、保卫处、资产处报告，并采取措施进行整改。安全隐患隐瞒不报或拖延上报的，学校将对相关责任人进行严肃处理。（　　　）

58. 实验室内彼此保持安静，不得进行娱乐活动。（　　　）

59. 与工作无关的外来人员不得进入实验室。（　　　）

60. 不得戴着实验防护手套开门、翻阅书籍、使用电脑。（　　　）

61. 除非特殊需要并采取一定的安全保护措施，否则空调、计算机、饮水机等不得无人开机过夜。（　　　）

62. 实验室钥匙的配发由实验室负责人管理，不得私自配置钥匙或借给他人使用。（　　　）

63. 不得堵塞实验室逃生通道。（　　　）

64. 实验室应将相应的规章制度和操作规程挂到墙上或便于取阅的地方。（　　　）

65. 实验室内不得停放自行车、电动车、汽车。（　　　）

66. 只要不影响实验，可以在实验室洁净区域铺床睡觉。（　　　）

67. 在不影响实验室周围的走廊通行的情况，可以堆放仪器等杂物。（　　　）

68. 离开实验室前应检查门、窗、水龙头是否关好，通风设备、饮水设施、计算机、空调等是否已切断电源。（　　　）

69. 实验进行前要了解实验仪器的使用说明及注意事项，实验过程中要严格按照操作规程进行操作。（　　　）

70. 未经允许不得随意拆卸实验仪器和设备。（　　　）

71. 发现被盗或人为破坏，应保护现场并立即报告保卫处。（　　　）

72. 可以在粉尘操作区饮食及吸烟。（　　　）

73. 实验室内可以堆放个人物品。（　　　）

74. 实验结束后，要关闭设备，断开电源，并将有关实验用品整理好。（　　　）

75. 进入化学、化工、生物、医学类实验室，可以不穿实验服。（　　　）

76. 实验室应保持整洁有序，不准喧哗、打闹、抽烟。（　　）

77. 微生物实验中，一些受污染或盛过有害细菌和病菌的器皿，如果不再使用，可密封在塑料袋内丢入垃圾桶中。（　　）

78. 初次进入实验室的操作人员应了解实验室具体的潜在危险，认真阅读、理解安全手册和操作手册。（　　）

79. 已污染的仪器、器械、台面等要做标签说明，不得有掩盖。（　　）

80. 取用有毒、有恶臭味的试剂时，要在通风橱中操作；使用完毕后，将瓶塞蜡封，或用生料带将瓶口封严。（　　）

81. 误吸入溴蒸气、氯气等有毒气体时，立即吸入少量酒精和乙醚的混合蒸气，以便解毒，同时应到室外呼吸新鲜空气，再送医院。（　　）

82. 一氧化碳泄漏，应先施行通风，以驱散一氧化碳气体，并切断一氧化碳泄漏源。（　　）

83. 眼睛溅入化学试剂时，应以大量清水冲洗，并翻开上下眼皮继续缓缓冲洗数分钟后，速送医院诊治。（　　）

84. 有毒化学药品溅在皮肤上时，可用乙醇等有机溶剂擦洗。（　　）

85. 金属钠、钾可以存放在水中，以避免与空气接触。（　　）

86. 配制硫酸溶液时，应将浓硫酸徐徐倒入水中，并不断搅拌。（　　）

87. 凡涉及有害或有刺激性气体发生的实验应在通风橱内进行，加强个人防护，不得把头伸进通风橱内。（　　）

88. 比较常见的引起呼吸道中毒的物质，一般是易挥发的有机溶剂（如乙醚、丙酮、甲苯等）或化学反应所产生的有毒气体（如氰化氢、氯气、一氧化碳等）。（　　）

89. 由呼吸道吸入有毒的气体、粉尘、蒸气、烟雾会引起呼吸系统中毒。（　　）

90. 受阳光照射易燃烧、易爆炸或产生有毒气体的化学危险品和桶装、罐装等易燃液体、气体应当在阴凉通风的地点存放。（　　）

91. 遇火、遇潮容易燃烧、爆炸或产生有毒气体的化学危险品，不得在露天、潮湿、漏雨或低洼容易积水的地点存放。（　　）

92. 实验过程中应仔细观察实验现象并及时做好实验记录，原始记录要完整、真实、准确、清楚。（　　）

93. 重金属盐中毒者，可先喝一杯含有几克 $MgSO_4$ 的水溶液，然后立即就医。（　　）

94. 实验室安全事故的表现形式主要有：火灾、爆炸、毒害、机电伤人和设备损坏。（　　）

95. 高校实验室发生安全事故的主要原因有：操作不慎、设备老化、自然灾害、网络攻击和监管不力。（　　）

96. 实验室安全工作的中心任务是防止发生人员伤亡和财产损失。（　　）

97. 离开实验室前检查实验室门、窗是否关好，电气线路、通风设备、饮水设施等是否已切断电源。（　　）

98. 要经常保持实验室环境的整洁卫生，做到地面、桌面、设备三清洁。（　　）

99. 在实验室工作的人员务必遵守学校及实验室的各项规章制度和仪器设备的操作规

程，做好安全防护。（　　）

100. 学生、新工作人员进实验室之前要参加安全教育和培训，经院系、实验室培训、考核合格后方可进入实验室工作；学生要在老师指导下开展实验研究。（　　）

101. 实验仪器使用时要有人在场，不得擅自离开。（　　）

102. 做实验时要爱护实验设备，同时注意自身的安全，避免发生事故。（　　）

103. 实验进行前要了解实验仪器的使用说明及注意事项，实验过程中要严格按照操作规程进行操作。（　　）

104. 未经允许不得随意拆卸实验仪器及零部件。（　　）

105. 学生进入实验室首先要了解实验室的安全注意事项。（　　）

106. 实验过程中如发生意外或事故，应冷静妥善地处理，尽量把事故解决在萌芽状态。如事故较为严重，有危及人身安全可能时，应及时撤离现场，并通知邻近实验室工作人员迅速撤离，并尽快报警。（　　）

107. 发现被盗或人为破坏，应保护现场并立即报告保卫处。（　　）

108. 仪器、设备损坏必须立即向教师报告。（　　）

109. 在实验室进行有潜在危险的工作时，必须有第二者陪伴。（　　）

110. 应避免独自一人在实验室做有危险的实验。（　　）

111. 化学实验室现场，不可进食，但可以吸烟。（　　）

112. 实验室内可以使用电炉等取暖、做饭。（　　）

113. 用水时要禁止跑、冒、滴、漏现象发生。（　　）

114. 实验室内不许存放易燃、易爆物品，但可以堆放个人物品。（　　）

115. 节假日或假期做实验必须经老师批准。（　　）

116. 砷的解毒剂是二巯基丙醇，由肌肉注射即可解毒。（　　）

117. 为防止食物腐败变质，可将食物储藏在储有化学药品的冰箱或储藏柜内。（　　）

118. 进入化学、化工类实验室，不必穿工作服。（　　）

119. 学生进入实验室学习、工作前应接受安全教育或培训，并通过考核。（　　）

120. 实验室工作必须保持严肃、严密、严格、严谨；室内保持整洁有序，不准喧哗、打闹、抽烟。（　　）

121. 采取有毒、有腐蚀性、有刺激性的样品，必须戴防毒面具，置换气体应注意排至室外，防止中毒。（　　）

122. 实验结束，离开实验室时要检查水、电和门窗，确保安全。（　　）

123. 在有爆炸和火灾危险场所使用手持式或移动式电动工具时，必须采用有防爆措施的电动工具。（　　）

124. 在易燃、易爆、易灼烧及有静电发生的场所作业的工人，可以发放和使用化纤防护用品。（　　）

125. 离心管中样品盛放量可以为离心管体积的3/4。（　　）

126. 实验室进行蒸馏操作时，爆炸性物质或不稳定物质蒸馏直到剩余少量残渣。（　　）

127. 做需要搅拌的实验时，找不到玻璃棒，可以用温度计代替。（　　）

128. 磨砂接口玻璃器具已标准化且制作良好，一般不需涂抹凡士林等油脂。（　　）

129. 在实验室进行有机合成时，加热或放热反应不能在密闭的容器中进行。（　　）

130. 腐蚀和刺激性药品，如强酸、强碱、氨水、过氧化氢、冰醋酸等，取用时尽可能戴上橡皮手套和防护眼镜，倾倒时，切勿直对容器口俯视，吸取时，应使用橡皮球。开启有毒气体容器时应戴防毒用具。禁止用手直接拿取上述物品。（　　）

131. 接触化学品以及病毒的仪器设备和器皿必须有明确醒目的标记，使用后及时清洁，以便其在维修保养或移至其他场地前不须再进行彻底的净化。（　　）

132. 误食了有毒化学品，要吃适量催吐剂尽快将其吐出来。（　　）

133. 当有人呼吸系统中毒时，应迅速使中毒者离开现场，移到通风良好的环境，令中毒者呼吸新鲜空气，情况严重者应及时送医院治疗。（　　）

134. 干燥箱和恒温箱的使用温度不能超过最高允许温度。（　　）

135. 存放在冰箱内的所有容器，应当清楚地标明内装物品的品名、储存日期和储存者的姓名。（　　）

136. 不能将乙醚等易挥发品放入普通冰箱，否则由于挥发气体不断溢出，而普通冰箱启动时有电火花出现，就有可能引起火灾。（　　）

137. 为安全起见，平时应将低沸点溶剂保存于普通冰箱内，以降低溶剂蒸气压。（　　）

138. 实验室中使用臭氧发生设备时，应保证管路的气密性，并将尾气用硫代硫酸钠溶液吸收，以免室内臭氧浓度过高。（　　）

139. 实验中，进行高温操作时，必须佩戴防高温手套。（　　）

140. 水浴加热的上限温度是 $100℃$，油浴加热的上限温度是 $200℃$，用硅油作介质时可加热到 $300℃$。（　　）

141. 机械温控冰箱可以存放易燃易爆的化学品。（　　）

142. 可将食物储藏在实验室的冰箱或冷柜内。（　　）

143. 实验室冰箱内不得混放容易产生放热反应的化学品。（　　）

144. 未经指导教师许可，不得搬弄仪器、设备，以及擅自开始实验。实验时，应注意安全，按要求操作，如发现异常立即停止。（　　）

145. 强酸溅入眼内时，应立即用大量清水或生理盐水进行彻底冲洗，冲洗时必须将上下眼睑分开，水不要流经未伤的眼睛，不可直接冲击眼球。（　　）

146. 眼部碱灼伤时，应立即用大量清水或生理盐水进行彻底冲洗，冲洗时必须将上下眼睑分开，水不要流经未伤的眼睛，不可直接冲击眼球，然后用 $2\%\sim3\%$ 硼酸溶液进一步冲洗。（　　）

147. 皮肤被黄磷灼伤禁用含油敷料。（　　）

148. 酚灼伤皮肤时，应立即脱掉被污染衣物，用 10% 酒精反复擦拭，再用大量清水冲洗，直至无酚味为止，然后用饱和硫酸钠湿敷。（　　）

149. 皮肤被黄磷灼伤时，应及时脱去污染的衣物，并立即用清水（由五氧化二磷、五硫化磷、五氯化磷引起的灼伤禁用水洗）或 5% 硫酸铜溶液或 3% 过氧化氢溶液冲洗，再用 5% 碳酸氢钠溶液冲洗，中和所形成的磷酸，然后用 $1:5000$ 高锰酸钾溶液湿敷，或用 2% 硫酸铜溶液湿敷，以使皮肤上残存的黄磷颗粒形成磷化铜。（　　）

150. 氢氟酸灼伤皮肤后，先立即脱去污染的衣物，用大量流动清水彻底冲洗后，继用肥皂水或 2％～5％碳酸氢钠冲洗，再用葡萄糖酸钙软膏涂敷按摩，然后再涂以 33％氧化镁甘油糊剂、维生素 AD 或可的松软膏等。（　　）

151. 误服强酸导致消化道烧灼痛，为防止进一步加重损伤，不能催吐，可口服牛奶、鸡蛋清、植物油等。（　　）

152. 发生强碱烧伤，应立即去除残留强碱，再以流动清水冲洗；若消化道被烧伤可适当服用一些牛奶、蛋清。（　　）

153. 当有人呼吸系统中毒时，应迅速使中毒者离开现场，移到通风良好的环境，令中毒者呼吸新鲜空气，情况严重者应及时送医院治疗。（　　）

154. 眼睛溅入化学试剂时，应以大量清水冲洗，然后送医院诊治。（　　）

155. 误吸入煤气等有毒气体时，应立即在室外呼吸新鲜空气。（　　）

156. 由于金属络合剂能与毒物中的金属离子形成稳定的化合物，随尿液排出体外，故发生金属及其盐类中毒时，可采用各种金属络合剂解毒。（　　）

157. CO 急性中毒应立即吸氧，以缓解机体缺氧、排出毒物。（　　）

158. 急性中毒发生时，救护人员在抢救前要做好自身呼吸系统和皮肤的防护，以免自身中毒，使事故扩大。（　　）

159. 中毒事故中救护人员进入现场，应先抢救中毒者，再采取措施切断毒物来源。（　　）

160. 碱灼伤后应立即用大量水洗，再以 1％～2％硼酸液洗，最后用水洗。（　　）

161. 溴灼伤皮肤，立即用乙醇洗涤，然后用水冲净，涂上甘油或烫伤油膏。（　　）

162. 当酸或碱溅入眼睛时，不必采取应急处理，只要立即送附近医院救治。（　　）

163. 发生危险化学品事故后，应该向上风方向疏散。（　　）

164. 当被烧伤时，正确的急救方法应该是以最快的速度用冷水冲洗烧伤部位。（　　）

165. 皮肤烧伤后如有水泡，应及时将水泡刺破，以利于其恢复。（　　）

166. 发生化学事故后，应向上风或侧上风方向迅速撤离现场。（　　）

167. 创伤伤口内有玻璃碎片等大块异物时，应在去医院救治前尽快取出。（　　）

四、填空题

1. 烧杯加热时，应放置在_____上，使受热均匀。

2. 洗涤仪器时，若器皿已经清洁，则器壁上留有一层均匀的_____，而不挂水珠。

3. 实验室中洗液是由浓硫酸和_____（写中文名称）配成的。

4. 洗涤仪器时，使用蒸馏水时要注意节约，遵循_____的原则。

5. 用去污粉洗涤时，先用_____（大或少）量的水润湿，然后撒入少量的去污粉，用毛刷刷洗。

6. 使用布氏漏斗时，滤纸要略微_____于漏斗的内径才能贴紧。

7. 不用仪器检查煤气管道或钢瓶漏气的最简单方法是用_____涂抹检验处。

8. 新配的洗液呈_____色，具有强氧化性。

9. 去污粉是利用碳酸钠的_____性，具有强的去污能力；细沙的_____作用、白土的_____作用，可增强洗涤效果。

10. 实验室中，试剂瓶上的字母符号代表一定的含义，如 GR 表示_____。

11. 煤气灯火焰分焰心、还原焰和氧化焰三层，其中_____层温度最高。

12. 浓硫酸的摩尔浓度是_____ mol/L。

13. 用过后的洗液应_____。

14. 在烘箱中干燥时，应注意仪器的放置方法，烧瓶应_____。

15. 在烘箱中干燥时，应注意仪器的放置方法，烧杯应_____。

16. 洗后的试管可用小火烘干，操作时，试管要略微倾斜，管口_____；待烤到不见水珠时，使管口_____，烤干试管。

17. 表面皿作盖用时，应使其_____（凸或凹）面向上。

18. 皮肤受碱腐蚀后的处理：先用大量水冲洗，再用_____洗，最后用水冲洗。在实验室中，被热的烧瓶、烧杯等稍稍烫伤，通常是将烫伤部位在冷水浸_____分钟。

19. 一般情况下，药品洒到皮肤上都需要用大量的水冲洗干净，被感染的部位至少要冲洗_____分钟。

20. 在实验工作时，被碎玻璃割伤，伤口需要用清水冲洗至少_____分钟，以便将残留的化学药品和一些碎的玻璃碴冲洗干净。

第二章

安全科学的基本概念

教学目标

1. 了解安全、事故、危险源的定义。
2. 掌握事故的基本特征、危险源辨识。
3. 理解安全教育、安全管理的意义。

重点与难点

重点：事故的基本特征、危险源辨识。
难点：安全教育、危险源辨识。

第二章课程思政

第二章课件

第一节 安　全

一、安全的定义

1. 安全的概念

为了获得安全的原始含义，先从词义和典故考虑，得到如下的描述：安全在希腊文中的意思是"完整"，而在梵语中的意思是"没有受伤"或"完整"。"安"字指不受威胁，没有危险、太平、安全、安适、稳定等，可谓无危则安；"全"字指完满、完整或指没有伤害，无残缺等，可谓无损则全。从安全的科学层面看，得出安全以下的定义：

安全指没有危险，不受威胁，不出事故，即消除能导致人员伤害，发生疾病或死亡，造成设备或财产破坏、损失，以及危害环境的条件。安全是指在外界条件下处于健康状况，或人的身心处于健康、舒适和高效率活动状态的客观保障条件。安全是一种心理状态，指某一子系统或系统保持完整的一种状态。安全是一种理念，即人与物将不会受到伤害或损失的理想状态，或者是一种满足一定安全技术指标的物态。国家标准（GB/T 28001—2011）中"安全"的定义为："免除了不可接受的损害风险的状态"。

安全表示"不存在危险"或"没有危险"的状态，就是"安全"一词的基本含义。因此，没有危险是安全的特有属性，也是基本属性。

人们经常把安全与"不受威胁""不出事故"等联系在一起，但是，不能因此认为"不受威胁""不出事故""不受侵害"就是安全的特有属性。安全肯定是不受威胁、不出事故、不受侵害的，但是不受威胁、不出事故、不受侵害并不一定就安全。某些不安全状态也可能有"不存在威胁"或"不受威胁"的属性。例如，当某一主体没有受到外部威胁但却因内在因素而不安全时，不受威胁便成了这种特殊情况下不安全的属性。这是一种不受威胁或没有威胁状态下的不安全。因此，"不存在隐患""不存在威胁""不受威胁""不出事故""不受侵害"等等，并不是安全的特有属性。

那么，什么是安全的特有属性呢？安全的特有属性就是"没有危险"。单是没有外在威胁，并不是安全的特有属性；单是没有内在的隐患，也不是安全的特有属性。但是，包括了没有威胁和没有隐患这样内外两个方面的"没有危险"，则是安全的特有属性。

绝对安全和相对安全是一种辩证关系。在一个固定阶段内本质安全的状态下，我们可以认为此条件下是绝对安全的。如果放置在一个长时期的历史状态下，安全则只能是相对的。安全的子系统包括安全文化、安全科学、安全技术、安全经济、安全管理、安全伦理等。

2. 危险的概念

安全是指安稳而无危险的事物。生产过程中的安全是指人不受到伤害，物不受到损失。在工程上研究安全时，采取一般概念上的近似客观量来定义安全的程度，叫安全性。

设 S 代表安全性，D 为危险性，则 $S=1-D$。在工程上，与其说研究安全性，倒不如说研究危险性更恰当。传统的安全认为安全和危险是两个互不相容的概念；而系统安全则认为不存在绝对的安全，安全是一种模糊数学（Fuzzy Mathematics）的概念。按模糊数学的说法，危险性就是对安全的隶属度。当危险性低于某程度时，人们就认为是安全的了。

危害是造成事故的一种潜在危险，它是超出人的直接控制之外的某种潜在的环境条件。危险亦称风险，危险性是来自某种个别危害而造成人的伤害和物的损失的机会。它是由危险严重程度及危险概率表示的可能损失。危害是可能出毛病的事物或环境，而危险或风险则是定量的统计学术语（概率），它表征潜在的危害的结果。

在有工伤发生或职业病的劳动环境中操作是一种危害，如有坠落危害、粉尘危害等；这种危害有可以使人遭受伤亡或患职业病的危险。危害相当于我们习惯上所说的安全隐患，是潜在的危险因素。

3. 安全的相对性

安全与危险在所要研究的系统中是一对矛盾，它们相伴存在。安全是相对的，危险是绝对的。安全的相对性表现在三个方面：

首先，绝对安全的状态是不存在的，系统的安全是相对于危险而言的。其次，安全标准是相对于人的认识和社会经济的承受能力而言，抛开社会环境讨论安全是不现实的；同一个危险源，由于评估风险的方法不同或者不同的人对风险的接受程度不同，在一个地方被认为是安全的，在另外的地方则是不安全的。例如，由于安全防护标准不同，在中国认为是安全的设备，按照国外标准可能是不安全的。再次，人们的认识是无限发展的，对安全机理和运行机制的认识也在不断深化，由于人对危险的认知程度，在某一时期认为是安全的，随着发展，在另外的时期可能就被认为是不安全的。

安全与危险是一对矛盾，它具有矛盾的所有特性。一方面双方互相反对，互相排斥，互相否定，安全度越高危险势就越小，安全度越低危险势就越大；另一方面安全与危险两者互相依存，共同处于一个统一体中，存在着向对方转化的趋势。安全与危险这对矛盾的运动、变化和发展推动着安全科学的发展和人类安全意识的提高。

二、系统安全

1. 系统安全的定义

所谓系统安全，是指在系统的寿命周期的所有阶段，以使用效能、时间、成本为约束条件，应用工程和管理的原理、准则、技术，使系统获得最佳的安全性。上述定义可以看出：提高系统的安全性，并非不计代价；追求产品的安全性，应当考虑产品全寿命周期的安全性；使产品达到最佳的安全性能，应力争产品的各个子系统结合在一起时的总体安全性能最佳。

系统安全，是指在系统生命周期内，应用系统安全工程和系统安全管理方法，辨识系统中的隐患，并采取有效的控制措施使其危险性最小，从而使系统在规定的性能、时间和成本范围内达到最佳的安全程度。

系统安全的基本原则就是在一个新系统的构思阶段就必须考虑其安全性的问题，制定并执行安全工作规划。系统安全属于事前分析和预先的防护，与传统的事后分析并积累事故经验的思路截然不同。系统安全活动贯穿于整个系统生命周期，直到系统报废为止。

2. 系统安全的主要特点

系统安全是从根本上提高产品或系统的安全水平的有效技术工作方法，它是在传统技术安全工作基础上发展起来的，也是人们对安全问题深化认识的产物。系统安全与传统的技术安全的目的虽然都是实现系统的安全，但它们的工作范围和实施方法都有较大区别，具体体现在以下几方面：

① 技术安全的工作范围主要是在生产和使用场所，其目的是保证操作人员和设备不致受到伤害和损坏，它并不直接涉及产品或系统的设计。而系统安全则主要研究产品全寿命过程，包括方案论证、设计、试验、制造、使用直至报废处理等各方面的安全问题，并且把重点放在研制阶段。

② 传统的技术安全工作大多凭经验和直觉来处理安全问题，而且较少由表及里深入分析，因而难以彻底改善安全状态。而系统安全则是根据系统工程的方法，从系统、子系

统和环境影响以及它们之间的相互关系来研究安全问题。从而能比较深入而全面地找到潜在危险，预防事故的发生。

③ 传统的技术安全多从定性方面进行研究，一般只提出"安全"或"不安全"的概念，对安全性没有定量的描述，因而难以做出准确的判断和评价，也不便于控制和管理。而系统安全利用危险严重性、可能性等参数和指标来定量评价安全的程度，从而使预防事故的措施有了客观的度量，安全程度更加明确。

④ 传统的技术安全是从局部，或处于被动状态来解决安全问题，因而不能从根本上提高系统的安全水平。而系统安全从产品或系统论证设计起就开始开展系统的安全分析，它考虑产品全系统中所有可能的危险，如危险源、各子系统接口、软件对安全的影响等，并随着研究工作的进展，逐步细化安全分析的内容，使安全主动而全面地得以实现。

⑤ 传统的技术安全目标值不明确，不具体。而系统安全通过安全分析、试验、评价和优化技术的应用，可以找出最佳的减少和控制危险的措施，使产品或系统的各子系统之间，设计、制造和使用之间达到最佳配合，用最少投资获得最好的安全效果，从而在最大程度上提高产品的安全水平。

三、防止事故原理

从安全角度研究安全生产，防止事故发生的原理有如下几种。

1. 能预防原理

安全事故是人灾，与天灾不同，人灾是可以预防的。要想防止事故的发生，应该立足于防患于未然。因而，对事故不能只考虑事故发生后的处理方法，必须把重点放在事故发生前的预防对策上。安全工程学把防患于未然作为重点，安全管理强调预防为主的方针，正是基于事故是可以预防的这一原则。

在事故原因的调查报告中，常有"事故原因是不可抗拒的"记述。所谓不可抗拒，只能对天灾可言，作为人灾的事故，通过实施有效的对策，事故是完全可以避免的，是可以防患于未然的。

2. 偶然损失原理

安全事故的概念，包括两层意思：一是发生了意外事件；二是因此产生了损失，事故的后果将造成损失。所谓损失包括人的死亡、受伤致残、有损健康、精神痛苦等；损失还包括物质方面的，如原材料、成品或半成品的烧毁或者污损，设备破坏、生产减退、赔偿金支付以及市场的丧失等。

可以把造成人的损失的事故，称为人身事故；造成物的损失事故称为物的事故。

人身事故又可分为三种：一是由于人的不安全动作引起的事故，例如绊倒、高空坠落、人物相撞、人体扭转等；二是由于物的运动引起的事故，例如人受飞来物体的打击、重物压迫、旋转物夹持、车辆压撞等；三是由于接触或吸收引起的事故，例如接触带电导体而触电，受到放射线辐射，接触高温或低温物体，吸入有毒气体或接触有害物质等。

因而，事故与损失之间存在着下列法则：一个事故的后果产生的损失大小或损失种类由偶然性决定。反复发生的同种类事故，并不一定造成相同的损失。

也有在发生事故时并未发生损失，即无损失的事故，称为险肇事故。即使是像这样避免了损失的危险事件，如再次发生，会不会发生损失，损失又有多大，只能由偶然性决定，而不能预测。因此，为了防止发生大的损失，唯一的办法是防止事故的再次发生。

3. 继发原因原理（因果关系原则）

事故与原因是必然的联系，事故与损失是偶然的关系。继发原因原理就是因果继承性。

"损失"是事故后果；造成事故的直接原因是在时间上最接近事故发生的原因，或称近因。造成直接原因的原因叫间接原因，又称二次原因。造成间接原因的更深远的原因叫基础原因，称远因。企业内部管理缺欠、行业和主管部门在政策、法令、制度上的缺陷以及学校教育、社会、历史上的原因，可列为基础原因。

由基础原因继发间接原因，再继发到直接原因。直接原因又可分为人的原因和物的原因。人与物相互继发均可能发生事故。

所以，预防事故必须从直接原因追踪到基础原因；防止危险源继发成事故就必须控制危险源，并对其加强安全管理，特别要把能量管理好。

4. 选择对策的原理（事故预防的 3E 原则）

海因里希把造成人的不安全行为和物的不安全状态的主要原因归结为四个方面的问题：不正确的态度，技术、知识不足，身体不适，不良的工作环境。针对这四个方面的原因，海因里希提出了相应的对策，即 3E 原则：强制管理（Enforcement）、教育培训（Education）和工程技术（Engineering）。

① 强制管理　强制借助于规章制度、法规等必要的行政，乃至法律的手段约束人们的行为。

② 教育培训　利用各种形式的教育和训练，使职工树立"安全第一"的思想，掌握安全生产所必需的知识和技能。

③ 工程技术　运用工程技术手段消除不安全因素，实现生产工艺、机械设备等生产条件的安全。

预防事故发生最适当的对策是在原因分析的基础上得来的，以间接原因及基础原因为对象的对策是根本的对策。采取对策越迅速、越及时而且越确切落实，事故发生的概率越小。

5. 危险因素防护的原则

（1）消灭潜在危险原则

用高新技术消除劳动环境中的危险和有害因素，从而保证系统的最大可能的安全性和可靠性，最大限度地防护危险因素。

（2）降低危险因素水平（值）的原则

当不能根除危险因素时，应采取降低危险和有害因素的数量，如加强个体防护、降低粉尘、毒物的个人吸入量。

（3）距离防护原则

生产中的危险和有害因素的作用，依照与距离有关的某种规律而减弱。如防护放射性等电离辐射；防护噪声，防止爆破冲击波等均应增大安全距离以减弱其危害。采用自动化、遥控，使作业人员远离危险区域就是应用距离防护原则的安全方向。

（4）时间防护原则

这一原则是把人处在危险和有害因素作用的环境中的时间缩短到安全限度之内。

（5）屏蔽原则

指在危险和有害因素作用的范围内设置屏障，防护危险和有害因素对人的侵袭。屏蔽分为机械的、光电的、吸收的（如铅板吸收放射线）等。

（6）坚固原则

指提高结构强度，增大安全系统。

（7）薄弱环节原则

指利用薄弱原件，使它在危险因素尚未达到危险值之前已预先破坏，例如保险丝、安全阀、爆破片等。

（8）不与接近原则

指人不落入危险和有害因素作用的地带，或者在人操作的地带中消除危险物的落入，例如安全栏杆、安全网等。

（9）闭锁原则

这一原则是以某种方式保证一些元件强制发生相关作用，以保证安全操作。例如防爆电气设备，当防爆性能破坏时则自行切断电源。

（10）取代操作人员的原则

特殊或严重危险条件下，用机器人去代替人操作。

6. 本质安全化原则

（1）基本概念

本质安全化一般是针对某一个系统或设施而言，是表明该系统的安全技术与安全管理水平已达到本部门当时的基本要求，系统可以较为安全可靠的运行。

本质安全化原则来源于本质安全化理论，是指从一开始和从本质上实现安全化，就可以从根本上消除事故发生的可能性，从而达到预防事故发生的目的。所谓本质上实现安全化指的是设备、设施或技术工艺含有内在的能够从根本上防止发生事故的功能。

设备的本质安全化是指：操作失误时，设备能自动保证安全；当设备出现故障时，能自动发现并自动消除，能确保人身和设备的安全。为使设备达到本质安全而进行的研究、设计、改造和采取各种措施的最佳组合称为本质安全化。

本质安全化的设备具有高度的可靠性和安全性，可以杜绝或减少伤亡事故，减少设备故障，从而提高设备利用率，实现安全生产。本质安全化正是建立在以物为中心的事故预防技术的理念上，它强调先进技术手段和物质条件在保障安全生产中的重要作用。希望通过运用现代科学技术，特别是安全科学的成果，从根本上消除能形成事故的主要条件；如果暂时达不到时，则采取两种或两种以上的安全措施，形成最佳组合的安全体系，达到最大限度的安全。同时尽可能采取完善的防护措施，增强人体对各种伤害的抵抗能力。设备本质安全化的程度并不是一成不变的，它将随着科学技术的进步而不断提高。

（2）实现本质安全化的基本途径

① 人机工程理论　从人机工程理论来说，伤害事故的根本原因是没有做到人-机-环境系统的本质安全化。因此，本质安全化要求对人-机-环境系统作出完善的安全设计，使系统中物的安全性能和质量达到本质安全程度。从设备的设计、使用过程分析，要实现设备的本质安全，可以从以下三方面入手。

设计阶段：采用技术措施来消除危险，使人不可能接触或接近危险区，如在设计中对齿轮系采用远距离润滑或自动润滑，即可避免因加润滑油而接近危险区。又如将危险区完全封闭，采用安全装置，实现机械化和自动化等，都是设计阶段应该解决的安全措施。

操作阶段：建立有计划的维护保养和预防性维修制度；采用故障诊断技术，对运行中的设备进行状态监督；避免或及早发现设备故障，对安全装置进行定期检查，保证安全装置始终处于可靠和待用状态，提供必要的个人防护用品等。

管理措施：加强对操作人员的教育和培训，使设备在安全条件下安全规范地使用，提高工人发现危险和处理紧急情况的能力。

② 事故致因理论　根据事故致因理论，事故是由于物的不安全状态和人的不安全行为在一定的时空里的交叉所致。据此，实现本质安全化的基本途径如下：

第一，从根本上消除发生事故的条件（即消除物的不安全状态，如替代法、降低固有危险法、被动防护法等）；

第二，设备能自动防止操作失误和设备故障（即避免人操作失误或设备自身故障所引起的事故，如联锁法、自动控制法、保险法）；

第三，通过时空措施防止物不安全状态和人不安全行为的交叉（如密闭法、隔离法、避让法等）；通过人-机-环境系统的优化配置，使系统处于最安全状态。

本质安全化从控制"物源"方面入手，提出防止事故发生的技术途径与方法，对于从根本上发现和消除事故与危害的隐患，防止误操作及设备故障可能发生伤害具有重要的作用。

本质安全化是安全管理预防原理的根本体现，也是安全管理的最高境界，实际上目前还很难达到，但是我们应该坚持这一原则。本质安全化的含义也不仅局限于设备、设施的本质安全化，而应扩展到诸如新建工程项目，交通运输，新技术、新工艺、新材料的应用。甚至包括人们的日常生活等各个领域中。

第二节　事　故

一、事故的定义

对于事故（accident），人们从不同的角度出发对其会有不同的理解。在《辞海》中给事故下的定义是"意外的变故或灾祸"。在安全科学中关于事故的定义为：事故是可能涉及伤害的、非预谋性的事件。事故是造成伤亡、职业病、设备或财产的损坏或损失或环境危害的一个或一系列事件。事故是违背人的意志而发生的意外事件。事故是人（个人或集体）在为实现某种意图而进行的活动过程中，突然发生的、违反人的意志的、迫使活动暂时或永久停止的事件。

结合上述诸定义，可以总结出事故具有如下特点：

① 事故是一种发生在人类生产、生活活动中的特殊事件，人类的任何生产、生活活动过程中都可能发生事故。因此，人们若想把活动按自己的意图进行下去，就必须努力采取措施来防止事故。

② 事故是一种突然发生的、出乎人们意料的意外事件。这是由于导致事故发生的原因非常复杂，往往是由许多偶然因素引起的，因而事故的发生具有随机性质。在一起事故发生之前，人们无法准确地预测什么时候、什么地方、发生什么样的事故。由于事故发生的随机性，使得认识事故、弄清事故发生的规律及防止事故发生成为一件非常困难的事情。

③ 事故是一种迫使进行着的生产、生活活动暂时或永久停止的事件。事故中断、终止活动的进行，必然给人们的生产、生活带来某种形式的影响。因此，事故是一种违背人们意志的事件，人们不希望发生的事件。

④ 事故这种意外事件除了影响人们的生产、生活活动顺利进行之外，往往还可能造成人员伤害、财物损坏或环境污染等其他形式的后果。

但值得指出的是，事故和事故后果（consequence）是具有因果关系的两件事情：由于事故的发生产生了某种事故后果。但是在日常生产、生活中，人们往往把事故和事故后果看作一个事件，这是不正确的。之所以产生这种认识，是因为事故的后果，特别是给人们带来严重伤害或损失的后果，给人的印象非常深刻，相应地使人们注意了带来这种后果的事故；相反地，当事故带来的后果非常轻微，没有引起人们注意的时候，相应地人们也就忽略了这种事故。

作为安全科学研究对象的事故，主要是那些可能带来人员伤亡、财产损失或环境污染的事故。于是，可以对事故做如下定义：事故是在人们生产、生活活动过程中突然发生的、违反人们意志的、迫使活动暂时或永久停止，可能造成人员伤害、财产损失或环境污染的意外事件。

二、事故的基本特性

大量的事故调查、统计、分析表明，事故有其自身特有的属性，掌握事故的属性，对于指导人们认识事故、了解事故和预防事故具有重要意义。

1. 普遍性

自然界中充满着各种各样的危险，人类的生产、生活过程中也总是伴随着危险。所以，发生事故的可能性普遍存在。危险是客观存在的，在不同的生产、生活过程中，危险各不相同，事故发生的可能性也就存在着差异。

2. 随机性

事故发生的时间、地点、形式、规模和事故后果的严重程度都是不确定的。何时、何地、发生何种事故，其后果如何，都很难预测，从而给事故的预防带来一定困难。但是，在一定的范围内，事故的随机性遵循数理统计规律，亦即在大量事故统计资料的基础上，可以找出事故发生的规律，预测事故发生概率的大小。因此，事故统计分析对制定正确的预防措施具有重要作用。

3. 必然性

危险是客观存在的，而且是绝对的。因此，人们在生产、生活过程中必然会发生事故，只不过是事故发生的概率大小、人员伤亡的多少和财产损失的严重程度不同而已。人们采取措施预防事故，只能延长事故发生的时间间隔、降低事故发生的概率，而不能完全杜绝事故。

4. 因果相关性

事故是由系统中相互联系、相互制约的多种因素共同作用的结果。导致事故的原因多种多样。从总体上事故原因可分为人的不安全行为、物的不安全状态、环境的不良刺激作用。从逻辑上又可分为直接原因和间接原因等。这些原因在系统中相互作用、相互影响，在一定的条件下发生突变，即酿成事故。通过事故调查分析，探求事故发生的因果关系，搞清事故发生的直接原因、间接原因和主要原因，对于预防事故发生具有积极作用。

5. 突变性

系统由安全状态转化为事故状态实际上是一种突变现象。事故一旦发生，往往十分突然，令人措手不及。因此，制定事故预案，加强应急救援训练，提高作业人员的应急反应能力和应急救援水平，对于减少人员伤亡和财产损失尤为重要。

6. 潜伏性

事故的发生具有突变性，但在事故发生之前存在一个量变过程，亦即系统内部相关参数的渐变过程，所以事故具有潜伏性。一个系统，可能长时间没有发生事故，但这并非就意味着该系统是安全的。因为它可能潜伏着事故隐患。这种系统在事故发生之前所处的状态不稳定，为了达到系统的稳定态，系统要素在不断发生变化。当某一触发因素出现，即可导致事故。事故的潜伏性往往会引起人们的麻痹思想，从而酿成重大恶性事故。

7. 危害性

事故往往造成一定的财产损失或人员伤亡，严重者会制约企业的发展，给社会稳定带来不良影响。

8. 可预防性

尽管事故的发生是必然的，但我们可以通过采取控制措施来预防事故发生或者延缓事故发生的时间间隔。充分认识事故的这一特性，有利于防止事故的发生。通过事故调查，探求事故发生的原因和规律，采取预防事故的措施，可降低事故发生的概率。

第三节　危　险　源

一、基本概念

危险源一般是指可能导致人员伤害或疾病、物质财产损失、工作环境破坏或这些情况组合的根源或状态因素。在《职业健康安全管理体系 要求》（GB/T 28001—2011）中的定义为：可能导致人身伤害和（或）健康损害的根源、状态或行为，或其组合。

危险源是指一个系统中具有潜在能量和物质释放危险的、可造成人员伤害、在一定的触发因素作用下可转化为事故的部位、区域、场所、空间、岗位、设备及其位置。它的实质是具有潜在危险的源点或部位，是爆发事故的源头，是能量、危险物质集中的核心，是能量从那里传出来或爆发的地方。

危险源存在于确定的系统中，不同的系统范围，危险源的区域也不同。例如，从全国范围来说，对于危险行业（如石油、化工等）具体的一个企业（如炼油厂）就是一个危险源。而从一个企业系统来说，可能某个车间、仓库就是危险源，一个车间系统可能某台设备是危险源；因此，分析危险源应按系统的不同层次来进行。

危险源应由三个要素构成：潜在危险性、存在条件和触发因素。危险源的潜在危险性是指一旦触发事故，可能带来的危害程度或损失大小，或者说危险源可能释放的能量强度或危险物的质量大小。危险源的存在条件是指危险源所处的物理、化学状态和约束条件状态。例如，物质的压力、温度、化学稳定性，盛装压力容器的坚固性，周围环境障碍物等情况。触发因素虽然不属于危险源的固有属性，但它是危险源转化为事故的外因，而且每一类型的危险源都有相应的敏感触发因素。如易燃、易爆物质，热能是其敏感触发因素；又如压力容器，压力升高是其敏感触发因素。因此，一定的危险源总是与相应的触发因素相关联，在触发因素的作用下，危险源转化为危险状态，进而转化为事故。

二、危险源分类

危险源是可能导致人身伤害和（或）健康损害的根源、状态或行为，或其组合。实际工作活动中危险源很多，存在的形式也复杂，这给危险源辨识增加了难度。在安全系统工程中，各种安全科学理论对危险源有多种分类方法。了解危险源在事故发生发展过程中所起的作用，并对其进行分类，有利于对危险源进行辨识。

1. 安全科学理论对危险源的分类（按能量意外释放理论分类）

根据危险源在事故发生发展过程中的作用，按安全科学理论把危险源分为两大类，这是一种概念性的分类。

（1）两类危险源

生产过程中存在的，可能发生意外释放的能量（能源或能量载体）或危险物质称作第一类危险源。为了防止第一类危险源导致事故，必须采取措施约束、限制能量或危险物质，控制危险源。

导致能量或危险物质约束或限制措施破坏或失效的各种因素称作第二类危险源。第二类危险源主要包括物的故障、人的失误和环境因素（环境因素引起物的故障和人的失误）。

（2）两类危险源的关系

第一类危险源是伤亡事故发生的能量载体，决定事故发生的严重程度；第二类危险源是第一类危险源造成事故的必要条件，决定事故发生的可能性。

第一类危险源的存在是第二类危险源出现的前提，第二类危险源的出现是第一类危险源导致事故的必要条件。

一起伤亡事故的发生往往是两类危险源共同作用的结果。危险源辨识的首要任务是辨识第一类危险源，在此基础上再辨识第二类危险源。能量意外释放理论认为：能量或危险物质的意外释放是伤亡事故发生的物理本质。

2. 按导致事故的原因进行分类

根据《生产过程危险和有害因素分类与代码》（GB/T 13861—2009）的规定，将生产过程中的危险、有害因素分为四类：

第一类"人的因素"，包括心理、生理危险和有害因素、行为性危险和有害因素；

第二类"物的因素"，包括物理性危险和有害因素、化学性危险和有害因素、生物性危险和有害因素；

第三类"环境因素"，包括室内作业场所环境不良、室外作业场所环境不良、地下（含水下）作业场所环境不良；

第四类"管理因素"，包括职业安全卫生的组织机构、责任制、管理规章制度、经费投入、职业健康管理等方面。

3. 工业生产作业过程中的危险源分类

① 化学品类：毒害性、易燃易爆性、腐蚀性等危险物品。

② 辐射类：放射源、射线装置及电磁辐射装置等。

③ 生物类：动物、植物、微生物（传染病病原体类等）等危害个体或群体生存的生物因子。

④ 特种设备类：电梯、起重机械、锅炉、压力容器（含气瓶）、压力管道、客运索道、大型游乐设施、场（厂）内专用机动车。

⑤ 电气类：高电压或高电流、高速运动、高温作业、高空作业等非常态、静态、稳态装置或作业。

⑥ 土木工程类：建筑工程、水利工程、矿山工程、铁路工程、公路工程等。

⑦ 交通运输类：汽车、火车、飞机、轮船等。

三、危险源辨识

1. 危险源辨识的方法

危险源辨识的方法很多，基本方法有：询问交谈、现场观察、查阅有关记录、获取外部信息、安全检查表、工作任务分析法、危险与可操作性研究、事件树分析、故障树分析等。其中，工作任务分析法比较有逻辑性，能够较系统地辨识危险源，理论联系实际，可以较快地做好危险源辨识工作。

2. 工作任务分析法

通过分析人员工作任务中所涉及的危害，可识别出有关的危险源。

① 岗位分析。首先，确定岗位类别，然后，列出岗位所有作业内容，界定各作业的执行步骤，最后分析每一步骤的可能危害。

② 流程分析。首先，将生产流程分成许多单元，然后针对每一流程单元，分析可能的偏差及危害。

③ 可能产生偏差的五个方面。

人：培训不够、防护不当、个人身体原因、精神原因。

机：正常、异常、紧急三状态下的噪声、失控等。

料：毒性、易燃性、腐蚀性、放射性、感染性。

法：方法不当、操作不当。

环：过分拥挤、通风不好、光线太暗或过强、温度太高或太低等。

为确保危险源辨识的充分性，应收集与组织活动、人员、设施有关的适用的职业健康安全法律、法规、标准。没有按照法律、法规、标准规定要求做的，就是我们要辨识的危险源。例如：《安全生产法》规定，生产经营场所和员工宿舍应当设有符合紧急疏散要求、标志明显、保持畅通的出口，禁止封闭、堵塞生产经营场所或者员工宿舍的出口。那么相应地，生产场所、员工宿舍没有符合紧急疏散要求的出口是危险源；出口没有安全标志是危险源；安全出口被封闭、堵塞也是危险源。

为确保危险源辨识的充分性，还应根据组织活动的变化情况，及时重新识别和更新危险源，让危险源处于动态的、有效的管理之中，例如：企业在采用新工艺、新材料，使用新设备，生产新产品时，应及时对"四新"过程中存在的危险源进行识别。危险源的控制可从三方面进行，即技术控制、人行为控制和管理控制。

四、事故隐患

1. 基本概念

事故隐患是指隐藏的、可能导致事故的祸患，一般指那些有明显缺陷、毛病的事物，相当于人的不安全行为、物的不安全状态和管理上的缺陷。

《生产安全事故隐患排查治理规定》规定：安全生产事故隐患是指生产经营单位违反安全生产法律、法规、规章、标准、规程和安全生产管理制度的规定，或者因其他因素在生产经营活动中存在可能导致事故发生的人的不安全行为、物的危险状态、场所的不安全因素和管理上的缺陷。

根据这个定义，可以看出生产安全领域提到的隐患是指人的不安全行为，物的不安全状态、环境的不安全条件及管理上的缺陷等。

事故隐患分为一般事故隐患和重大事故隐患。一般事故隐患，是指危害和整改难度较小，发现后能够立即整改排除的隐患。重大事故隐患，是指危害和整改难度较大，应当全部或者局部停产停业，并经过一定时间整改治理方能排除的隐患，或者因外部因素影响致使生产经营单位自身难以排除的隐患。

之所以把人的不安全行为、物的不安全状态，或环境的不安全条件称为"隐患"，是因为"隐"字体现了潜藏、隐蔽，"患"即祸患、不好的状况，而无论是人的不安全行为，还是物的不安全状态，都是导致事故发生的小概率事件，因此，相对于事故而言，它们都是藏而不露、不易为人们所重视，但如果得不到治理就会导致事故灾难。例如：燃料储罐的罐体以及管道的锈蚀、裂纹、破裂和安全阀和压力表等附件的缺陷以及使用者的违章操作等就属于隐患范畴。

2. 危险源和隐患的关系

隐患并不完全等于危险源，隐患实际上就是已经显现的第二类危险源，下面讨论两者的关系。

（1）隐患是已经显现的"现实性"危险源

按照危险源的存在状态，可把危险源分为现实型危险源（the actual hazard）与潜在型危险源（the potential hazard）两种类型。

在《职业健康安全管理体系标准》（ISO 45001：2018）中要求，在进行某项活动或者项目之前就应该主动识别危险源，而不是等事故发生了或者危险已经显现了才去被动识别危险源。我们通常把活动、项目开始前，变更之前，进行主动危险源辨识，所辨识出的危险源，叫作"潜在型"危险源。

例如：用叉车搬运桶装燃料，可能会出现燃料滑落，燃料的桶盖被冲开，叉车可能未装阻火器等危险源，在活动开始之前就已经辨识出的危险源属于"潜在型"危险源。

在开始工作之前还要对已经识别出的危险源进行风险评估，并对风险比较大的危险源采取相应的预防措施，针对燃料桶的滑落，采取塑料膜缠绕或者放入栏框进行搬用，针对桶盖被冲开，可以加固，并缓慢搬运，车辆使用防爆叉车等，就能够防止因此而导致的事故发生。

与上面不同的是，在已经开始搬运时，发现燃料的桶盖在渗液，则属于已经客观存在的"现实型"危险源，也就是所谓的"隐患"，隐患就是"潜在型"危险源没有得到有效控制的结果，是已经客观存在的物的不安全状态或者人的不安全行为以及管理上的缺陷。

由于"现实型"危险源是"潜在型"危险源失控的结果，其较之"潜在型"危险源，距离引发事故就更进一步，从这个意义上讲，如果系统内危险源都处于潜在状态，说明事故预防工作得力，该系统是比较安全的；反之，如果大多数"潜在型"危险源没有得到有效控制而转化为"现实型"危险源——隐患，则表明该系统风险程度增大，或已濒临将要发生事故的危险阶段。

对危险源进行管理，既要事前就要识别危险源，评定风险，分级管理，采取预防措施，避免事故发生；又要在工作执行中进行隐患排查，把隐患排查提到事故前面，双重预防从而杜绝事故发生。

（2）隐患是第二类危险源

根据前面所讲，危险源分为第一类危险源和第二类危险源，既包括能量或危险物质，也包括人的不安全行为或物的不安全状态以及环境的不安全条件。其中，人的不安全行为或物的不安全状态以及环境的不安全条件属于第二类危险源，恰与隐患定义基本一致，因此，（事故）隐患就是危险源中的第二类危险源，也即危险源包括隐患，隐患是危险源中的一种类型，表现为防止能量或有害物质失控的屏障上的缺陷或漏洞，它是诱发能量或有害物质失控的外部因素，是事故发生的外因。

五、风险评价

风险是指某一特定情况发生的可能性和后果的组合，而风险评价是指评估风险大小以及确定风险是否可允许的全过程。风险评价是职业健康安全管理体系的一个重要环节。进行风险评价的目的是对企业现阶段的危险源所带来的风险进行评价分级，根据评价分级结果有针对性地进行风险控制，从而取得良好的职业健康安全绩效。风险评价的基础来自风险的含义，即围绕可能性和后果两方面来确定风险。现介绍两种风险评价方法：定性评价法和定量评价法。

1. 定性评价法

将风险所导致事故后果的严重程度和发生事故的可能性结合起来进行分析，将后果和可能性分成 3 类，再分析比较风险现状，将后果和可能性分别界定在其中的一类上，如：将事故发生可能性极大的界定为"可能"，事故发生可能性极小的界定为"极不可能"，介于两者之间的则界定为"不可能"。将出现多人伤亡严重后果的界定为"严重伤害"，有轻伤后果的界定为"轻微伤害"，介于两者之间的则界定为"一般伤害"。根据后果和可能性的结合结果得出风险级别。

2. 定量评价法

作业条件危险性评价法是一种简便易行的衡量人们在某种具有潜在危险的环境中作业的危险性的半定量评价方法。它是由美国安全专家格雷厄姆和金尼提出的。该方法以与系统风险率有关的三种因素指标值之积来评价系统人员伤亡风险的大小，并将所得作业条件危险性数值与规定的作业条件危险性等级相比较，从而确定作业条件的危险程度。众所周知，作业条件的危险性大小，取决于三个因素：

① L——发生事故的可能性大小；

② E——人体暴露在这种危险环境中的频繁程度；

③ C——一旦发生事故可能会造成的损失后果。

但是，要获得这三个因素的科学准确的数据，却是相当繁琐的过程。为了简化评价过程，采取半定量计值法，给三种因素的不同等级分别确定不同的分值，然后，以三个分值的乘积 D 来评价作业条件危险性的大小。即：

$$D = L \cdot E \cdot C$$

D 值大，说明该系统危险性大，需要增加安全措施，减少发生事故的可能性，或者降低人体暴露的频繁程度，或者减轻事故损失，直至调整到允许范围。

三种因素的不同等级取值标准和危险性大小的范围划分可参照表 2-1～表 2-4 所示。

表 2-1　发生事故的可能性（L）

分值	事故发生的可能性	分值	事故发生的可能性
10	完全可以预料	0.5	很不可能，可以设想
6	相当可能	0.2	极不可能
3	可能，但不经常	0.1	实际上不可能
1	可能性小，完全意外		

表 2-2　暴露于危险环境的频繁程度（E）

分值	暴露于危险环境的频繁程度	分值	暴露于危险环境的频繁程度
10	连续暴露	2	每月一次暴露
6	每天工作时间内暴露	1	每年几次暴露
3	每周一次，或偶然暴露	0.5	非常罕见地暴露

表 2-3　发生事故可能会造成的损失后果（C）

分值	发生事故可能会造成的损失后果	分值	发生事故可能会造成的损失后果
100	大灾难，许多人死亡	6	重大，手足伤残
40	灾难，数人死亡	3	较大，受伤较重
15	非常严重，一人死亡	1	较小，轻伤
7	严重，躯干致残		

表 2-4　危险等级划分（D）

D 值	危险程度	D 值	危险程度
>320	极其危险，停产整改	20～70	一般危险，需要观察
160～320	高度危险，立即整改	<20	稍有危险，注意防止
70～160	显著危险，及时整改		

任何有人作业的具体系统，都可以按照实际情况选取三种因素的分数值，然后计算 D 值。根据 D 值大小，可以判定系统的危险程度高低。

这种评价方法的特点是简便，可操作性强，有利于掌握企业内部危险点的危险情况，有利于促进整改措施的实施。但是三种因素中事故发生的可能性只有定性概念，没有定量标准。评价实施时很可能在取值上因人而异，影响评价结果的准确性。对此，可在评价开始之前确定定量的取值标准。如"完全可以预料"是平均多长时间发生一次，"相当可能"为多长时间一次，等等。这样，就可以按统一标准评价系统内各子系统的危险程度。

将风险值 D 求出之后，关键是如何确定风险级别的界定值，而这个界定值并不是长期固定不变的。在不同时期，企业应根据具体情况确定风险级别的界定值，以符合持续改进的思想。

危险源辨识、风险评价是安全体系最关键、最基础的一步，它是风险控制策划、实施运行、监视测量的前提。因此，应结合具体情况探索最适合自己的危险源辨识方法和风险评价方法，从而为风险控制策划打下坚实的基础，减少和避免生产事故的发生。

第四节　危险源控制

危险源控制是指利用工程技术和管理手段消除、控制危险源，防止危险源导致事故、造成人员伤害和财产损失的工作。

危险源控制主要分为工程技术手段和管理手段。控制危险源主要通过工程技术手段来实现。危险源控制技术包括防止事故发生的安全技术和减少或避免事故损失的安全技术。管理也是危险源控制的重要手段。管理的基本功能是计划、组织、指挥、协调、控制。通过一系列有计划、有组织的系统安全管理活动，控制系统中人的因素、物的因素和环境因素，以有效地控制危险源。

一、安全技术对策的基本原则

安全技术可以划分为预防事故发生的安全技术及防止或减轻事故损失的安全技术，这是事故预防和应急措施在技术上的保证。评价一个设计、设备、工艺过程是否安全，可从以下几个方面加以考虑。

1. 防止人失误的能力

必须能够防止在装配、安装、检修或操作过程中发生的可能导致严重后果的人的失误。如单相电源插头，规定火线、零线、地线的分布呈等腰三角形而非正三角形，还规定三线各自的位置，这样就可以避免因插错位置而造成事故；否则，如果简单地设计成正三角形，即使经过严格的培训，也不可避免因人的失误而插错的可能性。

2. 对人失误后果的控制能力

人的失误是不可能完全避免的，因此一旦人发生可能导致事故的失误时，应能控制或限制有关部件或元件的运行，保证安全。如触电保安器就是在人失误触电后防止对人造成伤害的一种技术措施。

3. 防止故障传递的能力

应能防止一个部件或元件的故障引起其他部件或元件的故障，以避免事故的发生。如电气线路中的保险丝，压力锅上的易熔塞。后者在限压阀发生故障或堵塞时，自动熔开以释放压力，避免因压力超高引发锅体爆炸；前者也是以熔断的方式防止过电流对其他设备的损害。

4. 失误或故障导致事故的难易

应能保证有两个或两个以上相互独立的人失误或故障，或一个失误，一个故障同时发生才能导致事故发生。安全水平要求较高的系统，则应通过技术手段保证至少3个或更多的失误或故障同时发生才会导致事故的发生。常用的并联冗余系统就可以达到这个目的。

5. 承受能量释放的能力

运行过程中偶然可能会产生高于正常水平的能量释放，应采取措施使系统能够承受这种释放。如加大系统的安全系数就是其中的一种方法。

6. 防止能量蓄积的能力

能量蓄积的结果将导致意外的过量的能量释放。因而应采取防止能量蓄积的措施，使能量不能积聚到发生事故的水平。如矿井通风就可以防止瓦斯积聚到爆炸的水平，避免事故发生。

二、安全技术对策的基本措施

安全技术主要是运用工程技术手段消除物的不安全因素，来实现生产工艺和机械设备等生产条件的本质安全。按照导致事故的原因可分为：防止事故发生的安全技术和减少事故损失的安全技术等。

1. 防止事故发生的安全技术

防止事故发生的安全技术是指为了防止事故的发生，采取的约束、限制能量或危险物质，防止其意外释放的技术措施。常用的防止事故发生的安全技术有消除危险源、限制能量或危险物质、隔离等。

（1）消除危险源

消除系统中的危险源，可以从根本上防止事故的发生。但是，按照现代安全工程的观点，彻底消除所有危险源是不可能的。因此，人们只能有选择地消除几种特定的危险源。一般来说，当某种危险源的危险性较高时，应该首先考虑能否采取措施消除它。可以通过选择合适的工艺、技术、设备、设施，合理结构形式，选择无害、无毒或不能致人伤害的物料来彻底消除某种危险源。

（2）限制能量或危险物质

受实际技术、经济条件的限制，有些危险源不能被彻底根除，这时应该设法限制它们拥有的能量或危险物质的量，降低其危险性。具体为：①减少能量或危险物质的量；②防止能量蓄积，能量蓄积会使危险源拥有的能量增加，从而增加发生事故和造成损失的危险性。采取措施防止能量蓄积，可以避免能量意外的突然释放；③安全地释放能量。在可能发生能量蓄积或能量意外释放的场合，人为地开辟能量泄放渠道，安全地释放能量。

（3）隔离

隔离是一种常用的控制能量或危险物质的安全技术措施，既可用于防止事故发生，也可用于避免或减少事故损失。预防事故发生的隔离措施有分离和屏蔽两种。前者是指时间上或空间上的分离，防止一旦相遇可能产生或释放能量（或危险物质）的物质相遇；后者是指利用物理的屏蔽措施局限、约束能量或危险物质。一般来说，屏蔽较分离更可靠，因而得到广泛应用。

（4）故障和安全设计

在系统、设备的一部分发生故障或被破坏的情况下，在一定时间内也能保证安全的安全技术措施称为"故障-安全设计"。通过精心地技术设计，使得系统、设备发生故障时处于低能量状态，防止能量意外释放。例如，电气系统中的熔断器就是典型的"故障-安全设计"，当系统超过负荷时熔断器熔断，把电路断开而保证安全。尽管"故障-安全设计"是一种有效的安全技术措施，但考虑到"故障-安全设计"本身可能因故障而不起作用，所以选择安全技术措施时不应该优先采用。

（5）减少故障和失误

物的故障和人的失误在事故致因中占有重要位置，因此应该努力减少故障和失误的发生。一般来说，可以通过增加安全系数、增加可靠性或设置安全监控系统来减少物的故障。可以从技术措施和管理措施两方面来防止人的失误，一般来说，技术措施比管理措施更有效。常用的防止人的失误的技术措施有：用机器代替人操作、采用冗余系统、耐失误设计、警告以及良好的人、机、环境匹配等。

2. 减少事故的安全技术

避免或减少事故损失的安全技术的基本出发点是防止意外释放的能量达及人或物，或者减轻其对人和物的作用。事故后如果不能迅速控制局面，则事故规模有可能进一步扩大，甚至引起二次事故而释放出更多的能量或危险物质。在事故发生前就应该考虑到采取避免或减少事故损失的技术措施。常用的避免或减少事故损失的安全技术有隔离、个体防护、薄弱环节、避难与援救等。

（1）隔离

作为避免或减少事故损失的隔离，其作用在于把被保护的人或物与意外释放的能量或危险物质隔开。隔离措施有远离、封闭和缓冲三种。

远离：把可能发生事故而释放出大量能量或危险物质的工艺、设备或工厂等布置在远离人群或被保护物的地方。例如，把爆破材料的加工制造、储存设施安排在远离居民区和建筑物的地方；一些危险性高的化工企业远离市区、远离水源保护区等。

封闭：利用封闭措施可以控制事故造成的危险局面，限制事故的影响。

缓冲：缓冲可以吸收能量，减轻能量的破坏作用。例如，安全帽可以吸收冲击能量，防止人员头部受伤。

（2）个体防护

个体防护也是一种隔离措施，它把人体与意外释放的能量或危险物质隔离开，是一种不得已的隔离措施，但是却是保护人身安全的最后一道防线。如：防护服、防护手套、面罩和护目镜等。

（3）设置薄弱环节

利用事先设计好的薄弱环节使事故能量按人们的意图释放，防止能量作用于被保护的人或物。设计的薄弱部分即使被破坏，却是以较小的损失避免了更大的损失，因此，这种安全技术又称接受微小损失。如锅炉上的易熔塞、电路中的熔断器等。

（4）避难与救援

事故发生后应该努力采取措施控制事态的发展，但是，当判明事态已经发展到不可控制的地步时，则应迅速避难，撤离危险区。为了满足事故发生时的应急需要，在工作场所布置、建筑物设计和交通设施设计中，要充分考虑一旦发生事故时的人员避难和救援问题。

设置避难场所，当事故发生时人员暂时躲避，免遭伤害或赢得救援的时间。事先选择撤退路线，当事故发生时，人员按照撤退路线迅速撤离。事故发生后，组织有效的应急救援力量，实施迅速的救护，是减少事故人员伤亡和财产损失的有效措施。

此外，安全监控系统作为防止事故发生和减少事故损失的安全技术，是发现系统故障和异常的重要手段。安全监控系统可以及早发现事故，获得事故发生、发展的数据，避免事故的发生或减少事故的损失。

小知识 1：耐失误的设计

耐失误（或称防失误）设计是通过精心设计使得人员操作时不能发生失误或不易发生失误，其理念要求设计出的工具和设备连"傻子操作也不会出问题"。例如，把三相电气插头的三只插脚设计成不同直径或按不同角度布置，防止因插错插头使电气设备外壳带电；在自动运行的设备上安装红外线感应器，一旦有人介入危险区域，设备便自动停止运行。

小知识 2：矿井紧急避难所

2010 年 8 月 5 日，智利北部沙漠的圣何塞铜矿发生了塌方事件，有 33 名矿工被困在地下 700m 深的矿井里。71 天后，10 月 14 日，33 名被困矿工全部获救。在这次事故中，矿井紧急避难所发挥了重要作用。紧急避难所备有食品、水、氧气等，而且还定期更新。

案例

案例 1："8·12"天津滨海新区爆炸事故

2015 年 8 月 12 日 23：30 左右，位于天津市滨海新区天津港的某公司危险品仓库发生火灾爆炸事故，造成 165 人遇难（其中参与救援处置的公安现役消防人员 24 人、天津港消防人员 75 人、公安民警 11 人，事故企业、周边企业员工和居民 55 人），8 人失踪（其中天津消防人员 5 人，周边企业员工、天津港消防人员家属 3 人），798 人受伤（伤情重及较重的伤员 58 人、轻伤员 740 人），304 幢建筑物、12428 辆商品汽车、7533 个集装箱受损。直接经济损失 68.66 亿元。

事故的直接原因是：该公司危险品仓库运抵区南侧集装箱内硝化棉由于湿润剂散失出现局部干燥，在高温（天气）等因素的作用下加速分解放热，积热自燃，引起相邻集装箱内的硝化棉和其他危险化学品长时间大面积燃烧，导致堆放于运抵区的硝酸铵等危险化学品发生爆炸。

案例 2：2010 年美国墨西哥湾漏油事故

2010 年墨西哥湾漏油事故又称英国石油漏油事故，是 2010 年 4 月 20 日发生的一起墨西哥湾外海油污外漏事件。起因是英国石油公司所属的一个名为"深水地平线"（Deepwater Horizon）的外海钻油平台井喷并爆炸，导致了此次漏油事故。爆炸同时导致 11 名工作人员死亡及 17 人受伤，直接经济损失 75 亿美元。从 2010 年 4 月 20 日到 7 月 15 日，大约共泄漏了 320 万桶石油，导致至少 2500km^2 的海水被石油覆盖。此次漏油导致一场环境灾难，影响了多种生物，而且严重影响了当地的渔业和旅游业。

案例 3：江苏响水某化工有限公司"3·21"特别重大爆炸事故

2019 年 3 月 21 日，江苏省盐城市响水县某化工有限公司发生特别重大爆炸事故，造成 78 人死亡，76 人重伤，640 人住院治疗，直接经济损失 19.86 亿元。经国务院调查组认定，这是一起长期违法贮存危险废物导致自燃，进而引发爆炸的特别重大生产安全责任事故。

▶▶ 习 题 ◀◀

一、单选题

1. 按照生产过程危险和有害因素分类方式，机械、设备、设施、材料等方面存在的危险和有害因素属于（　　）。

A. 环境因素　　　　B. 物的因素　　　　C. 人的因素

2. 根据《安全色》（GB 2896—2008），传递禁止、停止、危险信息的安全色是（　　）。

A. 黑色　　　　　　B. 红色　　　　　　C. 蓝色

3. 事故隐患分为一般事故隐患和（　　）事故隐患。

A. 重大　　　　　　B. 极大　　　　　　C. 特大

4. 《安全生产法》规定，生产经营场所（实验场所）应当设有符合（　　）要求、标志明显、保持畅通的出口。

A. 紧急疏散　　　　B. 通风　　　　　　C. 建筑规范

5. 机械零部件、工件飞出伤人、切屑伤人，人的肌体或身体被旋转机械卷入、脸、手或其他部位被刀具碰伤等属（　　）。

A. 其他爆炸　　　　B. 其他伤害　　　　C. 机械伤害

6. 实验场所的疏散门可采用（　　）。

A. 高质量推拉门　　B. 向疏散方向开启的平开门　　　　C. 进口卷帘门

7. 异常的气象条件如高温、低温以及噪声、振动、高频电磁场等对人产生危害的因素属于（　　）。

A. 生物因素　　　　B. 物理因素　　　　C. 化学因素

8. 某生产线使用氯气作为循环冷却水的杀菌剂。为防止氯气泄漏事故，该企业改进了生产工艺，采用对人无害的物质作为杀菌剂。该生产线采用的预防事故发生的安全技术措施属于（ ）。

A. 消除危险源 　　　　　　B. 限制能量或危险物质

C. 隔离 　　　　　　　　　D. 故障-安全设计

9. 以下的论点中，（ ）不属于"偶然损失原则"的论点。

A. 事故后果及其严重程度都是随机的

B. 反复发生的同类事故，并不一定产生完全相同的后果

C. 事故后果及其严重程度是难于预测的，因此，无论事故损失大小，都必须做好预防工作

D. 为了预防事故的发生，就要从根本上消除事故发生的可能性

10. 按照生产过程危险和有害因素分类方式，培训制度不完善属于（ ）。

A. 环境因素 　　　B. 物的因素 　　　C. 管理因素

11. 从业人员应当接受安全生产教育和培训，掌握本职工作所需的安全生产知识，提高安全生产技能，增强事故预防和（ ）。

A. 责任意识 　　　B. 应急处理能力 　　　C. 法律意识

12. 为预防蒸汽加热装置过热造成超压爆炸，在设备本体上装设了易熔塞。采取这种安全技术措施的做法属于（ ）。

A. 故障安全设计 　　B. 隔离 　　　　C. 设置薄弱环节 　　D. 限制能量

二、判断题

1. 安全工作的主要目的不是减少伤亡事故带来的经济损失。（ ）

2. 所谓变化的观点是指事故的致因因素是变化的。（ ）

3. 绝大多数事故是可以预防的，不能预防的事故只是极少数。（ ）

4. 危险源又叫做事故隐患。（ ）

5. 危险是相对的，安全也是相对的。（ ）

6. 危险是客观存在的，而且是绝对的。（ ）

7. 具有毒害性、易燃易爆性、腐蚀性等危险化学物品是一类危险源。（ ）

8. 事故可以完全杜绝。（ ）

9. 事故的潜伏性往往会引起人们的麻痹思想，从而酿成重大恶性事故。（ ）

10. 触发因素不属于危险源的固有属性。（ ）

11. 人是容易犯错误的动物，人失误是不可避免的。（ ）

12. 人失误的发生主要是个人原因造成的，故又称作人为失误。（ ）

13. 人的行为遵循生物学原理、心理学原理、文化原理及社会学原理等许多原理。（ ）

14. 安全教育的一个重要内容在于使操作者掌握操作过程中在什么时候应该注意什么。（ ）

15. 安全意识也可以说是危险意识。（ ）

16. 安全教育、岗位培训不到位属于人员方面的危险源。（ ）

17. 管理标准是管理对象管到什么程度就可以消除或控制危险源风险的最低要求。（　　）

18. 生产人员不安全行为的主要因素有：知识与技能缺陷、思想和情绪不稳定、利益与管理的不利因素、生产与环境的不利影响。（　　）

19. 非故意违章行为不属于不安全行为。（　　）

20. 管理措施是指达到管理标准的具体方法和手段。（　　）

21. 安全风险评估中，风险值的大小由危险源失控引发事故的损失来衡量。（　　）

22. 危险源辨识等同于隐患排查。（　　）

23. 隐患排查是检查已经出现的危险源，排查的目的是为了对危险源进行预先控制。（　　）

24. 如果系统内危险源都处于潜在状态，说明事故预防工作得力，该系统应是比较安全的。（　　）

25. 隐患是"潜在型"危险源没有得到有效控制的结果，是已经客观存在的物的不安全状态或者人的不安全行为以及管理上的缺陷。（　　）

26. 危险源包括隐患，隐患是危险源中的一种类型。（　　）

27. 安全教育主要是一种意识的培养。（　　）

28. 安全意识是长时期的甚至贯穿于人的一生的，并在人的所有行为中体现出来，而与其所从事的职业并无直接关系。（　　）

29. 教师应学习研究有关实验室安全的知识，同时在理论教学和实验中对学生进行安全知识教育、教会学生如何正确使用实验设备和实验操作，教会学生在突发事故发生时如何自我保护、相互救援、安全撤离。（　　）

三、填空题

1. 安全的基本特征包括安全的＿＿＿＿＿＿，＿＿＿＿＿＿，＿＿＿＿＿＿，＿＿＿＿＿＿，＿＿＿＿＿＿，＿＿＿＿＿＿，＿＿＿＿＿＿，＿＿＿＿＿＿。

2. 安全科学是研究系统安全的＿＿＿＿＿＿的科学。

3. 危险源监测是在生产过程中对已辨识出的＿＿＿＿＿＿进行监测、检查，并及时向管理部门反馈危险源动态信息的过程。

4. 危险源应由三个要素构成：＿＿＿＿＿＿、＿＿＿＿＿＿和＿＿＿＿＿＿。

5. 物质的压力、温度、化学稳定性，盛装压力容器的坚固性属于危险源的＿＿＿＿＿＿，易燃、易爆物质，热能是危险源的＿＿＿＿＿＿，压力容器压力升高是危险源的＿＿＿＿＿＿。

6. 能量意外释放理论认为：＿＿＿＿＿＿是伤亡事故发生的物理本质。

7. 危险源的控制可从三方面进行，即＿＿＿＿＿＿、＿＿＿＿＿＿和＿＿＿＿＿＿。

8. 隐患是指＿＿＿＿＿＿、＿＿＿＿＿＿或者＿＿＿＿＿＿。

9. 风险是某一特定危险情况发生的＿＿＿＿＿＿和＿＿＿＿＿＿的组合。

10. 为保证危险源辨识全面评估到位，在风险评估时要兼顾＿＿＿＿＿＿、＿＿＿＿＿＿和＿＿＿＿＿＿三种状态及＿＿＿＿＿＿、＿＿＿＿＿＿和＿＿＿＿＿＿三种时态下的风险。

11. 风险管理是通过＿＿＿＿＿＿、＿＿＿＿＿＿和＿＿＿＿＿＿三个环节实现的。

12. 风险评估内容主要包括_____、_____、_____、_____。

13. 风险预控是根据_____和_____的结果，通过制定相应的_____和_____，控制或消除可能出现的_____，预防风险出现的过程。

14. 本质安全管理以_____为核心，以 PDCA 管理为模式，体现了_____的特点，要求在生产过程中做到_____、_____、_____、_____，进而实现人员、机器设备、环境、管理的本质安全。

15. 根据事故致因理论，事故是由于_____和_____在一定的时空里的交叉所致。

16. 从总体上事故原因可分为_____、_____、_____。从逻辑上又可分为_____和_____等。

17. 事故具有如下特点：事故是一种发生在人类生产、生活活动中的_____，事故是一种突然发生的、出乎人们意料的_____。

18. 事故的基本特性是：_____。

19. 海因里希把造成人的不安全行为和物的不安全状态的主要原因归结为四个方面的问题：_____；_____；_____；_____。针对这四个方面的原因，海因里希提出了相应的对策，即 3E 原则：_____、_____、_____。

四、简答题

1. 安全生产管理 3E 原则是什么？

2. 本质安全管理体系中，危险源辨识是从哪几个方面找出不安全因素的？

3. 安全的定义是什么？

4. 安全的基本特征有哪些？

5. 如何理解安全的相对性？

6. 试述事故的概念和特征。

7. 什么是安全生产？

8. 事故是指造成什么的意外情况？

9. 人身事故可分为哪三种？

10. 什么是危险源？

第三章
安全管理

教学目标

1. 了解安全、危险、安全管理的作用和意义。
2. 掌握事故致因理论。
3. 理解安全管理的重要性。

重点与难点

重点：危险、安全管理、事故致因理论。
难点：事故致因理论、多米诺骨牌理论、事故因果论。

第三章课程思政

第三章课件

第一节　安全管理概述

一、管理

美国著名管理学家、现代管理学理论的奠基人彼得·德鲁克认为："管理是把事情做得正确，领导是做正确的事情"。

随着生产规模的扩大、生产技术的变革和生产条件的复杂化，生产事故的种类和发生的可能性也随之增加，安全管理变得越来越重要。学习安全管理知识，有助于加深对安全管理的认识，更好地掌握安全管理理论、技术和方法，提高安全管理水平。

1. 管理的定义

管理是一种现象，一个过程，也是一种约束行为。

管理就是管理者为了达到一定的目的，对管理对象进行的计划、组织、指挥、协调和控制的一系列活动。

管理是指在特定的环境条件下，对组织所拥有的人力、物力、财力、信息等资源进行有效的决策、计划、组织、领导和控制，以期高效地达到既定组织目标的过程。

2. 管理的三大基本要素

管理的三大基本要素如下。

① 系统性要素　所谓系统，就是存在联系并产生统一功能的多要素集合。管理的对象总是一个特定的系统。管理的目的就是为了让该系统实现其功能预设。

② 人本主义要素　人是管理的主体和对象，人的积极性和创造性的充分发挥是管理活动成功与否的关键。管理活动必须以人为本，必须把人的能动性作为管理活动的内在动力，通过建立和谐的人际关系来提升管理绩效。

③ 动态管理要素　在管理活动中，组织的外部和内部环境都时刻在发生变化，必须把握管理对象运动、变化的情况，及时调节管理的各个环节和各种关系，才能保证管理活动不偏离预定的目标。

二、安全管理

1. 安全管理的定义

安全管理是国家或企事业单位安全部门的基本职能。它运用行政、法律、经济、教育和科学技术手段等，协调社会经济发展与安全生产的关系，处理国民经济各部门、各社会集团和个人有关安全问题的相互关系，使社会经济发展在满足人们的物质和文化生活需要的同时，满足社会和个人的安全方面的要求，保证社会经济活动和生产、科研活动顺利进行，有效发展。

安全管理既指对劳动生产过程中的事故和防止事故发生的管理，又包括对生活和生活环境中的安全问题的管理。

安全管理是管理者对安全生产进行计划、组织、指挥、协调和控制的一系列活动，以保护职工的安全与健康，保证企业（单位）生产的顺利发展，促进企业（单位）提高生产效率。安全管理是一项全面、全员、全过程、全天候的管理。安全管理是随社会生产的发展而发展的，只要有生产就会有不安全的因素。社会化大生产的发展一方面提高了生产效率，另一方面也不断地增加新的危害和危险。必须实行有组织、有计划的安全管理，并积极发展安全保障方法和技术，才能不断提高安全生产水平，尽可能减少事故伤害。

2. 现代安全管理的特征

（1）强调以人为中心的安全管理，体现以人为本的科学的安全价值观

安全生产的管理者必须时刻牢记保障劳动者的生命安全是安全生产管理工作的首要任务。人是生产力诸要素中最活跃、起决定性作用的因素。在实践中，要把安全管理的重点放在激发和激励劳动者对安全的关注度、充分发挥其主观能动性和创造性上面来，形成让所有劳动者主动参与安全管理的局面。

（2）强调系统的安全管理

也就是要从企业的整体出发，实行企业全员、全过程、全方位的安全管理，使企业整体的安全生产水平持续提高。

（3）信息技术在安全管理中的广泛应用

信息技术的普及与应用加速了安全信息管理的处理和流通速度，并使安全管理逐渐由定性走向定量，使先进的安全管理经验、方法得以迅速推广。

国内外事故致因研究中普遍接受美国安全工程师海因里希（Heinrich）的研究结论，认为存在 88：10：2 的规律，即 100 起事故中 88 起事故主要缘于人为，10 起事故由人为和非人为的不安全因素综合造成，只有 2 起是人为的因素难以预防的。我国的现状与此也基本一致。可见事实上人为因素已成为事故中公认的首要关键性因素，安全管理其实变成了对人的管理，是人力资源管理的一部分。与发达国家相比，我国劳动力群体的综合素质偏低，在安全管理中存在侥幸心理、逆反心理、投机心理、疲劳心理、盲从心理等心理误区，因此必须完善安全体系建设，提高安全保障水平。

第二节　事故致因理论

事故的发生是由内部或外部共同作用的结果，当事物本身存有安全问题，这些潜在的危险随时间逐步显现，最终突变导致事故的发生。研究事故致因理论，其目的就是要在事故发生前，采取有效措施，将潜在的问题消除，阻止其突变为事故。这就需要掌握事故演变的过程，以更好地做好预防工作，保证工作的安全。因此，掌握事故致因理论是我们进行防范工作的前提。

事故致因理论，也叫事故模型，是安全原理的主要内容之一，是从大量典型事故的本质原因的分析中所提炼出的事故机理和事故模型，反映了事故发生的规律性，用于揭示事故的成因、过程与结果。事故致因理论一方面可以用来在事故调查中帮助识别需要考虑的突出因素，另外一方面还可以用来对事故进行预计。事故致因理论随着人们对事故成因认知的发展而不断演化，研究者在过程中从不同的视角，针对不同的事故类型建立了不同的事故致因理论。

一、事故频发倾向论

事故倾向性理论是广为人知的事故致因理论之一。这种理论认为，事故与人的个性有关。某些人由于具有某些个性特征，因而比其他人更易发生事故。

通过对大量事故案例研究，发现在现实生活中有少部分这样的人，在相同的客观条件下，出事故次数比其他人多得多。因此，有的心理学家提出一种称为事故倾向性的理论。这种理论认为，事故与人的个性有关。某些人由于具有某些个性特征，因而比其他人更易发生事故。换句话说，即这些人具有"事故倾向性"。有事故倾向性的人，无论从事什么工作都容易出事故。由于有事故倾向性的人是少数人，所以事故通常主要发生在少数人身上。所以，只要通过合适的心理测量，就可以发现具有这种个性特征的人，把他们调离有危险的工种，安排在事故发生概率极小的岗位，就可以大大降低事故率。但区分"易出事故者"和"不易出事故者"的个性差异非常困难。

　　某些人在某些环境可能更容易发生事故，若换个环境则不一定容易出事故，在某一工种容易发生事故，在另一工种则不一定是这样，因此事故倾向性可能是指特定的环境而言，而非所有环境一般的倾向。

二、多米诺骨牌理论

　　海因里希因果连锁论又称海因里希模型或多米诺骨牌理论，该理论由海因里希首先提出，用于阐明导致伤亡事故的各种原因及与事故间的关系。该理论认为，伤亡事故的发生不是一个孤立的事件，尽管伤害可能在某瞬间突然发生，却是一系列事件相继发生的结果。主要观点是：人的不安全行为或者物的不安全状态是由于人的缺点造成的，人的缺点是由于不良的环境诱发或者由先天的遗传因素造成的。安全工作的中心就是防止人的不安全行为，消除机械或物的不安全状态，中断事故连锁的进程，从而避免事故的发生。

　　海因里希把工业伤害事故的发生、发展过程描述为具有一定因果关系的事件的连锁发生过程，即：

　　人员伤亡的发生是事故的结果。

　　事故的发生是由人的不安全行为或物的不安全状态造成的。

　　人的不安全行为或物的不安全状态是由于人的缺点造成的。

　　人的缺点是由于不良环境诱发的，或者是由先天的遗传因素造成的。

　　在该理论中，海因里希借助于多米诺骨牌形象地描述了事故的因果连锁关系，即事故的发生是一连串事件按一定顺序互为因果依次发生的结果。如一块骨牌倒下，则将发生连锁反应，使后面的骨牌依次倒下。

　　海因里希模型这5块骨牌依次如下。

　　① 遗传及社会环境（M）　遗传及社会环境是造成人的缺点的原因。遗传因素可能使人具有鲁莽、固执、粗心等不良性格；社会环境可能妨碍教育，助长不良性格的发展。这是事故因果链上最基本的因素。

　　② 人的缺点（P）　人的缺点是由遗传和社会环境因素所造成，是使人产生不安全行为或使物产生不安全状态的主要原因。这些缺点既包括各类不良性格，也包括缺乏安全生产知识和技能等后天的不足。

　　③ 人的不安全行为和物的不安全状态（H）　所谓人的不安全行为或物的不安全状态是指那些曾经引起过事故，或可能引起事故的人的行为，或机械、物质的状态，它们是造成事故的直接原因。例如，在起重机的吊荷下停留、不发信号就启动机器、工作时间打闹或拆除安全防护装置等都属于人的不安全行为；没有防护的传动齿轮、裸露的带电体、或照明不良等属于物的不安全状态。

　　④ 事故（D）　即由物体、物质或放射线等对人体发生作用受到伤害的、出乎意料的、失去控制的事件。例如，坠落、物体打击等使人员受到伤害的事件是典型的事故。

　　⑤ 伤害（A）　直接由于事故而产生的人身伤害。

　　人们用多米诺骨牌来形象地描述这种事故因果连锁关系，得到图3-1中那样的多米诺骨牌系列。在多米诺骨牌系列中，一颗骨牌被碰倒，则会发生连锁反应，其余的几颗骨牌相继被碰倒。如果移去连锁中的一颗骨牌，则连锁被破坏，事故过程被终止。海因里希认为，企业安全工作的中心就是防止人的不安全行为，消除机械的或物质的不安全状态，中断事故连锁的进程而避免事故的发生。

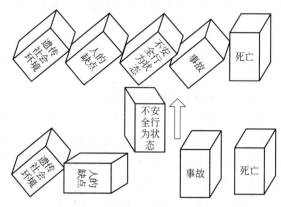

图 3-1　多米诺骨牌理论模型

该理论的积极意义在于，如果移去因果连锁中的任一块骨牌，则连锁被破坏，事故过程即被终止，达到控制事故的目的。海因里希还强调指出，安全工作的中心就是要移去中间的骨牌，即防止人的不安全行为和物的不安全状态，从而中断事故的进程，避免伤害的发生。当然，通过改善社会环境，使人具有更为良好的安全意识，加强培训，使人具有较好的安全技能，或者加强应急抢救措施，也都能在不同程度上移去事故连锁中的某一骨牌以增加该骨牌的稳定性，使事故得到预防和控制。

当然，海因里希理论也有明显的不足，它对事故致因连锁关系描述过于简单化、绝对化，也过多地考虑了人的因素。虽然人的不安全行为和物的不安全状态往往是造成事故的直接原因，但追根溯源，管理是其本质上的原因。尽管如此，由于其形象化和在事故致因研究中的先导作用，使其有着重要的历史地位。后来，博德（Frank Bird）、亚当斯（Edward Adams）等人都在此基础上进行了修改和完善，使因果连锁的思想得以进一步发扬光大，收到较好的效果。

三、事故因果论

与早期的事故频繁倾向、海因里希因果连锁等理论强调人的性格、遗传特征等不同，第二次世界大战后，人们逐渐认识到管理因素作为背后原因在事故致因中的重要作用。人的不安全行为或物的不安全状态是工业事故的直接原因，必须加以追究。但是，它们只不过是其背后的深层原因的征兆和管理缺陷的反映。只有找出深层的、背后的原因，改进管理，才能有效地防止事故。

博德在海因里希事故因果连锁理论的基础上，提出了现代因果连锁理论：事故的直接原因是人的不安全行为、物的不安全状态；间接原因包括个人因素及与工作有关的因素。根本原因是管理的缺陷，即管理上存在的问题或缺陷是导致间接原因存在的原因，间接原因的存在又导致直接原因存在，最终导致事故发生。事故发生发展过程描述为：管理失误→个人原因（工作条件）→不安全行为（不安全状态）→事故→伤亡。

博德的事故因果连锁过程同样为五个因素，但每个因素的含义与海因里希的都有所不同。

主要观点包括以下五个方面。

1. 控制不足——管理

事故因果连锁中一个最重要的因素是安全管理。安全管理中的控制是指损失控制，包括对人的不安全行为和物的不安全状态的控制。它是安全管理工作的核心。完全依靠工程技术上的改进来预防事故既不经济，也不现实。只有通过提高安全管理工作水平，经过较长时间的努力，才能防止事故的发生。管理系统是随着生产的发展而不断发展完善的，十全十美的管理系统并不存在。由于管理上的缺欠，使得能够导致事故的基本原因出现。

2. 基本原因——起源论

为了从根本上预防事故，必须查明事故的基本原因，并针对查明的基本原因采取对策。基本原因包括个人原因及与工作有关的原因。只有找出这些基本原因，才能有效地预防事故的发生。起源论强调找出问题的基本的、背后的原因，而不仅停留在表面的现象上。只有这样，才能实现有效控制。

3. 直接原因——征兆

不安全行为和不安全状态是事故的直接原因，这点是最重要的、必须加以追究的原因。但是，直接原因不过是基本原因的征兆，是一种表面现象。在实际工作中，如果只抓住作为表面现象的直接原因而不追究其背后隐藏的深层原因，就永远不能从根本上杜绝事故的发生。安全管理人员应该能够预测及发现这些作为管理缺欠的征兆的直接原因，采取恰当的改善措施；同时，为了在经济上及实际可能的情况下采取长期的控制对策，必须努力找出其基本原因。

4. 事故——接触

从实用的目的出发，往往把事故定义为最终导致肉体损伤和死亡、财产损失的不希望的事件。从能量的观点看，事故就是人的身体或构筑物、设备与超过其阈值的能量的接触，或人体与妨碍正常活动的物质的接触。于是防止事故就是防止接触。为了防止接触，可以通过改进装置、材料及设施，防止能量释放，通过训练提高工人识别危险的能力，佩戴个人保护用品等来实现。

5. 受伤——损坏——损失

在许多情况下，可以采取恰当的措施最大限度地减少事故造成的损失。如对受伤人员迅速抢救，对设备进行抢修，以及平时对人员进行应急训练等。

阈值的概念：一个领域或一个系统的界限称为阈，其数值称为阈值。在各门学科领域中均有阈值。简单理解就是危险能量的边界限数值。

现代因果连锁理论把考察的范围局限在企业内部，用于指导安全工作。实际上，工业伤害事故发生的原因是很复杂的，一个国家、地区的政治、经济、文化、科技发展水平等诸多社会因素，对伤害事故的发生和预防有着重要的影响。充分认识这些原因因素，综合利用可能的科学技术、管理手段，改善间接原因因素，达到预防伤害事故的目的，是非常重要的。

四、轨迹交叉论

轨迹交叉理论是一种研究伤亡事故致因的理论。轨迹交叉理论可以概括为：设备故障（或物处不安全状态）与人失误，两事件链的轨迹交叉就会构成事故。在多数情况下，由于企业管理不善，工人缺乏教育和训练，或者机械设备缺乏维护、检修以及安全装置不完备，导致人的不安全行为或物的不安全状态。

1. 背景及提出

随着生产技术的提高以及事故致因理论的发展完善，人们对人和物两种因素在事故致因中地位的认识发生了很大变化。一方面是由于生产技术进步的同时，生产装置、生产条件不安全的问题越来越引起了人们的重视；另一方面是人们对人的因素研究的深入，能够正确地区分人的不安全行为和物的不安全状态。

约翰逊（W. G. Jonson）认为，判断到底是不安全行为还是不安全状态，受研究者主观因素的影响，取决于他认识问题的深刻程度。许多人由于缺乏有关失误方面的知识，把由于人失误造成的不安全状态看作是不安全行为。一起伤亡事故的发生，除了人的不安全行为之外，一定存在着某种不安全状态，并且不安全状态对事故发生作用更大些。

斯奇巴（Skiba）提出，生产操作人员与机械设备两种因素都对事故的发生有影响，并且机械设备的危险状态对事故的发生作用更大些，只有当两种因素同时出现时，才能发生事故。

上述理论被称为轨迹交叉理论，该理论主要观点是，在事故发展进程中，人的因素运动轨迹与物的因素运动轨迹的交点就是事故发生的时间和空间，即人的不安全行为和物的不安全状态发生于同一时间、同一空间或者说人的不安全行为与物的不安全状态相通，则将在此时间、此空间发生事故。

轨迹交叉理论作为一种事故致因理论，强调人的因素和物的因素在事故致因中占有同样重要的地位。按照该理论，可以通过避免人与物两种因素运动轨迹交叉，即避免人的不安全行为和物的不安全状态同时、同地出现，来预防事故的发生。

2. 作用原理

轨迹交叉理论将事故的发生发展过程描述为：基本原因→间接原因→直接原因→事故→伤害。从事故发展运动的角度，这样的过程被形容为事故致因因素导致事故的运动轨迹，具体包括人的因素运动轨迹和物的因素运动轨迹。

（1）人的因素运动轨迹

人的不安全行为基于生理、心理、环境、行为几个方面而产生：

① 生理、先天身心缺陷；

② 社会环境、企业管理上的缺陷；

③ 后天的心理缺陷；

④ 视、听、嗅、味、触等感官能量分配上的差异；

⑤ 行为失误。

（2）物的因素运动轨迹

在物的因素运动轨迹中，在生产过程各阶段都可能产生不安全状态：

① 设计上的缺陷，如用材不当、强度计算错误、结构完整性差、采矿方法不适应矿床围岩性质等；

② 制造、工艺流程上的缺陷；

③ 维修保养上的缺陷，降低了可靠性；

④ 使用上的缺陷；

⑤ 作业场所环境上的缺陷。

在生产过程中，人的因素运动轨迹按其①→②→③→④→⑤的方向顺序进行，物的因素运动轨迹按其①→②→③→④→⑤的方向进行。人、物两轨迹相交的时间与地点，就是发生伤亡事故的"时空"，也就导致了事故的发生。

值得注意的是，许多情况下人与物又互为因果。例如，有时物的不安全状态诱发了人的不安全行为，而人的不安全行为又促进了物的不安全状态的发展或导致新的不安全状态出现。因而，实际的事故并非简单地按照上述的人、物两条轨迹进行，而是呈现非常复杂的因果关系。

若设法排除机械设备或处理危险物质过程中的隐患或者消除人为失误和不安全行为，使两事件链连锁中断，则两系列运动轨迹不能相交，危险不能出现，就可避免事故发生。

对人的因素而言，强调考核，加强安全教育和技术培训，进行科学的安全管理，从生理、心理和操作管理上控制人的不安全行为的产生，就等于砍断了事故产生的人的因素轨迹。但是，对自由度很大且身心性格气质差异较大的人是难以控制的，偶然失误很难避免。

在多数情况下，由于企业管理不善，使工人缺乏教育和训练或者机械设备缺乏维护检修以及安全装置不完备，导致了人的不安全行为或物的不安全状态。

轨迹交叉理论突出强调的是砍断物的事件链，提倡采用可靠性高、结构完整性强的系统和设备，大力推广保险系统、防护系统和信号系统及高度自动化和遥控装置。这样，即使人为失误，构成人的因素①→②→③→④→⑤系列，也会因安全闭锁等可靠性高的安全系统的作用，控制住物的因素①→②→③→④→⑤系列的发展，可完全避免伤亡事故的发生。

一些人总是错误地把一切伤亡事故归咎于操作人员"违章作业"；实际上，人的不安全行为也是由于教育培训不足等管理欠缺造成的。管理的重点应放在控制物的不安全状态上，即消除"起因物"，当然就不会出现"施害物"，"砍断"物的因素运动轨迹，使人与物的轨迹不相交叉，事故即可避免。实践证明，消除生产作业中物的不安全状态，可以大幅度地减少伤亡事故的发生。

轨迹交叉理论模型如图 3-2 所示。

五、能量意外释放理论

任何工业生产过程都是能量的转化或做功的过程。能量意外释放理论认为，工业事故及其造成的伤害或损坏，通常都是生产过程中失去控制的能量转化和（或）能量做功的过程中发生的。

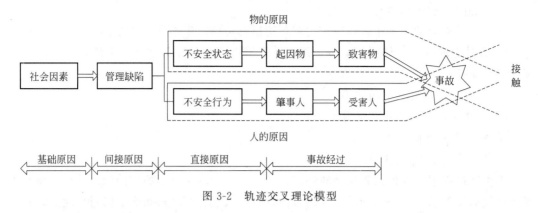

图 3-2　轨迹交叉理论模型

1. 能量意外释放理论的提出

1961 年，吉布森提出了事故是一种不正常的或不希望的能量释放，意外释放的各种形式的能量是构成伤害的直接原因。因此，应该通过控制能量，或控制作为能量达及人体媒介的能量载体来预防伤害事故。

1966 年，美国交通运输部安全局局长哈登完善了能量意外释放理论，认为"人受伤害的原因只能是某种能量的转移"。将伤害分为两类：第一类伤害是由于施加了局部或者全身性损伤阈值的能量引起的；第二类伤害是由影响了局部或者全身性能量交换引起的，主要是指中毒窒息和冻伤。

哈登认为，在一定条件下某种形式的能量能否产生伤害造成人员伤亡事故，取决于能量大小、接触能量时间长短和频率以及力的集中程度。根据能量意外释放理论，可以利用各种屏蔽来防止意外的能量转移，从而防止事故的发生。

2. 事故致因和表现

（1）事故致因

能量在生产过程中是不可缺少的，人类常常利用能量做功以实现生产目的。如果失去控制的、意外释放的能量达及人体，并且能量的作用超过了人们的承受能力，人体必将受到伤害。根据能量意外释放理论，伤害事故的原因如下。

① 接触了超过机体组织（或结构）抵抗力的某种形式的过量的能量；

② 有机体与周围环境的正常能量交换受到了干扰（如窒息、淹溺等）。

因而，各种形式的能量是构成伤害的直接原因。同时，也常常通过控制能量，或控制达及人体媒介的能量载体来预防伤害事故。

（2）能量转移造成事故的表现

机械能、电能、热能、化学能、电离能及非电离辐射、声能和生物能等形式的能量，都可导致人员伤害。其中前四种形式的能量引起的伤害最为常见。

意外释放的机械能是造成工业伤害事故的主要能量形式。现代化工业生产中广泛利用电能，当人们意外地接近或接触带电体时，可能发生触电事故而受到伤害。

工业生产中广泛利用热能，生产中利用的电能、机械能或化学能可以转变为热能，可燃物燃烧时释放出大量的热能，人体在热能的作用下，可能遭受到灼烧或发生烫伤。有毒有害的化学物质使人员中毒，是化学能引起的典型伤害事故。

研究表明，人体对每一种形式能量的作用都有一定的抵抗能力，或者说有一定的伤害阈值。当人体与某种形式的能量接触时，能否产生伤害及伤害的严重程度如何，主要取决于作用于人体的能量的大小。作用于人体的能量越大，造成严重伤害的可能性越大。

3. 事故防范对策

能量意外释放理论揭示了事故发生的物理本质，为人们设计及采取安全技术措施提供了理论依据。从能量意外释放理论出发，预防伤害事故就是防止能量或危险物质的意外释放，防止人体与过量的能量或危险物质接触。

哈登认为，预防能量转移于人体的安全措施是采用屏蔽防护系统。约束限制能量，防止人体与能量接触的措施称为屏蔽，这是一种广义的屏蔽。同时，他指出，屏蔽设置得越早，效果越好。按能量大小可建立单一屏蔽或多重的冗余屏蔽。

六、系统理论

系统理论把人、机和环境作为一个系统（整体），研究它们之间相互作用、反馈和调整，从而找出事故致因，揭示预防途径。

系统理论主要研究内容：机械的运行情况和环境的状况如何，是否正常；人的特性（生理、心理、知识技能）如何，是否正常；人对系统中危险信号的感知，认识理解和行为响应如何；机械的特性与人的特性是否相配；人的行为响应时间与系统允许的响应时间是否相容等。其中特别关注人的特性研究。

系统理论典型的模型主要有两种，它们都认为：事故的发生是来自人的行为与机械特性失配和不协调，是多种因素互相作用的结果。

瑟利模型是在 1969 年由美国人瑟利（J. Surry）提出的，是一个典型的根据人的认知过程分析事故致因的理论。

该模型把事故的发生过程分为危险出现和危险释放两个阶段，这两个阶段各自包括一组类似的人的信息处理过程，即感觉、认识和行为响应。在危险出现阶段，如果人的信息处理的每个环节都正确，危险就能被消除或得到控制；反之，就会使操作者直接面临危险。在危险释放阶段，如果人的信息处理过程的各个环节都是正确的，则虽然面临着已经显现出来的危险，但仍然可以避免危险释放出来，不会带来伤害或损害；反之，危险就会转化成伤害或损害。瑟利模型如图 3-3 所示。

由图 3-3 中可以看出，两个阶段具有相类似的信息处理过程，即 3 个部分。图中 6 个问题分别是对这 3 个部分的进一步阐述。

① 危险的出现（或释放）有警告吗？这里警告的意思是指工作环境中对安全状态与危险状态之间的差异的指示。任何危险的出现或释放都伴随着某种变化，只是有些变化易于察觉，有些则不然。而只有使人感觉到这种变化或差异，才有避免或控制事故的可能。

② 感觉到这个警告吗？这包括两个方面：一是人的感觉能力问题，包括操作者本身的感觉能力，如视力、听力等较差，或过度集中注意力于工作或其他方面；二是工作环境对人的感觉能力的影响问题。

③ 认识到了这个警告吗？这主要是指操作者在感觉到警告信息之后，是否正确理解

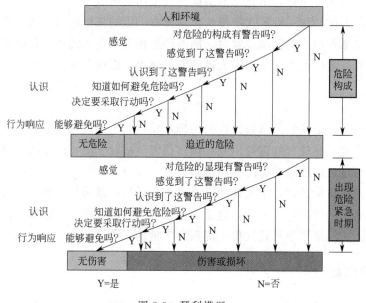

图 3-3 瑟利模型

了该警告所包含的意义，进而较为准确地判断出危险的可能的后果及其发生的可能性。

④ 知道如何避免危险吗？主要指操作者是否具备为避免危险或控制危险，做出正确的行为响应所需要的知识和技能。

⑤ 决定要采取行动吗？无论是危险的出现或释放，其是否会对人或系统造成伤害或破坏是不确定的。而且在某些情况下，采取行动固然可以消除危险，却要付出相当大的代价。特别是对于冶金、化工等企业中连续运转的系统更是如此。究竟是否采取立即的行动，应主要考虑两个方面的问题：一是该危险立即造成损失的可能性，二是现有的措施和条件控制该危险的可能性，包括操作者本人避免和控制危险的技能。当然，这种决策也与经济效益、工作效率紧密相关。

⑥ 能够避免危险吗？在操作者决定采取行动的情况下，能否避免危险则取决于人采取行动的迅速、正确、敏捷与否，是否有足够的时间等其他条件使人能做出行为响应。

上述 6 个问题中，前两个问题都是与人对信息的感觉有关的，第 3～5 个问题是与人的认识有关的，最后一个问题与人的行为响应有关。这 6 个问题涵盖了人的信息处理全过程，并且反映了在此过程中有很多发生失误进而导致事故的机会。

瑟利模型不仅分析了危险出现、释放直至导致事故的原因，而且还为事故预防提供了一个良好的思路。瑟利模型适用于描述危险局面出现得较慢，如不及时改正则有可能发生事故的情况，对描述迅速的事故，也具有一定的参考价值。但瑟利模型研究的是客观已经存在的潜在危险，没有探索为什么会产生潜在危险，没有涉及机械及周围环境的运行过程。

后来，安德森等人在此基础上对瑟利模型进行了进一步的扩展，增加了危险的来源及其可觉察性，运行系统内波动以控制或减少这些波动，使之与人的行为的波动相一致等部分内容，这在一定程度上提高了瑟利模型的理论性和实用性。

📚 小知识 1：海因里希法则

海因里希法则（Heinrich's law）又称海因里希安全法则、海因里希事故法则或海因法则，是美国著名安全工程师海因里希（Herbert William Heinrich）提出的 300：29：1 法则。这个法则意为：在机械生产过程中，每发生 330 起意外事件，有 300 件未产生人员伤害，29 件造成人员轻伤，1 件导致重伤或死亡。不同的生产过程，不同类型的事故，上述比例关系不一定完全相同，但这个统计规律说明了在进行同一项活动中，无数次意外事件，必然导致重大伤亡事故的发生。要防止重大事故的发生必须减少和消除无伤害事故，要重视事故的苗头和未遂事故，否则终会酿成大祸。

📚 小知识 2：墨菲定律

墨菲定律由爱德华·墨菲（Edward A. Murphy）提出，亦称墨菲法则、墨菲定理。这个定律意为：如果有两种或两种以上的方式去做某件事情，而其中一种选择方式将导致灾难，则必定有人会做出这种选择。根本内容是：如果事情有变坏的可能，不管这种可能性有多小，它总会发生。

在数理统计中，有一条重要的统计规律：假设某意外事件在一次实验（活动）中发生的概率为 p（$p > 0$），则在 n 次实验（活动）中至少有一次发生的概率为 $P = 1 - (1-p)^n$。由此可见，无论概率 p 多么小（即小概率事件），当 n 越来越大时，P 越来越接近 1。

📚 小知识 3：杜邦安全管理十大基本理论

一是，所有的安全事故都是可以防止（预防）的。

从高层到基层，都要有这样的信念，采取一切可能的办法防止、控制事故的发生。

二是，各级管理层对各自的安全直接负责。

安全包括公司各个层面、每个角落、每位员工点点滴滴的事。只有公司高层管理层对所管辖的范围安全负责，车间主任对车间的安全负责，生产组长对管辖的范围安全负责，小组长对员工的安全负责，员工对各自领域安全负责，涉及的每个层面、每个角落安全都有人负责，这个公司的安全才能真正有人负责。

三是，所有安全操作隐患都是可以控制的。

在安全生产过程中所有的隐患都要有计划，有投入，有计划地治理与控制。

四是，安全是被雇佣的员工条件。

在员工与杜邦的合同中明确写着，只要违反安全操作规程，随时可以被解雇。每位员工参加工作的第一天就意识到这家公司是讲安全的，从法律上讲只要违反公司安全规程就可能被解雇，这即把安全与人事管理结合起来。

五是，员工必须接受严格的安全培训。

让员工安全，要求员工安全操作，就要进行严格的安全培训，要想尽可能多的办法，对所有操作进行安全培训。要求安全部门与生产部门合作，知道这个部门要进行哪些安全培训。

六是，各级主管必须进行安全检查。

检查是正面的、鼓励性的，以收集数据、了解信息，然后发现问题、解决问题。

七是，发现安全隐患必须及时更正。

在安全检查中会发现许多隐患，要分析隐患发生的原因是什么，哪些是可以当场解决的，哪些是需要不同层次管理人员解决的，哪些是需要投入力量来解决的。这是发现的安全隐患必须予以更正的真正含义。

八是，工作外的安全和工作安全同样重要。

员工在工作时间外受伤对安全的影响，与在工作时间内受伤对安全的影响实质上没有区别，因此公司也必须做好员工八小时工作以外的安全教育、培训、应急预案等，全方位地关心员工的安全。

九是，良好的安全就是一门好的生意。

这是一种战略思想。如果把安全投入放到对业务发展投入同样重要的位置考虑，就不会说这是成本，而是投资。抓好安全是帮助企业发展，有个良好环境、条件去实施企业发展目标。

十是，员工的直接参与是关键。

没有员工的参与，安全是空想，因为安全是每一位员工的事，没有每位员工的参与，公司的安全就不能落到实处。

案例

案例1：居里夫人（Maria Curie，1867—1934 年）是电离辐射研究先驱，诺贝尔物理学奖和化学奖（物理学奖，1903 年；化学奖，1911 年）获得者。因当时还不知电离辐射对健康的危害，常年过量暴露，得再生障碍性贫血症。遗留的科研文件仍带过量电离辐射，必须存放于铅盒内，后人查阅时需佩戴防护用具。

事故原因：当时还不知道电离辐射的危害。

案例2：凯伦·韦特哈恩（Karen Wetterhahn，1948—1997 年）为美国达特茅斯学院金属毒物学教授，1996 年，在取用试剂时将二甲基汞滴在了手套上，二甲基汞渗透过手套，引起神经性中毒，不足一年去世。

事故原因：未选用合适手套，本来已知防护措施，但防护失误。

案例3：2008 年 12 月 29 日，美国加州大学洛杉矶分校（UCLA）研究助理 Sheri Sangji（1987—2009 年）在把一个瓶子里的叔丁基锂抽入注射器时，活塞滑出了针筒。当时没有穿防护衣，引燃穿戴的化纤类针织套衫和橡皮手套，未能在第一时间使用应急喷淋装置，结果全身大面积烧伤。在医院经过 18 天全力抢救后不治身亡。

事故原因：没有安全培训，没有要求员工穿防护衣，没有及时纠正 2008 年 10 月大检查时发现的不完善的实验室操作。

案例4：某学生在准备处理一瓶四氢呋喃时，没有仔细核对，误将一瓶硝基甲烷当作四氢呋喃加到氢氧化钠中。约过了 1min，试剂瓶中冒出了白烟。李某立即将通风橱玻璃门拉下，此时瓶口的烟变成黑色泡沫状液体。李某叫来同事请教解决方法，爆炸此时发生了，玻璃碎片将二人的手臂割伤。

事故原因：当事人在加药品时粗心大意，没有仔细核对所用化学试剂。实验台药品杂乱无序、药品过多也是造成本次事故的主要原因。

经验教训：这是一起典型的误操作事故。实验操作过程中的每一个步骤都必须仔细，不能有半点马虎；实验台要保持整洁，不用的试剂瓶要摆放到试剂架上，避免试剂打翻或误用造成的事故。

案例5：某化验室新进一台3200型原子吸收分光光度计，在分析人员调试过程中发生爆炸，产生的冲击波将窗户内层玻璃全部震碎，仪器的上盖崩起2m多高后崩离3m多远。当场炸倒3人，其中2人轻伤。

事故原因：仪器内部用聚乙烯管连接易燃气乙炔，接头处漏气，分析人员在仪器使用过程中安全检查不到位。

案例6：2011年4月14日，美国耶鲁大学发生化学实验室事故。一学生深夜独自在位于实验楼地下室的机械间操作车床时，头发被车床绞缠，最终导致"颈部受压迫窒息身亡"。

事故原因：不遵守安全防护规范。

▶▶ 习　题 ◀◀

一、单选题

1. 海因里希的事故因果连锁中，事故基本原因是（　　）。

A. 人的缺点　　　　B. 遗传，环境　　　C. 能量　　　　　D. 管理缺陷

2. 管理者应该充分发挥管理机能中的（　　）机能，有效地控制人的不安全行为、物的不安全状态，防止事故发生。

A. 计划　　　　　　B. 指挥　　　　　　C. 协调　　　　　D. 控制

3. 在事故统计分析时把物的因素进一步区分为（　　）。

A. 机械和物质　　　B. 起因物和加害物　C. 机械和物体　　D. 设备与环境

4. 能量观点的事故因果连锁中，导致能量意外释放的直接原因是（　　）。

A. 故障、人失误　　　　　　　　　B. 人的不安全行为、物的不安全状态

C. 管理缺陷　　　　　　　　　　　D. 现场失误、管理失误

5. 海因里希法则中的比例1∶29∶300说明（　　）。

A. 每330起事故中一定有一起产生了严重伤害

B. 知道了重伤人数就可以计算轻伤人数

C. 减少轻伤事故就可以减少重伤事故

D. 事故发生时伤害的发生不是必然的

6. 根据海因里希的观点，（　　）是大多数工业事故的原因。

A. 人的不安全行为　　　　　　　　B. 物的不安全状态

C. 人的不安全行为和物的不安全状态　D. 两类危险源

7. 以下（　　　）不是诱发安全事故的原因。

A. 设备的不安全状态　　　　　　　B. 安全行为

C. 不良的工作环境　　　　　　　　D. 劳动组织管理的缺陷

二、判断题

1. 人既是事故的受害者又是肇事者，因此安全工作的实质是控制人的行为。（　　　）

2. 只要消除了人的不安全行为就可以预防事故，人的安全才是本质安全。（　　　）

3. 海因里希法则中比例 1∶29∶300 说明减少轻伤事故就可以减少严重伤害。（　　　）

4. 海因里希认为，伤亡事故总经济损失是直接经济损失的 5 倍。（　　　）

5. 人的不安全行为、物的不安全状态只不过是背后深层原因的反映。（　　　）

6. 下楼时较上楼时更容易发生跌倒践踏。（　　　）

7. 一般地，防止人失误采取技术措施比管理措施更有效。（　　　）

8. 在生产、生活活动中，人永远是不可缺少的系统元素。（　　　）

9. 管理者的失职行为属于不安全行为。（　　　）

10. 利用事故判定技术可以预测什么时候会发生事故。（　　　）

11. 选择安全对策措施时，应该优先考虑经济效益好的方案。（　　　）

12. 只要从我做起，人人遵章守纪，事故就可以为零。（　　　）

三、填空题

1. 使人从被动（要我安全）到自觉（我要安全）地执行"安全第一、预防为主"的方针时，要做到_____，_____，_____，_____。

2. 诱发安全事故的原因主要有：_____、_____、_____、_____。

3. 海因里希的事故因果连锁中，事故基本原因是_____、_____。

4. 安全管理问题，既有人对物的管理，又有对_____的管理，还包括_____三者的多元复杂的矛盾问题。

5. 安全控制四要素为：_____、_____、_____、_____，其中，_____是安全管理的核心。

6. 哈登（Harden）完善了能量意外释放理论，提出_____，根据能量意外释放论，可以利用各种屏蔽来防止意外能量转移，从而防止事故的发生。

7. 任何事故的发生不外乎四个方面的原因：即_____、_____、_____和_____。

8. 事故倾向性理论认为，事故与_____有关。

9. 轨迹交叉理论作为一种事故致因理论，强调_____和_____在事故致因中占有同样重要的地位。

10. 海因里希认为，企业安全工作的中心就是_____，_____，_____而避免事故的发生。

四、简答题

1. 什么是管理？

2. 安全管理的概念是什么？

3. 安全管理的对象是什么？

4. 现代安全管理有哪些基本特性？

5. 传统安全管理和现代安全管理各有什么特点？

6. 安全评价的目的是什么？

7. 海因里希模型的 5 块骨牌依次是什么？

8. 轨迹交叉理论，该理论主要观点是什么？

9. 海因里希"因果连锁理论"主要观点是什么？

10. 吉布森（Gibson）能量意外释放理论的观点是什么？

第四章 ▶▶
化 学 品

教学目标

1. 了解化学品安全标签、化学品安全说明书、火灾与爆炸的破坏作用、个体防护用品、化学品危害的预防与控制。

2. 掌握化学品的燃烧与爆炸危险性、常见物质的爆炸极限、爆炸特点、工程技术预防化学品危害。

3. 理解爆炸极限、化学品进入人体的途径、化学品安全说明书的使用。

重点与难点

重点：化学品安全使用、化学品的燃烧与爆炸、爆炸极限、爆炸特点。

难点：化学品安全使用。

第四章课程思政

第四章课件

第一节　化学品概论

一、定义

联合国环境规划署《关于化学品国际贸易资料交流的伦敦准则》中，化学品是指化学物质，无论是物质本身、混合物或是配置物的一部分，是制造的或从天然得来的，还包括作为工业化学品和农药使用的物质。

《化学品危险性评价通则》（GB/T 22225—2008）中的定义为：化学品是指各种化学元素、由元素组成的化合物及其混合物。

按照上述定义，可以说人类生存的地球和大气层中所有有形物质包括固体、液体和气体等都是化学品。目前全世界已有的化学品多达 700 万种，其中已作为商品上市的有 10万余种，经常使用的有 7 万多种，现在每年全世界新出现的化学品有 1000 多种。

化学品产业经过几十年的发展，给人们的生活及相关产业带来巨大的变化，极大地改善了现代人的生活质量，加速了社会发展的进程。然而，由于化学品自身的特性，化学品的生产具有诸多危险性。随着化学品数量和种类的不断增加，化学品使用、储运、管理不当造成的灾害日益严重。化学品主要具有以下危险性：①爆炸性；②燃烧性；③氧化性；④毒性、刺激性、麻醉性、致敏性、窒息性、致癌性；⑤腐蚀性；⑥放射性；⑦高压气体的危险性。

二、化学品的存在形式

化学品的存在形式有以下几种。

固体：指室温下以固态形式存在的物质，如金属、塑料。

液体：指室温下以液态形式存在的物质，如甲醇等有机溶剂。

气体：指室温下以气态形式存在的物质，如一氧化碳。

蒸气：液体由于温度、压力的改变，在空气中形成的微小液滴，正常状态下为液体。

烟：固体由于温度、压力的改变，在空气中形成的均匀分散的细小固体颗粒。

尘：室温下空气中的细小固体颗粒。

三、化学品进入人体的途径

化学品进入人体的途径有：①肺部吸收，如吸入烟、雾、灰尘；②皮肤接触，如液体或粉料接触或溅到皮肤上或眼睛里；③经口，如接触化学品后吃东西，从而使化学品进入人体；④意外吞入，如直接吃进化学品。

四、安全使用化学品

使用化学品必须遵守的基本规则：清楚化学品的性质，并且知道如何保护自己和他人。化学品相关信息包括：安全标志、运输标签、化学品安全技术说明书等。

（1）安全地使用化学品

① 知道化学品的危害和如何保护自己。

② 仅用于批准的用途。

③ 储存适当。

④ 使用正确的个人防护用品。

⑤ 不在使用化学品的区域饮食。

⑥ 接触化学品后立即清洗。

（2）保护自己——个人防护用品

① 可以用个人防护用品来防护自己免受化学品危害。

② 针对不同的化学品使用相对应的个人防护用品。

③ 在使用前检查个人防护用品，确保无损坏。

④ 如果化学品在使用过程中有飞溅的危险，则使用面罩或防护镜进行防护。

⑤ 使用适当的呼吸器防护灰尘、烟雾等。

⑥ 在使用化学品时正确使用手套。

⑦ 使用后正确地清洁和储存个人防护用品。

（3）安全地处置化学品

① 每种化学品和容器都必须合适地处置。

② 在彻底洗干净前，确认容器是不是真的"空"了。

③ 根据环保法规要求处理使用过的容器。

④ 依照相关法规处理过期的化学品。

⑤ 不要把未处理的化学品直接倒入水池、地表、雨水沟等地方。

（4）安全地储存化学品

① 将混合后可以发生反应的不同的化学品分开储存。

② 将易燃物的数量减少到最低。

③ 将易燃液体储存在专用储存柜中。

④ 将酸碱单独储存在专用柜中，将有毒化学品单独储存在保险柜中。

⑤ 不要将食物储存在盛放化学品的冰箱中。

（5）应急处理

① 执行相应的紧急行动计划。

② 疏散人员。

③ 设置隔离区域——不允许他人进入。

④ 关闭火源和热源。

⑤ 只有经过专门培训的专业人员才可以清理化学品泄漏物。

五、化学品安全技术说明书

化学品安全技术说明书（Material Safety Data Sheet，MSDS），国际上称作化学品安全信息卡，是化学品生产商和经销商按法律要求必须提供的化学品理化特性（如 pH 值、闪点、易燃度、反应活性等）、毒性、环境危害以及对使用者健康（如致癌、致畸等）可能产生危害的一份综合性文件。它包括危险化学品的燃、爆性能，毒性和环境危害，以及安全使用、泄漏应急救护处置、主要理化参数、法律法规等方面的信息。

化学品安全技术说明书的内容包括以下 16 部分内容：

（1）化学品及企业标识

主要标明化学品名称、生产企业名称、地址、邮编、电话、应急电话、传真和电子邮件地址等信息。

（2）成分/组成信息

标明该化学品是纯化学品还是混合物。纯化学品，应给出其化学品名称或商品名和通用名。混合物，应给出危害性组分的浓度或浓度范围。无论是纯化学品还是混合物，如果其中包含有害性组分，则应给出化学文摘索引登记号（CAS 号）。

（3）危险性概述

简要概述化学品最重要的危害和效应，主要包括：危害类别、侵入途径、健康危害、环境危害、燃爆危险等信息。

（4）急救措施

指工作人员意外受到伤害时，所需采取的现场自救或互救的简要处理方法，包括：眼睛接触、皮肤接触、吸入、食入的急救措施。

（5）消防措施

主要表示化学品的物理和化学特殊危险性、适合的灭火介质、不适合的灭火介质以及消防人员个体防护等方面的信息，包括：危险特性、灭火介质和方法、灭火注意事项等。

（6）泄漏应急处理

指化学品泄漏后现场可采用的简单有效的应急措施、注意事项和消除方法，包括：应急行动、应急人员防护、环保措施、消除方法等内容。

（7）操作处置与储存

主要是指化学品操作处置和安全储存方面的信息资料，包括：操作处置工作中的安全注意事项、安全储存条件和注意事项。

（8）接触控制/个体防护

在生产、操作处置、搬运和使用化学品的工作过程中，为保护工作人员免受化学品危害而采取的防护方法和手段。包括：最高容许浓度、工程控制、呼吸系统防护、眼睛防护、身体防护、手防护、其他防护等。

（9）理化特性

主要描述化学品的外观及理化性质等方面的信息，包括：外观与性状、pH 值、沸点、熔点、相对密度（水＝1）、相对蒸气密度（空气＝1）、饱和蒸气压、燃烧热、临界温度、临界压力、辛醇/水分配系数、闪点、引燃温度、爆炸极限、溶解性、主要用途和其他一些特殊理化性质。

（10）稳定性和反应性

主要叙述化学品的稳定性和反应活性方面的信息，包括：稳定性、禁配物、应避免接触的条件、聚合危害、分解产物。

（11）毒理学资料

提供化学品的毒理学信息，包括：不同接触方式的急性毒性（LD_{50}、LC_{50}）、刺激性、致敏性、亚急性和慢性毒性，致突变性、致畸性、致癌性等。

（12）生态学资料

主要陈述化学品的环境生态效应、行为和转归，包括：生物效应（如 LD_{50}、LC_{50}）、生物降解性、生物富集、环境迁移及其他有害的环境影响等。

（13）废弃处置

指对被化学品污染的包装和无使用价值的化学品的安全处理方法，包括废弃处置方法和注意事项。

（14）运输信息

主要是指国内、国际化学品包装、运输的要求及运输规定的分类和编号，包括：危险货物编号、包装类别、包装标志、包装方法、UN 编号及运输注意事项等。

（15）法规信息

主要是化学品管理方面的法律条款和标准。

（16）其他信息

主要提供其他对安全有重要意义的信息，包括：参考文献、填表时间、填表部门、数据审核单位等。

六、常用化学品安全技术说明书（以盐酸为例）

第一部分　化学品标识
化学品中文名：盐酸
化学品英文名：hydrochloric acid／muriatic acid
化学品别名：氢氯酸
CAS No.：7647-01-0
EC No.：231-595-7
分子式：HCl

第二部分　危险性概述

紧急情况概述

液体。会引起皮肤烧伤，有严重损害眼睛的危险。对呼吸道有刺激作用。对水生生物有毒。

GHS 危险性类别

根据 GB 30000—2013《化学品分类和标签规范》系列标准，该产品分类如下：

皮肤腐蚀／刺激，类别 1B；眼损伤／眼刺激，类别 1；特定目标器官毒性-单次接触：呼吸道刺激，类别 3；危害水生环境-急性毒性，类别 2。

标签要素

象形图

警示词：危险

危险信息：造成严重皮肤灼伤和眼损伤，可能造成呼吸道刺激，对水生生物有毒。

防范说明

预防措施：不要吸入粉尘／烟／气体／烟雾／蒸气／喷雾。工作后彻底清洗。只能在室外或通风良好之处使用。避免释放到环境中。戴防护手套／穿防护服／戴防护眼罩／戴防护面具。

事故响应：如感觉不适，呼叫中毒急救中心／医生。沾染的衣服清洗后方可重新使用。如误吸入：将人员转移到空气新鲜处，保持呼吸舒适的体位。如误吞咽：漱口，不要诱导呕吐。如皮肤（或头发）沾染：立即去除／脱掉所有沾染的衣服，用水清洗皮肤或淋浴。如进入眼睛：用水小心冲洗至少 15 分钟。如戴隐形眼镜并可方便地取出，取出隐形眼镜，继续冲洗。

安全储存：存放处须加锁。存放在通风良好的地方。保持容器密闭。

废弃处置：按照地方／区域／国家／国际规章处置内装物及容器。

危害描述

物理化学危险

无资料

健康危害

吸入蒸气（尤其是长期接触）可能引起呼吸道刺激，偶尔出现呼吸窘迫。腐蚀物能引起呼吸道刺激，伴有咳嗽、呼吸道阻塞和黏膜损伤。吸入该物质可能会引起对健康有害的影响或呼吸道不适。意外食入本品可能对个体健康有害。皮肤直接接触造成严重皮肤灼伤。通过割伤、擦伤或病变处进入血液，可能产生全身损伤的有害作用。眼睛直接接触本品能造成严重化学灼伤。如果未得到及时、适当的治疗，可能造成永久性失明。眼睛直接接触本品可导致暂时不适。

环境危害

本品对水生生物有毒。

第三部分 成分/组成信息

物质	危险组分	浓度或浓度范围	CAS No.
混合物	盐酸	36.0%～38.0%（浓）	7647-01-0

第四部分 急救措施

急救措施描述

一般性建议： 急救措施通常是需要的，请将本化学品安全技术说明书出示给到达现场的医生。

皮肤接触： 立即脱去污染的衣物。用大量肥皂水和清水冲洗皮肤。如有不适，就医。
眼睛接触： 用大量水彻底冲洗至少 15 分钟。如有不适，就医。

吸入： 立即将患者移到新鲜空气处，保持呼吸畅通。如果呼吸困难，给予吸氧。如患者食入或吸入本物质，不得进行口对口人工呼吸。如果呼吸停止，立即进行心肺复苏术。立即就医。

食入： 禁止催吐，切勿给失去知觉者从嘴里喂食任何东西。立即呼叫医生或相关部门。

对保护施救者的忠告： 存储和使用区域应当有贮留池，以便在排放和处理前调整 pH 值，并稀释泄漏液。清除所有火源，增强通风。避免接触皮肤和眼睛，避免吸入蒸气。使用防护装备，包括呼吸面具。

对医生的特别提示： 根据出现的症状进行针对性处理。注意症状可能会出现延迟。

第五部分 消防措施

危险特性

遇火会产生刺激性、毒性或腐蚀性的气体。加热时，容器可能爆炸。暴露于火中的容器可能会通过压力安全阀泄漏出内容物。受热或接触火焰可能会产生膨胀或爆炸性分解。

灭火方法与灭火剂

合适的灭火介质：干粉、二氧化碳或耐醇泡沫。

不合适的灭火介质：避免用太强烈的水汽灭火，因为它可能会使火苗蔓延分散。

灭火注意事项及措施

灭火时，应佩戴呼吸面具（符合 MSHA/NIOSH 要求的或相当的）并穿上全身防护服。在安全距离处、有充足防护的情况下灭火。防止消防水污染地表和地下水系统。

第六部分　泄漏应急处理

工作人员防护措施、防护装备和应急处置程序

保证充分的通风。清除所有点火源。迅速将人员撤离到安全区域，远离泄漏区域并处于上风方向。使用个人防护装备。避免吸入蒸气、烟雾、气体或风尘。

环境保护措施

在确保安全的情况下，采取措施防止进一步的泄漏或溢出。避免排放到周围环境中。

泄漏化学品的收容、清除方法及处置材料

少量泄漏时，可采用干砂或惰性吸附材料吸收泄漏物，大量泄漏时需筑堤控制。附着物或收集物应存放在合适的密闭容器中，并根据当地相关法律法规处置。清除所有点火源，并采用防火花工具和防爆设备。

第七部分　操作处置与储存

操作注意事项

在通风良好处进行操作。穿戴合适的个人防护用具。避免接触皮肤和进入眼睛。远离热源、火花、明火和热表面。采取措施防止静电积累。

储存注意事项

保持容器密闭。储存在干燥、阴凉和通风处。远离热源、火花、明火和热表面。存储于远离不相容材料和食品容器的地方。

第八部分　接触控制/个体防护

控制参数

职业接触限值

组分	标准来源	类型	标准值	备注
盐酸	GBZ 2.1—2007	PC-TWA	—	
		PC-STEL	—	

生物限值

无资料。

监测方法

EN 14042—2003 工作场所空气　暴露于化学和生物制剂的大气评定程序的应用和使用指南。GBZ/T 300.1—2017 工作场所空气有毒物质测定（系列标准）。

工程控制

保持充分的通风，特别在封闭区内。确保在工作场所附近有洗眼和淋浴设施。使用防爆电器、通风、照明等设备。设置应急撤离通道和必要的泄险区。

呼吸系统防护

如果蒸汽浓度超过职业接触限值或发生刺激等症状时，请使用全面罩式多功能防毒面具（US）或 AXBEK 型（EN14387）防毒面具筒。

眼睛防护

佩戴化学护目镜（符合欧盟 EN 166 或美国 NIOSH 标准）。

皮肤和身体防护

穿阻燃防静电防护服和抗静电的防护靴。

手防护

戴化学防护手套（例如丁基橡胶手套）。建议选择经过欧盟 EN 374、美国 US F739 或 AS/NZS 2161.1 标准测试的防护手套。

其他防护

工作现场禁止吸烟、进食和饮水。工作完毕，淋浴更衣。保持良好的卫生习惯。

第九部分　理化特性

外观与性状：无色液体

pH 值(质量浓度 36.5%)	−1.08	气味	带有一种强烈的辛辣气味
沸点/℃	108.6(20%)	熔点/凝固点/℃	−114(纯)
相对蒸气密度(空气＝1)	1.26	气味临界值	无资料
饱和蒸气压/kPa	30.66(21℃)	相对密度(水＝1)	1.14～1.19
蒸发速率	无资料	黏度/(mm^2/s)	无资料
闪点	无资料	正辛醇/水分配系数	0.25
分解温度	无资料	引燃温度/℃	无资料
爆炸上限 /下限[(V/V)]	上限:无资料;下限:无资料	易燃性	不适用
溶解性	与水混溶		

第十部分　稳定性和反应性

稳定性

在正确的使用和存储条件下是稳定的。

不相容的物质

镁、钠、钾、铜、氧化剂、乙炔金属化合物、醇类、烃类、氢气和水。

应避免的条件

不相容物质、热、火焰和火花。

危险反应

与镁、钠、钾、铜等金属或乙炔金属化合物接触发生着火或燃烧。

分解产物

在正常的储存和使用条件下，不会产生危险的分解产物。

第十一部分　毒理学信息

急性毒性

组分	CAS No.	LD$_{50}$(经口)	LD$_{50}$(经皮)	LC$_{50}$(吸入)
盐酸	7647-01-0	900mg/kg(兔子)	无资料	无资料

致癌性

ID	CAS No.	组分名称	IARC	NTP
1	7647-01-0	盐酸	类别 3	未列入

皮肤刺激性或腐蚀性：造成严重皮肤灼伤和眼损伤。

眼睛刺激或腐蚀：造成严重眼损伤。

皮肤致敏：无资料。

呼吸致敏：无资料。

生殖细胞突变性：无资料。

生殖毒性：无资料。

特异性靶器官系统毒性——一次接触：可能造成呼吸道刺激。

特异性靶器官系统毒性——反复接触：无资料。

吸入危害：无资料。

第十二部分　生态学信息

急性水生毒性：无资料。

慢性水生毒性：无资料。

持久性和降解性：无资料。

潜在的生物累积性：无资料。

土壤中的迁移性：无资料。

其他有害作用：无资料。

第十三部分　废弃处置

废弃处置方法

产品：如需求医，随手携带产品容器或标签。

不洁的包装：包装物清空后仍可能存在残留物危害，应远离热和火源，如有可能返还给供应商循环使用。

废弃注意事项

请参阅"废弃物处置"部分。

第十四部分　运输信息

联合国危险货物编号（UN）：1789

联合国运输名称：氢氯酸

联合国危险性分类：8

包装类别：Ⅱ

包装标签

海洋污染物（是/否）：否

包装方法

安瓿瓶外普通木箱。螺纹口玻璃瓶、塑料瓶或金属桶（罐）外普通木箱。螺纹口玻璃瓶、塑料瓶或镀锡薄钢板桶（罐）外满底板花格箱、纤维板箱或胶合板箱等。磨砂口玻璃瓶或螺纹口玻璃瓶外普通木箱。按照生产商推荐的方法进行包装。

运输注意事项

运输时运输车辆应配备相应品种和数量的消防器材及泄漏应急处理设备。运输前应先检查包装容器是否完整、密封。运输工具上应根据相关运输要求张贴危险标志、公告。

第十五部分　法规信息

中国化学品管理名录

组分	A	B	C	D	E	F	G	H
盐酸	列入	未列入	未列入	未列入	未列入	未列入	未列入	未列入

【A】《危险化学品目录（2015 年版）》，安监总局 2015 年第 5 号公告

【B】《重点环境管理危险化学品目录》，环保部办公厅 2014 年第 33 号文

【C】《中国严格限制进出口的有毒化学品目录》，环保部 2013 年第 85 号公告

【D】《麻醉药品和精神药品品种目录（2013 年版）》，食药总局 2013 年第 230 号通知

【E】《重点监管的危险化学品名录（第 1 批和第 2 批）》，安监总局 2011 年第 95 号和 2013 年第 12 号通知

【F】《中国进出口受控消耗臭氧层物质名录（第 1 到 6 批）》，环保部 2000 年至 2012 系列公告

【G】《易制爆危险化学品名录（2011 年版）》，公安部 2011 年 11 月 25 日公告

【H】《高毒物品目录》，卫生部 2003 年第 142 号通知

第十六部分 其他信息

最新修订版日期： 2016/07/01

修改说明

本 MSDS 按照《化学品安全技术说明书　内容和项目顺序》（GB/T 16483—2008）和《化学品安全技术说明书编写指南》（GB/T 17519—2013）等标准修订。其中，化学品 GHS 分类结果依据《危险化学品目录（2015 版）实施指南（试行）》及《化学品分类和标签规范》（GB 30000.2—2013～GB 30000.29—2013）系列标准。

缩略语说明

CAS——化学文摘号　　　　　　　　TSCA——美国 TSCA 化学物质名录

PC-STEL——短时间接触容许浓度　　PC-TWA——时间加权平均值

DNEL——衍生的无影响水平　　　　　IARC——国际癌症研究机构

RPE——呼吸防护设备　　　　　　　 PNEC——预测的无效应浓度

LC_{50}——50％致死浓度　　　　　　LD_{50}——50％致死剂量

NOEC——无观测效应浓度　　　　　　EC_{50}——50％有效浓度

PBT——持久性，生物累积性，毒性　　POW——正辛醇/水分配系数

BCF——生物浓度因子（BCF）　　　　vPvB——持久性，生物累积性

CMR——致癌、致畸和有生殖毒性的化学物质

IMDG——国际海事组织　　　　　　　ICAO/IATA——国际民航组织/国际航空运输协会

UN——联合国　　　　　　　　　　　ACGIH——美国工业卫生会议

NFPA——美国消防协会　　　　　　　OECD——经济合作与发展组织

免责声明

本安全技术说明书格式符合我国 GB/T 16483—2008 和 GB/T 17519—2013 要求，数据来源于国际权威数据库和企业提交的数据，其他的信息是基于公司目前所掌握的知识。我们尽量保证其中所有信息的正确性，但由于信息来源的多样性以及本公司所掌握知识的局限性，本文件仅供使用者参考。安全技术说明书的使用者应根据使用目的，对相关信息的合理性做出判断。我们对该产品操作、存储、使用或处置等环节产生的任何损害，不承担任何责任。

第二节 化学品的火灾与爆炸危害

近年来，我国化工行业所发生的各类事故中，火灾爆炸是导致人员伤亡的首要原因，由此造成的经济损失也很大。这些事故都是由于化学品自身的火灾爆炸危险性造成的。因此了解化学品的火灾与爆炸危害，正确进行危险性评价，及时采取防范措施，对防止事故发生具有重要意义。

一、化学品的燃烧与爆炸危险性

化学品的火灾与爆炸需要具备可燃物、助燃物和点火源三要素。它们在一定的比例范围和合适的状态下才能燃烧或爆炸，过量的燃料与低浓度的氧气、高浓度的氧气与不足量的燃料都不能燃烧，只有具备了一定数量和浓度的燃料和氧气，以及具备一定能量的点火能源，三者同时并存，相互作用，才能引起火灾或爆炸。例如：甲烷在空气中的浓度小于5.3%或大于14.0%时，便不能燃烧。同时，要使燃烧发生必须具备一定能量的点火源。若用热能引燃甲烷和空气的混合物，当点燃温度低于595 ℃时燃烧便不能发生。若用电火花点燃，则最小点火能为0.28mJ。若点火源的能量小于此数值，该混合气体便不着火。化学品的燃烧与爆炸危险性，根据其状态不同有不同的评价方法。

1. 可燃气体、可燃液体蒸气、可燃粉尘的燃爆危险性

（1）爆炸极限

爆炸极限的范围越大，爆炸下限越低，爆炸危险性越大。爆炸极限是在常温、常压等标准条件下测定出来的，这一范围随着温度、压力的变化而发生变化。爆炸极限是评定可燃气体、液体蒸汽、粉尘等物质火灾危险性大小的依据。储存爆炸下限小于10%的可燃气体的工业场所，应选用隔爆型防爆电气设备。

浓度在爆炸范围以外，可燃物不着火，更不会爆炸。但是，在容器或管道中的可燃气体浓度在爆炸上限以上，若空气能补充或渗透进去，则随时有燃烧、爆炸的危险。另外，某些气体即使没有空气或氧气存在时，同样可以发生爆炸。如乙炔即使在没有氧的情况下，如果被压缩到2个大气压以上，遇到火星也能引起爆炸。这种爆炸是由物质的分解引起的，称为分解爆炸。乙炔发生分解爆炸时所需的外界能量随压力的升高而降低。实验证明，若压力在1.5MPa以上，需要很少能量甚至无需能量即会发生爆炸，表明高压下的乙炔是非常危险的。除乙炔外，乙烯、环氧乙烷、丙烯、联氨、一氧化氮、二氧化氮、二氧化氯等一些分解反应为放热反应的气体也有同样的性质。

（2）最小点火能

最小点火能是指能引起爆炸性混合物燃烧爆炸时所需的最小能量。如氢的最小点火能为0.019mJ、甲烷为0.28mJ、乙烷为0.25mJ、环氧乙烷为0.065mJ、乙烯为0.096mJ。最小点火能数值越小，说明该物质越易被引燃。

（3）爆炸压力

可燃气体、可燃液体蒸气或可燃粉尘与空气的混合物、爆炸物品在密闭容器中着火爆

炸时所产生的压力称爆炸压力。爆炸压力的最大值称最大爆炸压力。

爆炸压力通常是测量出来的，但也可以根据燃烧反应方程式或气体的内能进行计算。物质不同，爆炸压力也不同，即使是同一种物质因周围环境、原始压力、温度等不同，其爆炸压力也不同。

最大爆炸压力越高、最大爆炸压力时间越短、最大爆炸压力上升速度越快，说明爆炸威力越大，该混合物或化学品越危险。

2. 易燃或可燃液体的燃爆危险性

（1）闪燃与闪点

液体燃烧时，液体在点火源的作用下，先蒸发成蒸气，然后蒸气氧化分解而燃烧。每种液体表面，都有一定量的蒸气存在。随着液体温度的升高，蒸气浓度也随之增大，当蒸气浓度高于其燃烧下限时，遇火焰则会引起燃烧。在一定温度下，可燃液体饱和蒸气与空气的混合物在与火焰接触时，能闪出火花，发生瞬间燃烧，这种现象称为闪燃。引起闪燃时的温度称作闪点。当可燃液体温度高于其闪点时则随时都有被火焰点燃的危险。化学品的闪点越低，越易引起燃烧和爆炸。

（2）燃点

可燃物质在空气充足的条件下，达到某一温度与火焰接触即行着火（出现火焰或灼热发光），并在移去火焰之后仍能继续燃烧的最低温度称为该物质的燃点或着火点。

（3）自燃点

指可燃物质在没有火焰、电火花等火源的作用下，在空气或氧气中被加热而引起燃烧的最低温度称为自燃点（或引燃温度）。

自燃有两种情况，即受热自燃和自热自燃。

受热自燃：可燃物质在外部热源作用下温度升高，达到自燃点而自行燃烧。

自热自燃：可燃物在无外部热源影响下，其内部发生物理的、化学的或生化过程而产生热量，并经长时间积累达到该物质的自燃点而自行燃烧的现象。

引起物质发热的原因有：分解热（如硝化纤维塑料）、氧化热（如不饱和油脂）、吸附热（如活性炭）、聚合热（如液体氰化氢）、发酵热（如干草）等。自热自燃是化工产品储存运输中较常见的现象，有很大的危害性。

3. 固体的燃烧爆炸危险性

固体燃烧分两种情况：硫、磷等物质，受热时首先熔化，然后蒸发变为蒸气进行燃烧，无分解过程；有些物质，受热时首先分解，生成气态和液态产物，气态和液态产物蒸发后着火燃烧。

评价固体物质的燃烧、爆炸危险性的指标主要有燃点、自燃点、撞击感度、摩擦感度、静电火花感度、火焰感度、冲击波感度、最大爆炸压力、最大爆炸压力上升速度等。

燃点与自燃点越低，说明该固体物质越易燃。

撞击感度、摩擦感度、静电火花感度、火焰感度、冲击波感度等是评价化学品爆炸危险性的重要指标，分别指化学品对撞击、摩擦、静电火花、火焰、冲击波等因素的敏感程度。如有机过氧化物对撞击、摩擦敏感，当受外来撞击或摩擦时，很容易引起燃烧爆炸，故对有机过氧化物进行操作时，要轻拿轻放，切忌摔、碰、拖、拉、抛、掷等。

最大爆炸压力及最大爆炸压力上升速度，体现了化学品爆炸时的爆炸威力大小。

氧化性固体物质与还原性固体物质接触后，在大气中水分参与下激烈反应、放热，甚至燃烧，因此危险化学品要分类储存。

4. 粉尘爆炸危险性

粉尘，是指悬浮在空气中的固体微粒。粉尘有许多名称，如灰尘、尘埃、烟尘、矿尘、沙尘、粉末等，这些名词没有明显的界限。国际标准化组织规定，粒径小于 $75\mu m$ 的固体悬浮物定义为粉尘（人类头发的直径为 $50\sim80\mu m$）。

粉尘爆炸，指可燃粉尘在受限空间内与空气混合形成的粉尘云，在点火源作用下，形成的粉尘空气混合物快速燃烧，并引起温度、压力迅速升高的化学反应。

粉尘爆炸一般发生在有铝粉、锌粉、铝材加工研磨粉、各种塑料粉末、有机合成药品的中间体、小麦粉、糖、木屑、染料、胶木灰、奶粉、茶叶粉末、烟草粉末、煤尘、植物纤维尘等产生的生产加工场所。

（1）爆炸特点

① 多次爆炸是粉尘爆炸的最大特点。第一次爆炸产生的气浪会把沉积在设备或地面上的粉尘吹扬起来，在爆炸后短时间内爆炸中心区会形成负压，周围的新鲜空气会由外向内补充进来，与扬起的粉尘混合，从而引发二次爆炸。二次爆炸时，粉尘浓度会更高。

② 粉尘爆炸所需的最小点火能量较高，一般在几十毫焦耳以上。

③ 与可燃性气体爆炸相比，粉尘爆炸压力上升较缓慢，较高压力持续时间长，释放的能量大，破坏力强。

（2）主要危害

① 破坏性强、发生的领域广。粉尘爆炸涉及的范围很广，煤炭、化工、医药加工、木材加工、粮食和饲料加工等产业都有可能发生。

② 容易产生二次爆炸。二次爆炸时，粉尘浓度一般比一次爆炸时高得多，故二次爆炸威力比第一次要大很多。

③ 易产生有毒气体。产生的有毒气体包括一氧化碳和爆炸物（如塑料）自身分解的毒性气体，毒气容易造成人员等的伤害。

（3）防范措施

采用有效的通风和除尘措施，严禁吸烟及明火工作。在设备外壳设泄压阀门或其他装置，采用爆炸遏制系统等。有粉尘爆炸危险的厂房，必须严格按照防爆技术等级进行设计，并单独设置通风、排尘系统。要经常湿式打扫车间地面和设备，防止粉尘飞扬和聚集。保证系统有良好的密闭性，必要时向密闭容器或管道中充入氮气、二氧化碳等惰性气体，以减少氧气的含量，抑制粉尘的爆炸。

常用的防护措施主要有四种：遏制、泄放、抑制、隔离。其中泄放分为正常情况下的压力泄放和无火焰泄放；隔离分为机械隔离和化学隔离。主要防护设备包括：防爆板、防爆门、无焰泄放系统、隔离阀以及抑爆系统。在实际应用中，往往并不是单独使用某一种防护措施，而是综合运用多种防护措施，以便达到更可靠、更经济的防护目的。

（4）扑救措施

扑救粉尘爆炸事故常用的灭火剂是水，尤以雾状水为佳。它既可以熄灭火焰，又可湿润未燃粉尘，驱散和消除悬浮粉尘，降低粉尘在空气中的浓度。但忌用直流喷射的水和泡沫，也不宜用有冲击力的干粉、二氧化碳，防止沉积粉尘因受冲击而悬浮引起二次爆炸。

一些金属粉尘（忌水物质）如铝、镁粉等，遇水反应产生氢气会使燃烧更剧烈，因此禁止用水扑救，可以用干沙、石灰等（不可冲击）；堆积的粉尘如面粉、棉麻粉等，明火熄灭后内部可能还有阴燃，需要特别注意；面积大、距离长的车间的粉尘火灾，要注意采取有效的分割措施，防止火势沿沉积粉尘蔓延或引发连锁爆炸。

案例

案例1：2018年12月，某高校实验室进行垃圾渗滤液污水处理实验时，发生爆炸。事故直接原因为：在使用搅拌机对镁粉和磷酸搅拌、反应过程中，料斗内产生的氢气被搅拌机转轴处金属摩擦、碰撞产生的火花点燃爆炸，继而引发镁粉粉尘云爆炸，爆炸引起周边镁粉和其他可燃物燃烧。

案例2：2016年9月9日，贝宁某处焚烧场发生面粉爆炸，近百人遇难。事发前，当地执法机构正监督焚毁由海关查获的大量变质面粉。但监督人员离开后，当地居民为抢夺面粉进入浇了汽油的焚烧区域，燃烧未尽的面粉突然发生爆炸。

案例3：2015年6月27日，台湾某游乐园粉尘爆炸，500余人受伤，12人死亡。事发原因为：在彩色派对活动中，有大量彩色粉末抛洒在空中，造成粉尘爆炸，爆炸现场有喷发气体与粉尘的钢瓶。钢瓶内装有玉米粉和二氧化碳，这些粉尘在空气中密度较大时产生静电，再接触到舞台光源、器材电流等热源，即发生爆炸。

二、火灾与爆炸的破坏作用

火灾与爆炸都会带来设备的重大破坏和人员伤亡，但两者的发展过程明显不同。火灾是在起火后火场蔓延扩大，逐渐形成火灾，随着时间的延续，损失数量迅速增长，损失大约与时间的平方成比例，如火灾时间延长一倍，损失可能增加4倍。爆炸则是猝不及防，设备损坏、厂房倒塌、人员伤亡等巨大损失将在瞬间发生。

爆炸通常伴随发热、发光、压力上升、真空和电离等现象，具有很强的破坏作用。它与爆炸物的数量和性质、爆炸时的条件，以及爆炸位置等因素有关。主要破坏形式有以下几种。

1. 直接的破坏作用

机械设备、装置、容器等爆炸后会产生许多碎片，碎片会在100~500m范围内飞散，飞出后会在相当大的范围内造成危害。

2. 冲击波的破坏作用

爆炸瞬间形成的高温高压气体产物，使周围空气层的温度和压力突跃式地升高。产生的高温高压气体快速膨胀，像活塞一样挤压周围空气，把爆炸反应释放出的部分能量传递给压缩的空气层。空气受冲击而发生扰动，使其压力、密度等产生突变，这种扰动在空气中传播就称为冲击波。冲击波的传播速度极快，在传播过程中，可以对周围环境中的机械设备和建筑物产生破坏作用和造成人员伤亡。冲击波的破坏作用主要是由其波阵面上的超压引起的。当冲击波大面积作用于建筑物时，波阵面超压达到 20～30kPa 时，就足以使大部分砖木结构建筑物受到强烈破坏。超压在 100kPa 以上时，除坚固的钢筋混凝土建筑外，其余建筑物将全部被破坏。

3. 造成火灾

爆炸发生后，爆炸气体产物的扩散只发生在极其短促的瞬间，对一般可燃物来说，不足以造成起火燃烧，而且冲击波造成的爆炸风还有灭火作用。但是爆炸时产生的高温高压，建筑物内遗留大量的热或残余火苗，会把从破坏的设备内部不断流出的可燃气体、易（可）燃液体点燃，也可能引燃其他易燃物发生火灾，从而引发大面积火灾。当盛装易燃物的容器、管道发生爆炸时，爆炸抛出的易燃物可引起巨大的火灾或连续爆炸，这种情况在油罐、液化气瓶爆破后最易发生。正在运行的燃烧设备或高温的化工设备被破坏，其灼热的碎片飞出，点燃附近储存的燃料或其他可燃物，也能引起火灾。

4. 造成中毒和环境污染

在实际生产中，涉及许多可燃、有毒的物质，发生爆炸事故时，会使大量有害物质外泄，造成人员中毒和环境污染。

第三节　化学品危害的预防与控制

随着化学工业的发展，化学品的种类和数量不断增加，由此引发的事故也有增多的风险。但化学品与人类的生活密切相关，几乎每个人都在直接或间接地与化学品打交道。因此，如何控制化学品的危害，有效地利用化学品，保障人民的生命、财产和环境安全，已成为世界各国关注的焦点。我国在化学品安全管理方面颁布了一系列的法规和标准，对化学品安全使用和控制方法进行了规范。

一、工程技术

工程技术是控制化学品危害最直接、最有效的方法，其目的是通过采取相应的措施消除工作场所中化学品的危害或尽可能降低其危害程度，以免造成人身伤害和环境污染。工程技术控制有以下方法。

1. 替代

选用无毒或低毒的化学品，替代有毒有害的化学品是消除化学品危害最根本的方法。世界各国都把此当作一个非常重要的研究方向，我国也一直投入大量人力和物力进行此方面的改进。如：研制使用水基涂料或水基黏合剂替代有机溶剂基的涂料或黏合剂；使用水基洗涤剂替代溶剂基洗涤剂；使用三氯甲烷作脱脂剂而取代三氯乙烯；在喷漆和除漆领域，用毒性小的甲苯代替苯；在颜料领域，用锌（钛）氧化物替代铅氧化物；用高闪点化学品取代低闪点化学品等。

2. 变更工艺

虽然替代是首选方案，但是目前可供选择的替代品种类和数量有限，特别是因技术和经济方面的原因，不可避免地要生产、使用危险化学品。这时可考虑变更工艺，如改喷涂为电涂或浸涂；改人工装料为机械自动装料；改干法粉碎为湿法粉碎等。有时也可以通过设备改造来控制危害，如氯碱厂电解食盐的过程中，生成的氯气过去是采用筛板塔直接用水冷却，造成现场空气中的氯含量远远超过国家卫生标准，含氯废水量大，还造成氯气的损失。后来改用钛制列管式冷却器进行间接冷却，不仅含氯废水量减少，而且现场的空气污染问题也得到较好的解决。

3. 隔离

隔离就是将人员与危险化学品分隔开来，是控制化学危害最彻底、最有效的措施。最常用的隔离方法是将生产或使用的化学品用设备完全封闭起来，使人员在操作过程中不接触化学品。如隔离整个机器，封闭加工过程中的扬尘点，都可以有效地限制污染物的扩散。

4. 通风

控制工作场所中的有害气体、蒸气或粉尘，通风是最有效的控制措施之一。借助于有效的通风，使气体、蒸气或粉尘的浓度低于最高容许浓度。通风方式分为局部通风和全面通风两种。

点式扩散源，可使用局部通风。通风时，应使污染源处于通风罩控制范围内。为确保通风系统的高效运行，通风系统设计方案要合理。已安装的通风系统，要经常维护和保养，使其运行状态良好。

面式扩散源，应使用全面通风。全面通风亦称稀释通风，其原理是向工作场所提供新鲜空气，抽出污染空气，进而稀释有害气体、蒸气或粉尘，从而降低其浓度。采用全面通风时，在厂房设计时就要考虑空气流向等因素。全面通风的目的不是消除污染物，而是将污染物分散稀释，所以全面通风仅适合于低毒性、无腐蚀性污染物存在的工作场所。

二、个体防护和卫生

在无法将工作场所中有害化学品的浓度降低到规定值时，就必须使用合适的个体防护用品。个体防护用品既不能降低工作场所中有害化学品的浓度，也不能消除工作场所中有害化学品，而只是一道阻止有害物进入人体的屏障。防护用品本身的失效就意味着保护屏障的消失，因此个体防护不能被视为控制危害的主要手段，而只能作为一种辅助性措施。

1. 呼吸防护用品

据统计，职业中毒的 95％ 左右是吸入毒物所致，因此预防尘肺、职业中毒、缺氧窒息的关键是防止毒物从呼吸器官侵入。常用的呼吸防护用品分为过滤式和隔绝式两种类型。

（1）过滤式呼吸防护用品

过滤式呼吸器只能在不缺氧的劳动环境（即环境空气中氧的含量不低于 18％）和低浓度有毒环境使用，一般不能在罐、槽等密闭狭小容器中使用。过滤式呼吸器分为过滤式防尘呼吸器和过滤式防毒呼吸器。前者主要用于防止粒径小于 $5\mu m$ 的呼吸性粉尘经呼吸道吸入，通常称为防尘口罩和防尘面具。后者用于防止有毒气体、蒸气、毒烟雾等经呼吸道吸入，通常称为防毒面具和防毒口罩。又分为自吸式和送风式两类，目前使用的主要是自吸式防毒呼吸器。

① 防尘口罩　主要是以纱布、无防布、超细纤维材料等为核心过滤材料的过滤式呼吸防护用品，用于滤除空气中的颗粒状有毒、有害物质，但对于有毒、有害气体和蒸气无防护作用。防尘口罩的形式很多，从气密效果和安全性考虑，立体式、半立体式气密效果更好，安全性更高，平面式稍次之。适用环境：污染物仅为非发挥性的颗粒状物质，不含有毒、有害气体和蒸气。

② 防毒口罩　主要是以超细纤维材料和活性纤维等吸附材料为核心过滤材料的过滤式呼吸防护用品。其中超细纤维材料用于滤除空气中的颗粒状物质，包括有毒有害溶胶。活性炭、活性纤维等吸附材料用于滤除有毒蒸气和气体。与防尘口罩相比，防毒口罩既能防护空气中的大颗粒灰尘、气溶胶，也对有害气体和蒸气具有一定的过滤作用。适用环境：工作或作业场所含有较低浓度的有害蒸气、气体、气溶胶。

③ 过滤式防毒面具　也是以超细纤维材料和活性炭、活性纤维等吸附材料为核心过滤材料的过滤式呼吸防护用品。主要由面罩主体和滤毒件两部分组成。面罩起到密封并隔绝外部空气和保护口鼻面部的作用，滤毒件内部填充以活性炭为主要成分的吸附材料。

过滤式防毒面具与防毒口罩都既能防护大颗粒灰尘、气溶胶，又能防护有毒蒸气和气体。两者的区别是：过滤式防毒面具滤除有害气体、蒸气浓度范围更宽，防护时间更长，所以更安全可靠。另外，保护部位也扩展到眼睛及面部皮肤，且通常密合效果更好，具有更高和更安全的防护效能。

（2）隔离式呼吸防护用品

隔离式呼吸器能使戴用者的呼吸器官与污染环境隔离，由呼吸器自身供气（空气或氧气），或从清洁环境中引入空气维持人体的正常呼吸。可在缺氧、尘毒严重污染、情况不明的工作场所使用，一般不受环境条件限制。按供气形式分为自给式和长管式两种类型。自给式呼吸器自备气源，属携带型，根据气源的不同又分为氧气呼吸器、空气呼吸器和化学氧呼吸器；长管式呼吸器又称长管面具，需要借助肺力或机械动力经气管引入空气，属固定型，又分为送风式和自吸式两类，只适用于定岗工作和流动范围小的工作。

紧急逃生呼吸器是专门为紧急情况下逃生设计的，包括专门的火灾逃生面具及可用于多种危急情况下的隔绝式逃生呼吸器等。火灾逃生面具属于过滤式呼吸防护用品，它既可以过滤粉尘、气溶胶和一般有害气体，还具有滤除一氧化碳的功能。

在选择呼吸防护用品时应考虑有害化学品的性质、工作场所污染物可能达到的最高浓度、工作场所的氧含量、使用者的面型和环境条件等因素。例如自给式防毒呼吸器的选择，要根据工作场所毒物的浓度选择合适的呼吸器种类，根据毒物的特性选择滤毒罐（盒），根据使用者的面型和环境条件选配面罩。

2. 其他个体防护用品

为了防止由于化学品的飞溅，以及化学粉尘、烟、雾、蒸气等所导致的眼睛和皮肤伤害，需要根据具体情况选择相应的防护用品或护具。

眼睛护具主要有护目镜（也称安全眼镜），以及用来防止腐蚀性液体、蒸气对面部产生伤害的面罩。

用抗渗透材料制作的防护手套、围裙、靴和工作服，可避免皮肤与化学品直接接触所造成的伤害。制造这类防护用品的材料不同，其作用也不同，因此正确选择很重要。如，棉布手套、皮革手套主要用于防灰尘，橡胶手套用于防腐蚀性物质。有些化学品，可以直接使用护肤霜、护肤液等皮肤防护品来保护皮肤。防护用品只是一种辅助性措施，任何一种防护用品都不能确保人员免受伤害。

3. 工作人员的个人卫生

除以上控制措施外，工作人员养成良好的卫生习惯也是消除和降低化学品危害的一种有效方法。保持个人卫生，可以防止有害物附着在皮肤上，防止有害物通过皮肤渗入体内。

使用化学品过程中保持个人卫生的基本原则如下：
① 遵守安全操作规程并使用适当的防护用品；
② 工作结束后、饭前、饮水前等要充分洗净身体的暴露部分；
③ 定期检查身体；
④ 皮肤受伤时，要完好地包扎；
⑤ 时刻注意防止自我污染，尤其在清洗或更换工作服时更要注意；
⑥ 在衣服口袋里不装被污染的物品；
⑦ 防护用品要分放、分洗；
⑧ 勤剪指甲并保持指甲洁净；
⑨ 不直接接触能引起过敏的化学品。

三、管理控制

管理控制的目的是通过登记注册、安全教育、使用安全标签和安全技术说明书等手段对化学品实行全过程管理，从而减少事故的发生。

1. 登记注册

登记注册是化学品安全管理最重要的一个环节。登记注册的范围是国家颁布的相关标准中所列的危险化学品。

登记注册的执行机构是"国家化学品登记注册中心"。"中心"的职责是对单位申报的

《化学品安全登记表及危险性数据填报单》进行分类、审查和建档；对新化学品和未分类化学品进行燃爆和毒性试验，并进行分类；对危险化学品安全卫生数据进行评议和审核；制订各类危险化学品的预防和防护措施，使化学品的安全管理减少盲目性。

2. 分类管理

分类管理实际上就是根据某一化学品（化合物、混合物或单质）的理化性质、燃爆性、毒性、环境影响等数据确定其是否是危险化学品，并进行危险性分类。分类管理是化学品管理的基础。

3. 安全标签

安全标签是用简单、明了、易于理解的文字、图形表述有关化学品的危险特性及安全处置注意事项。安全标签的作用是警示能接触到化学品的人员。根据使用场合，安全标签分为供应商标签和工作场所标签（也称之为化学品安全周知卡）。

4. 安全技术说明书

安全技术说明书详细描述了化学品的燃爆性、毒性和环境危害，给出了安全防护、急救措施、安全储运、泄漏应急处理、法规等方面的信息，是了解化学品安全卫生信息的综合性资料。主要用途是在化学品的生产企业与经营单位和用户之间建立一套信息网络。

5. 化学品安全教育

安全教育是化学品安全管理的一个重要组成部分。安全教育的目的是通过培训使相关人员能正确使用安全标签和安全技术说明书，了解所使用的化学品的燃烧爆炸危害、健康危害和环境危害，掌握必要的应急处理方法和自救、互救措施，掌握个体防护用品的选择、使用、维护和保养，掌握特定设备和材料如急救、消防、溅出和泄漏控制设备的使用。

安全教育的作用是使化学品的管理人员和接触化学品的人员能正确认识化学品的危害，自觉遵守规章制度和操作规程，从主观上预防和控制化学品危害。

小知识 1：LD$_{50}$ 和 LC$_{50}$

半数致死量（median lethal dose，LD$_{50}$）表示在规定时间内，通过指定感染途径，使一定体重或年龄的某种动物半数死亡所需最小细菌数或毒素量。在毒理学中，半数致死量是描述有毒物质或辐射的毒性的常用指标。按照医学主题词表（MeSH）的定义，LD$_{50}$ 是指"能杀死一半试验总体的有害物质、有毒物质或游离辐射的剂量"。LD$_{50}$ 数值越小，表示外源化学物的毒性越强；反之，LD$_{50}$ 数值越大，则毒性越低。

半数致死浓度（LC$_{50}$），是指能使一群动物在接触外源化学物一定时间（一般固定为 $2\sim4h$）后并在一定观察期限内（一般为 14h）死亡 50% 所需的浓度。一般以 mg/m^3 表示空气中的外源化学物浓度，以 mg/L 表示水中的外源化学物浓度。

小知识 2：NFPA 704

NFPA 704 是美国消防协会（National Fire Protection Association，NFPA）制定的危险品紧急处理系统鉴别标准。它提供了一套简单判断化学品危害程度的系统，并将其用蓝、红、黄、白四色的警示菱形来表示。蓝色表示健康危害性；红色表示可燃性；黄色表示反应性；白色用于标记化学品的特殊危害性。前三部分根据危害程度可分为 0、1、2、3、4 五个等级，如图 4-1 和表 4-1～表 4-4 所示。

图 4-1　NFPA 704 警示菱形

表 4-1　NFPA 704 中健康危害等级说明

等级	描述	范例
4	短时间的暴露可能会导致死亡或重大持续性伤害	氯化氰、一氧化碳
3	短时间的暴露可能导致严重的暂时性或持续性伤害	氯化氢、氯
2	高浓度或持续性暴露可能导致暂时失去行为能力或可能造成持续性伤害	氯甲烷、碳酸钠
1	暴露可能导致不适，但是仅可能有轻微持续性伤害	丙酮
0	暴露在火中时对人体造成的危害不超过一般可燃物	水

表 4-2　NFPA 704 中可燃性等级说明

等级	描述	范例
4	在常温常压下迅速或完全气化，或是可以迅速分散在空气中，可以迅速燃烧	甲烷、氢
3	在各种环境温度下可以迅速被点燃的液体和固体	汽油
2	需要适当加热或在环境温度较高的情况下可以被点燃	柴油
1	需要预热才可点燃	甘油、鱼肝油
0	不会燃烧	水、二氧化碳

表 4-3　NFPA 704 中反应活性等级说明

等级	描述	范例
4	可以在常温常压下迅速发生爆炸	硝酸甘油、TNT
3	可以在某些条件下（如被加热或与水反应等）发生爆炸	乙炔、硝酸铵
2	在加热加压条件下发生剧烈化学变化，或与水剧烈反应，可能与水混合后发生爆炸	钙、白磷
1	通常情况下稳定，但是可能在加热加压的条件下变得不稳定，或可以与水发生反应	氧化钙、丙烯
0	通常情况下稳定，即使暴露于明火中也不反应，并且不与水反应	氮、氦

表 4-4　NFPA 704 中特殊危害性说明

符号	描述	范例
W	与水发生剧烈反应	钙
OX（有时写作 OXY）	氧化剂	高锰酸钾
SA	需要简单保护气，保护气可以是氮气和稀有气体	

▶▶ 习 题 ◀◀

1. 化学品安全技术说明书（Material Safety Data Sheet，MSDS）主要包括哪些方面的信息？

2. NFPA 704 标准中，蓝、红、黄、白四色的警示菱形分别表示什么危害？

3. 工程技术中控制化学品危害最直接、最有效的方法有哪些？

4. 管理控制的目的是什么？

5. 简述常用呼吸防护用品的种类和使用范围。

6. 化学品的火灾与爆炸需要的三要素是什么？

7. 爆炸有哪几种类型？

8. 火灾与爆炸的主要破坏形式有哪几种？

9. 简述 LD_{50} 和 LC_{50} 的含义？

第五章

危险化学品

教学目标

1. 了解危险化学品定义、分类、化学品爆炸性、强氧化性物质、影响物质毒性的原因、危险化学品事故应急处置。

2. 掌握易燃性物质、无机强氧化性物质、有机过氧化物、自燃性物质、遇水放出易燃气体的物质、毒气、毒物、剧毒物、腐蚀性危险化学品的特点与使用注意事项。

3. 理解无机强氧化性物质、有机过氧化物、自燃性物质、遇水放出易燃气体的物质的特点与使用注意事项。

第五章课程思政

第五章课件

重点与难点

重点：易燃性物质、无机强氧化性物质、有机过氧化物、腐蚀性危险化学品的特点与使用注意事项。

难点：有机过氧化物、自燃性物质、遇水放出易燃气体的物质的特点与使用注意事项。

第一节　危险化学品简介

一、危险化学品的定义和分类

危险化学品，是指具有毒害、腐蚀、爆炸、燃烧、助燃等性质，对人体、设施、环境具有危害的剧毒化学品和其他化学品。

《危险化学品目录》由化学品主管部门根据化学品危险特性的鉴别和分类标准确定、公布并适时更新。2002版目录主要依据《危险货物分类和品名编号》来确定分类标准，把常用危险化学品按其主要危险特性分为以下几类：爆炸品、压缩气体和液化气体、易燃液体、易燃固体、自燃物品和遇湿易燃物品、氧化剂和有机过氧化物、有毒品、放射性物品、腐蚀品。

自 2002 年国际劳工组织、联合国经济及社会理事会等建立《全球化学品统一分类和标签制度》（Globally Harmonized System of Classification and Labeling of Chemicals，简称 GHS，又称"紫皮书"）以来，GHS 制度逐步在全球范围实施。第一部 GHS 制度发布于 2003 年，该制度将化学品的危害分为理化危害、健康危害和环境危害。采纳 GHS 分类标准，有利于识别出危险化学品的健康危害和环境危害，从而保护个人健康和生态环境。

我国的《危险化学品目录（2015 版）》在与现行管理相衔接、平稳过渡的基础上，逐步与国际接轨。危险化学品的分类主要依据 GB 13690—2009《化学品分类和危险性公示通则》和《化学品分类和标签规范》GB 3000.X 系列国家标准。《化学品分类和危险性公示通则》将危险化学品分为物理危险、健康危害和环境危害三大类；《化学品分类和标签规范》依据 GHS 制度确定了化学品危险性 28 个大项的分类体系。较之 2002 版目录增加了健康危害和环境危害的内容，进一步与国际接轨。

危险化学品按物理危险、健康危害或环境危害共分 3 大类。

1. 物理危险

（1）爆炸物

爆炸物质（或混合物）是这样一种固态或液态物质（或物质的混合物）：其本身能够通过化学反应产生气体，而产生气体的温度、压力和速度能对周围环境造成破坏。其中也包括发火物质，即便它们不放出气体。

发火物质（或发火混合物）是这样一种物质或物质的混合物：指在通过非爆炸自主放热化学反应产生的热、光、声、气体、烟或所有这些的组合来产生效应。

爆炸性物品是含有一种或多种爆炸性物质或混合物的物品。

发火物品是包含一种或多种发火物质或混合物的物品。

爆炸物种类包括：

① 爆炸性物质和混合物；

② 爆炸性物品，但不包括下述装置：其中所含爆炸性物质或混合物由于其数量或特性，在意外或偶然点燃或引爆后，不会由于进射、发火、冒烟或巨响而在装置之处产生任何效应；

③ 在①和②中未提及的为产生实际爆炸或烟火效应而制造的物质、混合物和物品。

（2）易燃气体

易燃气体是在 20℃、101.3kPa 标准压力下，与空气有易燃范围的气体。

（3）易燃气溶胶

气溶胶是指气溶胶喷雾罐，系任何不可重新灌装的容器，该容器由金属、玻璃或塑料制成，内装强制压缩、液化或溶解的气体，包含或不包含液体、膏剂或粉末，配有释放装置，可使所装物质喷射出来，形成在气体中悬浮的固态或液态微粒或形成泡沫、膏剂或粉末或处于液态或气态。

（4）氧化性气体

氧化性气体是一般通过提供氧气，比空气更能导致或促使其他物质燃烧的任何气体。

（5）压力下气体

压力下气体是指高压气体在压力等于或大于200kPa（表压）下装入贮器的气体，或是液化气体或冷冻液化气体。

压力下气体包括压缩气体、液化气体、溶解液体、冷冻液化气体。

（6）易燃液体

易燃液体是指闪点不高于93℃的液体。

（7）易燃固体

易燃固体是容易燃烧或通过摩擦可能引燃或助燃的固体。

易于燃烧的固体为粉状、颗粒状或糊状物质，它们在与燃烧着的火柴等火源短暂接触即可点燃和火焰迅速蔓延的情况下，都非常危险。

（8）自反应物质或混合物

① 自反应物质或混合物是即便没有氧（空气）也容易发生激烈放热分解的热不稳定液态或固态物质或者混合物。本定义不包括根据统一分类制度分类为爆炸物、有机过氧化物或氧化物质的物质和混合物。

② 自反应物质或混合物如果在实验室试验中其组分容易起爆、迅速爆燃或在封闭条件下加热时显示剧烈效应，应视为具有爆炸性质。

（9）自燃液体

自燃液体是即使数量小也能在与空气接触后5min之内引燃的液体。

（10）自燃固体

自燃固体是即使数量小也能在与空气接触后5min之内引燃的固体。

（11）自热物质或混合物

自热物质是发火液体或固体以外，与空气反应不需要能源供应就能够自己发热的固体或液体物质或混合物；这类物质或混合物与发火液体或固体不同，因为这类物质只有数量很大（千克级）并经过长时间（几小时或几天）才会燃烧。

注意：物质或混合物的自热导致自发燃烧是由于物质或混合物与氧气（空气中的氧气）发生反应并且所产生的热没有足够迅速地传导到外界而引起的。当热产生的速度超过热损耗的速度而达到自燃温度时，自燃便会发生。

（12）遇水放出易燃气体的物质或混合物

遇水放出易燃气体的物质或混合物是通过与水作用，容易具有自燃性或放出危险数量的易燃气体的固态或液态物质或混合物。

（13）氧化性液体

氧化性液体是本身未必燃烧，但通常因放出氧气可能引起或促使其他物质燃烧的液体。

（14）氧化性固体

氧化性固体是本身未必燃烧，但通常因放出氧气可能引起或促使其他物质燃烧的固体。

（15）有机过氧化物

① 有机过氧化物是含有二价—O—O—结构的液态或固态有机物质，可以看作是一个或两个氢原子被有机基替代的过氧化氢衍生物。该术语也包括有机过氧化物配方（混合物）。有机过氧化物是热不稳定物质或混合物，容易放热自加速分解。另外，它们可能具

有下列一种或几种性质：易于爆炸分解；迅速燃烧；对撞击或摩擦敏感；与其他物质发生危险反应。

② 如果有机过氧化物在实验室试验中，在封闭条件下加热时组分容易爆炸、迅速爆燃或表现出剧烈效应，则可认为它具有爆炸性质。

（16）金属腐蚀剂

腐蚀金属的物质或混合物指通过化学作用显著损坏或毁坏金属的物质或混合物。

2. 健康危害

（1）急性毒性

急性毒性是指在单剂量或在 24h 内多剂量口服或皮肤接触一种物质，或吸入接触 4h 之后出现的有害效应。

（2）皮肤腐蚀/刺激

皮肤腐蚀是对皮肤造成不可逆损伤：即施用试验物质达到 4h 后，可观察到表皮和真皮坏死。腐蚀反应的特征是溃疡、出血、有血的结痂，而且在观察期 14d 结束时，皮肤、完全脱发区域和结痂处由于漂白而褪色。应考虑通过组织病理学来评估可疑的病变。

皮肤刺激是施用试验物质达到 4h 后对皮肤造成可逆损伤。

（3）严重眼损伤/眼刺激

严重眼损伤是在眼前部表面施加试验物质之后，对眼部造成在施用 21d 内并不完全可逆的组织损伤，或严重的视觉物质衰退。

眼刺激是在眼前部表面施加试验物质之后，在眼部产生在施用 21d 内完全可逆的变化。

（4）呼吸或皮肤过敏

① 呼吸过敏物是吸入后会导致气管过敏反应的物质。皮肤过敏物是皮肤接触后会导致过敏反应的物质。

② 过敏包括两个阶段：第一个阶段是某人因接触某种变应原而引起特定免疫记忆。第二阶段是引发，即某一致敏个人因接触某种变应原而产生细胞介导或抗体介导的过敏反应。

③ 就呼吸过敏而言，随后为引发阶段的诱发，其形态与皮肤过敏相同。对于皮肤过敏，需有一个让免疫系统能学会作出反应的诱发阶段；此后，可出现临床症状，这里的接触就足以引发可见的皮肤反应（引发阶段）。因此，预测性的试验通常取这种形态，其中有一个诱发阶段，对该阶段的反应则通过标准的引发阶段加以计量，典型做法是使用斑贴试验。直接计量诱发反应的局部淋巴结试验则是例外做法。人体皮肤过敏的证据通常通过诊断性斑贴试验加以评估。

④ 就皮肤过敏和呼吸过敏而言，对于诱发所需的数值一般低于引发所需数值。

（5）生殖细胞致突变性

本危险类别涉及的主要是可能导致人类生殖细胞发生可传播给后代的突变的化学品。但是，在本危险类别内对物质和混合物进行分类时，也要考虑活体外致突变性/生殖毒性试验和哺乳动物活体内体细胞中的致突变性/生殖毒性试验。

（6）致癌性

致癌物一词是指可导致癌症或增加癌症发生率的化学物质或化学物质混合物。在实施良好的动物实验性研究中诱发良性和恶性肿瘤的物质也被认为是假定的或可疑的人类致癌物，除非有确凿证据显示该肿瘤形成机制与人类无关。

（7）生殖毒性

（8）特异性靶器官系统毒性　一次接触

（9）特异性靶器官系统毒性　反复接触

（10）吸入危害

注：（7）（8）（9）（10）详见 GB 30000《化学品分类和标签规范》系列国家标准。

3. 环境危害

环境危害一般指危害水生环境，主要包括急性水生毒性和慢性水生毒性。急性水生毒性是指物质对短期接触它的生物体造成伤害的固有性质。慢性水生毒性是指物质在与生物体生命周期相关的接触期间对水生生物产生有害影响的潜在性质或实际性质。

二、剧毒化学品

剧毒化学品是指具有剧烈急性毒性危害的化学品，包括人工合成的化学品及其混合物和天然毒素，还包括具有急性毒性易造成公共安全危害的化学品。

只有列入《危险化学品目录（2015 版）》，并备注为"剧毒"的化学品才是剧毒化学品。剧烈急性毒性判定界限，如急性毒性类别 1 为：满足下列条件之一，大鼠实验，经口 $LD_{50} \leqslant 5mg/kg$，经皮 $LD_{50} \leqslant 50mg/kg$，吸入（4h）$LC_{50} \leqslant 100mL/m^3$（气体）或 $0.5mg/L$（蒸气）或 $0.05mg/L$（尘、雾），经皮 LD_{50} 的实验数据，也可使用兔实验数据。

第二节　爆炸性物质

爆炸一般有三种情况：一是可燃性气体与空气混合，达到其爆炸界限浓度时着火而发生燃烧爆炸；二是易于分解的物质，由于加热或撞击而分解，产生突然气化的分解爆炸；三是爆炸品产生的爆炸。爆炸性物质的分类见表 5-1。

表 5-1　爆炸性物质的分类

分类	特点	示例
可燃性气体	爆炸界限浓度：下限 10% 以下，或者上下限之差在 20% 以上的气体	氢气、乙炔等
分解爆炸性物质	加热或撞击可以引起着火、爆炸的可燃性物质	硝酸酯、硝基化合物等
爆炸品之类的物质	以其产生爆炸作用为目的的物质	火药、炸药、起爆器材等

一、可燃性气体

1. 分类

① 由 C、H 元素组成的可燃性气体：氢气、甲烷、乙烷、丙烷、丁烷、乙烯、丙烯、丁烯、乙炔、环丙烷、丁二烯。

② 由 C、H、O 元素组成的可燃性气体：一氧化碳、甲醚、环氧乙烷、氧化丙烯、乙醛、丙烯醛。

③ 由 C、H、N 元素组成的可燃性气体：氨、甲胺、二甲胺、三甲胺、乙胺、氰化氢、丙烯腈。

④ 由 C、H、X（卤素）元素组成的可燃性气体：氯甲烷、氯乙烷、氯乙烯、溴甲烷。

⑤ 由 C、H、S 元素组成的可燃性气体：硫化氢、二硫化碳。

2. 注意事项

① 如果可燃性气体发生泄漏并滞留不散，当达到一定浓度时，即会着火爆炸。装有此类气体的高压筒形钢瓶，要放在室外通风良好的地方，同时要避免阳光直接照射。

② 使用可燃性气体时，要打开窗户，保持通风良好。

③ 乙炔和环氧乙烷，由于会发生分解爆炸，因此，不可将其加热或对其进行撞击。

3. 防护方法

根据需要准备好或戴上防护面具、耐热防护衣或防毒面具。

4. 灭火方法

当此类物质着火时，可采用通常的灭火方法进行灭火。泄漏气体量大时，如果情况允许，可关掉气源，扑灭火焰，并打开窗户，即刻离开现场（隐蔽起来）；若情况紧急，则要立刻离开现场。

5. 事故举例

搬运装有乙炔的钢瓶时，不慎跌落而发生爆炸。

二、分解爆炸性物质

1. 分类

分解爆炸性物质的危险程度，分别用下列符号表示：A，敏度大、威力大；B，灵敏度大、威力中等；C，灵敏度大、威力小；A′，灵敏度中等、威力大；B′，灵敏度中等、威力中等；C′，灵敏度中等、威力小。

2. 注意事项

① 此类物质常因烟火、撞击或摩擦等作用而引起爆炸。因此，使用前必须充分了解

其危险程度。

②这些物质可能是各类反应的副产物，所以实验时，往往会发生意外的爆炸事故。因此，实验前必须对反应可能产生的副产物种类和比例有清楚的认识。

③此类物质接触酸、碱、金属及还原性物质等，往往会发生爆炸。因此，不可随便将其混合。

3. 防护方法

根据需要准备好或戴上防护面具、耐热防护衣或防毒面具。

4. 灭火方法

可根据由此类物质爆炸而引起延续燃烧的可燃物的性质，采取相应的灭火措施。

5. 事故举例

在蒸馏硝化反应物的过程中，当蒸至剩下很少残液时，突然发生爆炸（因在蒸馏残物中，有多硝基化合物存在，故不能将其全部蒸馏出来）。

用储存过久的乙醚进行萃取操作，然后把得到的物质放在烘箱里加热干燥时发生爆炸，烘箱的门被炸碎。原因：乙醚在储存过程中（三个月）易生成对震动异常敏感的过氧化物，因此，在使用乙醚，特别是要加热乙醚时，要注意检测是否有过氧化物生成。

三、爆炸品

爆炸品主要包括如下种类。

①火药：黑色火药、无烟火药、推进火药（以高氯酸盐及氧化铅等为主要药剂）。

②炸药：雷汞、叠氮化铅、硝铵炸药、氯酸钾炸药、高氯酸铵炸药、硝化甘油、乙二醇二硝酸酯、黄色炸药、液态氧炸药、芳香族硝基化合物类炸药。

③起爆器材：雷管、实弹、空弹、信管、引爆线、导火线、信号管。

这类物品在普通化学实验室基本不用。

第三节 易燃性物质

可燃物的危险性大致可根据其燃点加以判断。燃点越低，危险性就越大。燃点较高的物质当加热时也是危险的。易燃性物质一般包括易燃液体和易燃固体，易燃液体又分为特别易燃物质和一般易燃性物质，如表 5-2 所示。

所谓燃点，即在液面上，液体的蒸气与空气混合，构成能着火的蒸气浓度时的最低温度，称为该液体物质的燃点。而所谓着火点（着火温度），系可燃物在空气中加热而能自行着火的最低温度。物质的燃点或着火点，在相同的测定条件下，其所测得的结果产生微小的偏差，故很难说得上是物质的固有常数，但是，二者均为物质的重要物理性质。所谓闪点，是液体挥发的蒸气与空气形成的混合物遇火源能够闪燃的最低温度，闪点温度小于着火点温度。从消防观点来说，液体闪点就是可能引起火灾的最低温度。闪点越低，引起火灾的危险性越大。

表 5-2　易燃液体的分类

分类		特点
特别易燃物质		20℃时为液体；或在 20～40℃时成为液体，着火温度在 100℃ 以下；或者燃点在 −20℃ 以下和沸点在 40℃ 以下
一般易燃性物质	高度易燃物质	室温下易燃性高的物质，燃点在 20℃ 以下
	中等易燃物质	加热时易燃性高的物质，燃点在 20～70℃
	低易燃物质	高温加热时，由于分解出气体而着火的物质，燃点在 70℃ 以上

一、特别易燃物质

此类物质有：乙醚、二硫化碳、乙醛、戊烷、异戊烷、氧化丙烯、二乙烯醚、羰基镍、烷基铝等。

1. 注意事项

① 此类物质着火温度及燃点极低而很易着火，使用时必须熄灭附近的火源。

② 此类物质沸点低，爆炸浓度范围较宽，因此，要保持室内通风良好，以免其蒸气滞留在使用场所造成安全隐患。此类物质一旦着火，很难扑灭。

③ 容器中贮存的易燃物减少时，往往容易着火爆炸，使用时需要特别注意。

2. 防护方法

有毒性的物质，要戴防毒面具和胶皮手套进行处理。

3. 灭火方法

此类物质引起火灾时，用二氧化碳或干粉灭火器灭火。但周围的可燃物着火时，则用水灭火较好。

4. 事故举例

乙醚从贮瓶中渗出，由 2m 以外的燃烧器的火焰引起着火。

正在洗涤剩有少量乙醚的烧瓶时，突然由加热器的火焰点燃而引起着火。

将盛有乙醚溶液的烧瓶放入冰箱保存时，漏出乙醚蒸气，由冰箱内电器开关产生的火花引起着火爆炸，箱门被炸飞（醚类物质要放入有防爆装置的冰箱内保存）。

焚烧二硫化碳废液时，在点火的瞬间，产生爆炸性的火焰飞散而造成烧伤（焚烧这类物质时，应在开阔的地方，并在远处投入燃着的木片进行点火）。

二、一般易燃性物质

1. 分类

一般易燃性物质主要包括高度易燃性物质、中等易燃性物质和低易燃性物质。

（1）高度易燃性物质（闪点在 20℃以下）

第 1 类石油产品：石油醚、汽油、轻质汽油、挥发油、己烷、庚烷、辛烷、戊烯、邻二甲苯、醇类（甲基醇至戊基醇）、二甲醚、二氧杂环己烷、乙缩醛、丙酮、甲乙酮、三聚乙醛等。

甲酸酯类（甲基甲酸酯至戊基甲酸酯）、乙酸酯类（甲基乙酸酯至戊基乙酸酯）、乙腈（CH_3CN）、吡啶、氯苯等。

（2）中等易燃性物质（闪点为 20～70℃）

第 2 类石油产品：煤油、轻油、松节油、樟脑油、二甲苯、苯乙烯、烯丙醇、环己醇、2-乙氧基乙醇、苯甲醛、甲酸、乙酸等。

第 3 类石油产品：重油、杂酚油、锭子油、透平油、变压器油、1,2,3,4-四氢化萘、乙二醇、二甘醇、乙酰乙酸乙酯、乙醇胺、硝基苯、苯胺、邻甲苯胺等。

（3）低易燃性物质（闪点在 70℃以上）

第 4 类石油产品：齿轮油、马达油之类重质润滑油，及邻苯二甲酸二丁酯、邻苯二甲酸二辛酯等增塑剂。

动植物油类产品：亚麻仁油、豆油、椰子油、沙丁鱼油、鲸鱼油、蚕蛹油等。

2. 注意事项

① 高度易燃性物质虽然危险性比特别易燃物质小，但它的易燃性仍然很高。由电开关及静电产生的火花、赤热物体及烟头残火等，都会引起着火燃烧。因此，不要把它靠近火源，或用明火直接加热。

② 中等易燃性物质，加热时容易着火。用敞口容器将其加热时，必须防止其蒸气滞留不散。

③ 低易燃性物质，高温加热时分解出气体，容易引起着火。如果混入水分等杂物，则会产生暴沸，致使热溶液飞溅而着火。

④ 通常物质的蒸气密度越大，其蒸气越容易滞留，必须保持通风良好。

⑤ 闪点高的物质一旦着火，因其溶液温度很高，一般难以扑灭。

3. 防护方法

加热或处理量很大时，要准备好或戴上防护面具及手套。

4. 灭火方法

此类物质着火，当其燃烧范围较小时，用二氧化碳灭火器灭火。火势扩大时，最好用大量水灭火。

5. 事故举例

蒸馏甲苯的过程中，忘记加入沸石，发生暴沸而引起着火。

将还剩有有机溶剂的容器进行玻璃加工时，引起着火爆炸而受伤。

把沾有废汽油的东西投入火中焚烧时，产生意想不到的猛烈火焰而造成人员烧伤。

用丙酮洗涤烧瓶，然后置于干燥箱中进行干燥时，残留的丙酮气化而引起爆炸，干燥箱的门被炸坏飞至远处。

将经过加热的溶液，于分液漏斗中用二甲苯进行萃取，当打开分液漏斗的旋塞时，喷出二甲苯而引起着火。

将润滑油进行减压蒸馏时，用气体火焰直接加热。蒸完后，立刻打开减压旋塞，由于烧瓶中进入空气而发生爆炸。

在油浴加热的过程中，当熄灭气体火焰而关闭空气开关时，火焰变为很长的摇曳火焰而使油浴着火（熄灭气体火焰时，要先关闭其主要气源的旋塞）。

对着火的油浴覆盖四氯化碳进行灭火时，结果四氯化碳在油中沸腾，致使着火的油飞溅，反而使火势扩大。

三、易燃固体

此类物质主要包括：P（黄磷、红磷）、P_4S_3、P_2S_5、P_4S_7（硫化磷）、S（硫黄）、金属粉末（Mg、Al 等）、金属条（Mg）等。

1. 注意事项

① 此类物质一受热就会着火，所以，要远离热源或火源，并保存于阴凉的地方。

② 此类物质若与氧化性物质混合，即会着火。

③ 黄磷在空气中就会着火，故要把它放入 pH 值为 7.0～9.0 的水中保存，并避免阳光照射。

④ 硫黄粉末吸潮会发热而引起着火。

⑤ 金属粉末若在空气中加热，即会剧烈燃烧。并且，当与酸、碱物质作用时会产生氢气而增加着火的危险。铝粉燃烧会放出大量的热量，和纯氧混合可作为火箭的固体燃料。

2. 防护方法

处理量大时，要戴防护面具和手套。

3. 灭火方法

此类物质发生火灾时，一般用水灭火较好（Mg、Al 等活泼金属因与水反应生成氢气，不能用水），也可以用二氧化碳灭火器。大量金属粉末引起着火时，最好用沙子或干粉灭火器灭火。

4. 事故举例

铝粉着火时，用水灭火，火势反而更猛烈。

装有黄磷的瓶子，从药品架上跌落，洒出黄磷而着火。将熔融的黄磷倒入水中制成小颗粒时，烧杯倾斜洒出黄磷而引起着火，并烧着衣服，致使烧伤。

第四节 **强氧化性物质**

强氧化性物质分为无机强氧化剂和有机过氧化物两大类，包括氯酸盐、高氯酸盐、无机过氧化物、有机过氧化物、硝酸盐和高锰酸盐。强氧化性物质的危险性在于：因加热、撞击而分解，放出的氧气与可燃性物质发生剧烈的燃烧，有时也会发生爆炸。

一、无机强氧化性物质

1. 分类

① 氯酸盐：$MClO_3$ [M＝Na、K、NH_4、Ag、Hg(Ⅱ)、Pb、Zn、Ba]。

② 高氯酸盐：$MClO_4$（M＝Na、K、NH_4、Sr）。

③ 无机过氧化物：Na_2O_2、K_2O_2、MgO_2、CaO_2、BaO_2、H_2O_2。

④ 硝酸盐：MNO_3（M＝Na、K、NH_4、Mg、Ca、Pb、Ba、Ni、Co、Fe）。

⑤ 高锰酸盐：$MMnO_4$（M＝K、NH_4）。

2. 使用中的注意事项

（1）与还原性物质或有机物质的反应

若与还原性物质或有机物质混合，有可能发生氧化反应放出热量而引起燃烧。

例如：用浓的过氧化氢制备氧气时，当加入催化剂二氧化锰后，立即剧烈反应，往往易使反应器皿破裂，溶液外流而引起燃烧。

（2）与强酸的反应

氯酸盐类物质与强酸作用，易产生强氧化性的二氧化氯（ClO_2）。

高锰酸钾与强酸作用，会产生臭氧（O_3），有时也会发生爆炸。

（3）与酸的反应

过氧化物与酸作用，会产生过氧化氢（H_2O_2），并放出热量，有时会引起燃烧。

（4）与水的反应

过氧化物与水作用，能产生氧气（O_2）。

例如：过氧化氢的浓溶液在密封贮存的过程中发生分解，瓶内压力增大，将瓶塞顶飞或将玻璃瓶爆裂（因此过氧化氢一般不用玻璃容器盛放），溶液溢出而发生燃烧。

碱金属的过氧化物均能与水发生反应，因此，存放时必须防潮，否则会有安全隐患。

3. 存放时的注意事项

① 应密封存放在阴凉、干燥处。

② 应与有机物、易燃物、硫、磷、还原剂、酸类等试剂分开存放。

③ 应远离烟火和热源，并避免撞击。例如：由于工作人员不慎，将氯酸钾洒落在地面上，如果清理不干净，当踩踏后由于脚底对氯酸钾的摩擦撞击会发生燃烧。

④ 轻拿轻放，不要误触皮肤，一旦误触，应立即用水冲洗。

⑤ 操作过程中有爆炸危险时，必须配戴防护镜或防护面具。

⑥ 碱金属或过氧化物引起的燃烧，不能用水来灭火，可以用二氧化碳或沙子进行扑灭。

二、有机过氧化物

过氧化物具有强氧化性，属于易燃、易爆的化合物。过氧化物都含有过氧基（—O—O—），由于过氧键结合力弱，断裂时所需的能量不大，因此，过氧基是极不稳定的结构，对热、振动、冲击或摩擦都极为敏感，当受到轻微外力作用时即可发生分解。如果反应放热速率超过散热速率，在分解反应热的作用下温度逐渐升高，反应加速并最终导致爆炸。在变价金属盐、胺类作用下，高浓度过氧化物与强酸混合时会迅速分解，引起爆炸。

有机过氧化物包括：烷基氢过氧化物 R—O—O—H（叔丁基氢过氧化物，异丙苯基氢过氧化物）、二烷基过氧化物 R—O—O—R′（二叔丁基过氧化物，二异丙苯基过氧化物）、二酰基过氧化物 R—CO—O—O—COR′（二乙酰基过氧化物，二丙酰基过氧化物，二月桂酰基过氧化物，苯甲酰基过氧化物）、酯的过氧化物 R—CO—O—O—R′（醋酸或安息香酸叔丁基过氧化物）、酮的过氧化物 H（或 OH）—（—O—RCR′—O—）$_n$—H（或 OH）（甲基乙基酮过氧化物，甲基异丁基酮过氧化物，环己酮过氧化物）。

常见的有：过乙酸（含量为 43%，别名过氧乙酸）、过氧化十二酰 $[(C_{11}H_{23}CO)_2O_2]$、过氧化甲乙酮、二乙酰过氧化物等。

在化学反应中，有机过氧化物能作为副产物生成，并且在有机物的存放过程中，同样也会生成。

塑料等有机物与二乙酰过氧化物能发生反应，引起燃烧，所以要避免用塑料药匙去取用二乙酰过氧化物。

1. 储存使用注意事项

① 存放在清洁、阴凉、干燥、通风处；

② 远离火种、热源，防止阳光暴晒；

③ 不要与酸类、易燃物、有机物、还原剂、自燃物、遇湿易燃物存放在一起；

④ 轻拿轻放，避免碰撞、摩擦，防止引起爆炸；

⑤ 有爆炸危险时，必须配戴防护镜或防护面具；

⑥ 由碱金属或过氧化物引起的燃烧，不能用水来灭火，可以用二氧化碳或沙子来扑灭。

2. 防护方法

有爆炸危险时，要戴防护面具；若处理量大时，要穿耐热防护衣。

3. 四氢呋喃中过氧化物的检测和去除

四氢呋喃、乙醚长期存放容易产生过氧化物，使用时务必小心，一定要先检测溶液中的过氧化物含量。如果过氧化物的含量超过 0.05％，在蒸馏之前必须先除去过氧化物。如果过氧化物含量达到 1％，四氢呋喃必须通过焚烧法处理，不能再使用。常用的过氧化物定性检测方法如下。

方法一：用淀粉-碘化钾试纸是否变色确定。

方法二：用 5mL 四氢呋喃加 1mL 10％碘化钾溶液，振摇 1min，如有过氧化物则生成游离碘，水层呈黄棕色，颜色越深过氧化物越多。或再加 4 滴 0.5％淀粉溶液，如果有碘生成，则水层呈蓝色。

方法三：在干净的试管中放入 2～3 滴浓硫酸，1mL 2％碘化钾溶液（若碘化钾溶液已被空气氧化，可用稀亚硫酸钠溶液滴到黄色消失）和 1～2 滴淀粉溶液，混合均匀后加入四氢呋喃，出现蓝色或紫色（直链淀粉遇碘呈蓝色，支链淀粉遇碘呈紫红色）即表示有过氧化物存在。

4. 事故举例

用有机质药匙将二乙酰过氧化物送去称量的过程中发生着火。

蒸馏釜残留物中积聚了丙酮过氧化衍生物，在酸存在下发生爆炸。

含聚酯树脂的丙酮过氧化衍生物与环烷酸钴的溶液混合时发生爆炸和着火事故。

第五节 自燃性物质

自燃性物质主要包括：有机金属化合物 R_nM（R＝烷基或烯丙基，M＝Li、Na、K、Rb、Se、B、Al、Ga、Tl、P、As、Sb、Bi、Ag、Zn）及还原性金属催化剂（Pt、Pd、Ni、Cu、Cr）等。

1. 注意事项

① 这类物质一接触空气就会着火，因此，初次使用时，必须请有操作经验的人员进行指导。

② 有机金属化合物在溶剂中稀释的过程中，若其溶剂飞溅出来会引起着火。因此，要将其密封保存，并且附近不要放置可燃性物质。

2. 防护方法

处理毒性大的自燃物质时，要戴防毒面具和橡皮手套。

3. 灭火方法

此类物质引起的火灾，通常用干燥的沙子或干粉灭火器灭火。但数量很少时，也可以大量喷水灭火。

4. 事故举例

将盛有稀释后的三乙基铝的瓶子，放入纸箱搬运的过程中，瓶子破裂发生泄漏而引起着火。

在滤纸上洗涤还原性镍催化剂，然后把滤纸丢入垃圾箱中而引起着火。

在通风橱内，用 $LiAlH_4$ 进行还原反应，向盛有 $LiAlH_4$ 的烧瓶中加入乙醚时发生着火。

第六节　遇水放出易燃气体的物质

遇水放出易燃气体的物质主要包括：Na、K、CaC_2（碳化钙）、Ca_3P_2（磷化钙）、$NaNH_2$（氨基钠）、$LiAlH_4$（氢化铝锂）等。

1. 注意事项

① 金属钠或钾等物质与水反应，会放出氢气而引起着火、燃烧或爆炸。因此，要把金属钠、钾切成小块，置于煤油中密封保存。其碎屑也贮存于煤油中。要分解金属钠时，可把它放入乙醇中使之反应，但要注意防止产生的氢气着火。分解金属钾时，要在氮气保护下，按同样的操作进行处理。

② 金属钠或钾等物质与卤化物反应，往往会发生爆炸。

③ 碳化钙与水反应产生乙炔，会引起着火、爆炸。

④ 磷化钙与水反应放出磷化氢（PH_3 为剧毒气体），由于伴随着放出自燃性的 P_2H_4 而容易着火，从而导致燃烧爆炸。

⑤ 金属氢化物类物质，与水（或水蒸气）作用也会着火。若把它丢弃时，可将其分次少量投入乙酸乙酯中（不可进行相反的操作）。

⑥ 生石灰与水作用虽不能着火，但能产生大量的热，往往容易使其他物质着火。

2. 防护方法

使用此类物质时，要戴橡皮手套或用镊子操作，不可直接用手拿。

3. 灭火方法

此类物质引起火灾时，可用干燥的沙子、食盐或纯碱覆盖。不可用水或潮湿的东西或者用二氧化碳灭火器灭火（在高温下金属能和二氧化碳发生反应，继续燃烧）。

4. 事故举例

将经甲醇分解的金属钠丢入水中，由于金属钠尚未分解完全而引起着火、燃烧。原因：用甲醇分解金属钠时，在金属钠的表面生成黏稠的醇盐膜，使其难于分解完全。

第七节　有毒物质

有毒物质一般是指以小剂量进入机体，通过化学或物理作用能够导致健康受损的物质。有毒物质是相对的，剂量决定着一种成分是否有毒。实验室中有些化学药品属于有毒物质。通常，进行实验时，因为用量很少，一般不会引起中毒事故。但是，毒性大的物质一旦用错就很容易发生事故。因此，毒性大的试剂，必须严格遵照规定进行使用。表 5-3 为部分有毒物质的分类。

表 5-3　有毒物质的分类

分类	特点	示例
毒气	容许浓度在 200mg/m³（空气）以下的气体	光气、氰化氢等
剧毒物	口服致命剂量为每千克体重 50mg 以下的物质	氰化钠、汞等
高毒物	口服致命剂量为每千克体重 50～500mg 的物质	硝酸、苯胺等

一、毒气

1. 分类

① 容许浓度在 0.1mg/m³（空气）以下的毒气：氟气、光气、臭氧、砷化氢、磷化氢。

② 容许浓度在 1.0mg/m³（空气）以下的毒气：氯气、肼、丙烯醛、溴气。

③ 容许浓度在 5.0mg/m³（空气）以下的毒气：氟化氢、二氧化硫、氯化氢、甲醛。

④ 容许浓度在 10mg/m³（空气）以下的毒气：氰化氢、硫化氢、二硫化碳。

⑤ 容许浓度在 50mg/m³（空气）以下的毒气：一氧化碳、氨气、环氧乙烷、溴甲烷、二氧化氮、氯丁二烯。

⑥ 容许浓度在 200mg/m³（空气）以下的毒气：一氯甲烷。

2. 注意事项

① 当毒气中毒时，通常发生窒息性症状。毒性大的毒气还会腐蚀皮肤和黏膜。

② 一旦吸入高浓度的毒气，瞬间就会失去知觉，因而往往不能跑离现场。

③ 使用毒性大的毒气时要特别注意，即使很微量的泄漏也不允许，要经常用气体检测器检测空气中毒气的浓度。

3. 防护方法

处理毒气时，要准备好或戴上防毒面具。

4. 事故举例

误认为充有氯气的钢瓶空了，但当打开阀门时，喷出大量氯气而中毒。

将丙烯与氨的混合气体进行加压反应时，发现阀门有少量漏气。在修理过程中，泄漏增大，导致不能进行修理并中毒（在加压情况下进行修理很危险）。

用自制的容器盛装液氨，用帆布包裹，在搬运过程中，由于容器的焊缝破裂，泄漏出氨气而导致冻伤和呼吸器官受损。

长时间吸入氯气、硫化氢及二氧化硫等的低浓度气体后，心情烦躁，并感到头痛、恶心。

5. 典型毒气举例

（1）H_2S

H_2S 是一种强烈的神经毒素，对黏膜有强烈刺激作用，在高浓度硫化氢中几秒就会发生虚脱、休克，导致呼吸道发炎、肺水肿，并伴有头痛、胸部痛及呼吸困难。低浓度的硫化氢对眼、呼吸系统及中枢神经也有刺激作用。

（2）臭氧

臭氧具有青草的味道，吸入少量对人体有益，在空气中浓度为 0.3mg/L 时，对眼、鼻、喉有刺激的感觉；浓度为 3～30mg/L 时，出现头疼及呼吸器官局部麻痹等症。其毒性还与接触时间有关，例如长期接触 $4\mu g/mL$ 以下的臭氧会引起永久性心脏障碍，但接触 $20\mu g/mL$ 以下的臭氧不超过 2h，对人体无永久性危害。臭氧浓度的允许值：国际臭氧协会，$0.1\mu g/mL$，接触 10h；美国，$0.1\mu g/mL$，接触 8h；德国、法国、日本，$0.1\mu g/mL$；中国，$0.15\mu g/mL$。

6. 典型案例

案例 1：2012 年 2 月，某大学化学楼发生甲醛泄漏，约 200 名师生疏散，事故中不少学生喉咙痛、流眼泪、感觉不适。

案例 2：2009 年 7 月，某大学研究生袁某某发现研究生于某昏厥倒在实验室，便呼喊老师寻求帮助，并拨打 120 急救电话。袁某某随后也晕倒在地。120 急救车抵达现场，将于某和袁某某送往医院后，于某抢救无效死亡，袁某某留院观察治疗，于次日出院。事故原因是实验过程中误将本应接入其他实验室的一氧化碳气体通向了事故发生的实验室。

二、毒物、剧毒物及其他有害物质

剧毒物质在化学组成上有以下特点：无机剧毒物质一般为含有氰基、汞、磷、砷、硒、铅、铊等的化合物；有机剧毒物质一般为含有磷、汞、铅、氰基、氨基、卤素、硫、硅、硼等的化合物；生物碱一般为含有氮、硫、氧的碱性有机物。

1. 注意事项

① 有毒物质能以蒸气或微粒形式从呼吸道进入人体，或以水溶液状态从消化道进入

人体，并且，当直接接触时，还可从皮肤或黏膜等部位被吸收。因此，使用有毒物质时必须采取相应的预防措施。

② 毒物、剧毒物要装入密封容器，贴好标签，放在专用的药品架上保管，并做好出入库台账。一旦失窃必须立刻报告。

③ 使用腐蚀性试剂后，要严格实行漱口、洗脸等措施。

④ 特别有害物质，通常多为积累毒性的物质，连续长时间使用时，必须十分注意。

2. 防护方法

使用有毒物质时，要准备好或戴上防毒面具及橡皮手套，必要时穿防毒衣。

3. 事故举例

使用氰酸钾（KCNO）后，在喝茶时把沾到手上的氰酸钾吞食了。约经过半分钟，头眩晕眼睛发黑，产生"氰酸钾"中毒症状，同时很快失去知觉。附近的同事发现后，立刻送医院洗胃才得救。

三、常见无机类有毒物质

1. 轻金属

轻金属一般指原子序数小于 42、原子量小于 120 的金属元素，如锂、铍、铝、钛、锌、钴等，一般情况下无毒或低毒，超量导致急、慢性中毒。如铝中毒可导致体内细胞变异，阻止骨骼钙化；锌是人体必需微量元素，适量锌补脑，超量可引起咽痛、恶心、呕吐等。

2. 重金属

重金属一般指原子序数 43 以上、原子量大于 120 的金属元素，如铊、钡、锑、汞、有机汞、有机铅、镉等，一般有毒，大部分剧毒。

（1）铅中毒

根据测定，在石油炼制厂附近、汽车来往频繁的路口，空气中铅的含量明显超过国家标准。这是因为汽油在冶炼过程中加入了四乙基铅，汽油在燃烧过程中，铅会随着尾气排出，这些铅80％悬浮在距离地面1m左右的高度，这个高度正好是儿童的身高，儿童很容易把悬浮在空中的铅吸进体内。铅还可能来自某些室内装饰品，如有些涂料中含铅。香烟中也含铅，长期吸入同样会导致铅的蓄积中毒。有些儿童文具如颜料、橡皮泥，食品如爆米花、松花蛋等也含有铅。铅中毒的主要损害方式如下。

① 神经系统：神经系统最易受铅的损害。铅可以使视觉运动功能、记忆等受损、语言和空间抽象能力、感觉和行为功能改变，出现疲劳、失眠、烦躁、头痛及多动等症状。

② 造血系统：铅可以抑制血红素的合成，与铁、锌、钙等元素拮抗，诱发贫血，并随铅中毒程度加重而加重。

③ 心血管系统：人群中的血管疾病与机体铅负荷增加有关。铅中毒患者主动脉、冠状动脉、肾动脉及脑动脉有变性改变。还能导致细胞内钙离子的过量聚集，使血管平滑肌的紧张性和张力增加，引起高血压与心律失常。

④ 消化系统：致肝脏解毒功能受损，出现病变。

⑤ 免疫系统：铅能结合抗体，使循环抗体降低。铅可作用于淋巴细胞，使补体滴度下降，使机体对内毒素的易感性增加，抵抗力降低，常引起呼吸道、肠道反复感染。

⑥ 内分泌系统：铅可抑制维生素 D 活化酶、肾上腺皮质激素与生长激素的分泌，导致儿童体格发育障碍。血铅水平每上升 $100\mu g/L$，身高降低 $1\sim3cm$。

⑦ 骨骼：体内铅大部分沉积于骨骼中，通过影响维生素 D_3 的合成，抑制钙的吸收，作用于成骨细胞和破骨细胞，引起骨代谢紊乱，发生骨质疏松。

（2）金属钡及化合物

金属钡及不溶于水的钡盐无毒，毒性与溶解度有关。少量误服：潜伏期 $1\sim2$ 天；超量误服：头晕、头痛、耳鸣、全身无力、呕吐、腹泻、发烧等。

（3）汞及化合物

在汞蒸气、汞盐、有机汞中，毒性最大的为有机汞，有机汞对胎儿的神经系统等有危害。日本 20 世纪 50 年代出现的水俣病就是甲基汞导致的汞中毒。慢性（汞蒸气）中毒症状：神经障碍、失眠、健忘、多梦、肝肾损伤等。有些化妆品中含有氯化汞或氯化亚汞，长期使用也会引起相关症状。

（4）金属铬及化合物

金属铬无毒，但铬酸洗液有毒，铬的价态越高，毒性越大，中毒症状为胃肠病、皮肤溃疡等。

（5）砷及化合物

高毒或剧毒，毒性大小顺序：砷化氢＞三价砷＞五价砷，中毒症状：破坏呼吸酶、伤肠胃、心血管、肝肾等。

（6）氰化物

剧毒，氰离子（CN^-）与氧化型细胞色素氧化酶的三价铁结合可以阻止氧化酶中三价铁的还原，也就阻断了氧化过程中的电子传递，使组织细胞不能利用氧，形成了内窒息。此时，血液中虽有足够的氧，但不能为组织细胞所利用。由于中枢神经系统对缺氧最为敏感，尤以呼吸及血管运动中枢为甚，先兴奋，后抑制，呼吸麻痹是氰化物中毒最严重的表现。

四、易制毒化学品

易制毒化学品是指国家规定管制的可用于制造毒品的前体、原料和化学助剂等物质。一类易制毒化学品包括麻黄素等。实验室中常见的第二类易制毒化学品有：苯乙酸、醋酸酐（乙酸酐）、三氯甲烷、乙醚、哌啶、溴素、1-苯基-1-丙酮等；实验室中常见的第三类易制毒化学品有：甲苯、丙酮、甲基乙基酮、高锰酸钾、硫酸、盐酸等。

五、影响物质毒性的原因

1. 化学性质

取代基和构型不同，物质毒性和作用也不同。

芳香族（苯）、甲苯具有麻醉作用，抑制造血功能；苯环氢被氨基或硝基取代形成氨基苯或硝基苯时，毒性增强；芳香族化合物增加羧基后毒性下降，如苯甲酸毒性小于甲苯；苯环取代基团位置对毒性也有影响，一般是按对位、邻位、间位毒性依次减小。

脂肪烃类的氢若为卤素取代时，其毒性增强，且取代基越多，毒性越大；如四氯化碳、三氯甲烷、二氯甲烷、氯甲烷、甲烷，毒性逐渐减小。

同系物的碳原子数和结构的影响：烷、醇、酮等碳氢化合物，碳原子越多，毒性越大（甲醇和甲醛除外）。但碳原子数超过一定限度时（一般为 7～9 个碳原子），毒性反而下降（如戊烷毒性＜己烷＜庚烷，但辛烷毒性迅速减低）。

分子饱和度：碳原子数相同时，不饱和键增加其毒性增强，如毒性：乙烷＜乙烯＜乙炔。低价化合物毒性一般大于高价化合物，如：一氧化碳的毒性大于二氧化碳；三氧化二砷的毒性大于五氧化二砷。

水溶性：一般水溶性下降，毒性下降。

2. 物理性质

溶解度：物质的溶解度越大，表示在血液中相对含量越高，毒性就增强。如砷化物中的硫化砷由于溶解度很低（是三氧化砷的 1/30000），故其毒性不大。但应注意，某些不溶于水的物质，可能溶于脂肪或类脂质中，这样就可顺利地进入神经系统而显现毒性，如苯与甲苯等。

挥发性：物质的挥发性越强，尤其在空气中的浓度越高，危险性就越大。某些有毒物质虽然毒性很高，但由于挥发性很弱，故其在现场中有效毒性并不大。有些有毒物质的毒性并不大，但挥发性很强，危险性也很大。如苯和苯乙烯的 LD_{50} 均为 $45mg/L$，即其绝对毒性相同。但苯很易挥发，而苯乙烯的挥发度仅为苯的 1/11，所以苯乙烯实际比苯的危害性低。

分散度：有毒物质的分散度越大，则毒性越强，尤其是固体粉状物质，如锌、铜、镍等金属，当其被加热熔融而形成烟状氧化物时，能产生显著的毒性。

浓度和接触时间：环境中有毒物质的浓度越高，接触时间越长，中毒现象越重。

环境温度、湿度：环境温度越高，有毒物质的挥发性越强，浓度就越高，毒性越大；环境中湿度增加，也会使毒性增大（如氯化氢等），增强对人体的刺激。

有毒物质的联合作用：某些环境中可能会出现多种有毒物质同时存在的情况，共存毒物的联合作用有下面三种形式。

① 独立作用　几种毒物由于其作用方式、途径与部位不同，可对机体产生互不关联的影响，此时，混合毒性是各个物质的毒性简单相加，而不是剂量之和。

② 相加作用　几种毒物在化学结构上属同系物，或结构相似，它们作用于同一部位时，其联合作用就表现为剂量的相加。

③ 拮抗作用或加强作用　两个以上有毒物质同时存在时，一个毒物可以减弱或加强另一个毒物的作用。前者称拮抗作用；后者称加强作用。如氯和氨的联合是拮抗作用；一氧化碳与氮氧化合物的联合为加强作用。

机体因素：有毒物质的毒性还与个人身体健康状况、年龄大小和毒性作用部位有一定关系。

第八节 **腐蚀性危险化学品**

在《危险化学品目录（2015版）》中，腐蚀性物质是指通过化学作用在接触生物组织时会造成严重损伤或在渗漏时会严重损害甚至毁坏其他货物或运输工具的化学品。具体细分为金属腐蚀物和皮肤腐蚀物两大类，对应联合国危险货物运输的建议书（TDG）、国际海运危险货物规则（IMDG code）等运输法规中的第8类物质。

1. 腐蚀性危险化学品的分类

根据类别分为碱性腐蚀品和酸性腐蚀品。

（1）酸性腐蚀品

酸性腐蚀品危险性较大，它能腐蚀动物皮肤，也能腐蚀金属。其中强酸可使皮肤立即出现坏死现象。这类物品主要包括各种强酸和遇水能生成强酸的物质，如硝酸、硫酸、发烟硫酸、盐酸、氢溴酸、氢碘酸、高氯酸、五氯化二磷、二氯化硫、磷酸、甲酸等。

（2）碱性腐蚀品

碱性腐蚀品也有较大的危险性。其中强碱易起皂化作用，容易腐蚀皮肤，可使动物皮肤很快出现可见坏死现象。如氢氧化钠、氢氧化钾、氢氧化钙、硫化钠等。

（3）其他腐蚀品

其他腐蚀品如二氯乙醛、苯酚钠等。

2. 使用注意事项

① 腐蚀性危险化学品可造成皮肤灼伤，有时对人体组织可产生不可逆的永久性伤害，因此，在生产过程中，不能直接接触腐蚀性物质。

② 部分腐蚀性物质，如硝酸、硫酸、氢碘酸等具有强氧化性，可引起火灾，不可接触木屑、纱布等可燃物质。

③ 腐蚀性物质着火，一般可用雾状水或干沙、泡沫、干粉等扑救，不宜用高压水，以防酸液或碱液四溅，伤害扑救人员；遇酸类或碱类腐蚀品最好调制相应的中和剂稀释中和。

④ 浓硫酸遇水能放出大量的热，会导致沸腾飞溅，需特别注意防护。扑救浓硫酸引起的火灾时，如果浓硫酸数量不多，可用大量低压水快速扑救。如果浓硫酸量很大，应先用二氧化碳、干粉、卤代烷等灭火，然后再把着火物品与浓硫酸分开。

⑤ 腐蚀性物质一旦发生泄漏，人员首先需要撤离现场至安全地区，清理泄漏物时，首先通过中和将泄漏物的pH值调至安全范围，再作进一步处置。

⑥ 灭火人员应注意防腐蚀、防毒气，穿戴防护用品。灭火时人应站在上风处，发现中毒者，应立即送往医院抢救，并说明中毒物品的品名，以便救治。

⑦ 腐蚀性物质在储存时，需隔离存放，且包装需耐腐蚀性，一般情况下需交由专人进行管理。

⑧ 装卸作业：装卸作业前，应穿戴耐腐蚀的防护用品。易散发有毒蒸气或烟雾的腐蚀品装卸作业时，还应备有防毒面具。卸车前先通风。货物堆码必须平稳牢固，严禁肩扛、背负、撞击、拖拉、翻滚。车内保持清洁，不得留有稻草、木屑、煤炭、油脂、纸屑、碎布等可燃物。

3. 事故举例

热的浓硝酸沾到衣服上而引起着火。

将沾有浓硫酸的破布与擦拭废油的破布丢弃在一起而着火。

装有热的浓硫酸的熔点测定管发生破裂，浓硫酸沾到手上而造成手部烧伤。

▶▶ 习　题 ◀◀

一、单选题

1. 危险化学品包括哪些物质？（　　　）

A. 爆炸品，易燃气体，易燃喷雾剂，氧化性气体，加压气体

B. 易燃液体，易燃固体，自反应物质，可自燃液体，自燃自热物质，遇水放出易燃气体的物质

C. 氧化性液体，氧化性固体，有机过氧化物，腐蚀性物质

D. 以上都是

2. 危险化学品的毒害包括（　　　）。

A. 皮肤腐蚀性/刺激性，眼损伤/眼刺激

B. 急性中毒致死，器官或呼吸系统损伤，生殖细胞突变性，致癌性

C. 水环境危害性，放射性危害

D. 以上都是

3. 以下物质不会灼伤皮肤的是（　　　）。

A. 强碱、强酸　　　　B. 强氧化剂　　　　　　C. 溴　　　　　　　　　　D. KBr、NaBr 水溶液

4. 氮氧化物主要伤害人体的（　　　）。

A. 眼、上呼吸道　　　　　　　　　　　B. 呼吸道深部的细支气管、肺泡

C. 皮肤　　　　　　　　　　　　　　　D. 消化道

5. HCN 无色，气味为（　　　）。

A. 无味　　　　　　　B. 大蒜味　　　　　　C. 苦杏仁味　　　　　D. 烂苹果味

6. 不具有强酸性和强腐蚀性的物质是（　　　）。

A. 氢氟酸　　　　　　B. 碳酸　　　　　　　C. 稀硫酸　　　　　　D. 稀硝酸

7. 实验室内使用乙炔气时，说法正确的是（　　　）。

A. 室内不可有明火，不可有产生电火花的电器

B. 房间应密闭

C. 室内应有高湿度

D. 乙炔气可用铜管道输送

8. 使用易燃易爆的化学药品，不正确的操作是（　　　）。

A. 可以用明火加热　　　　　　　　　　B. 在通风橱中进行操作

C. 不可猛烈撞击　　　　　　　　　　　D. 加热时使用水浴或油浴

9. 用剩的活泼金属残渣的正确处理方法是（　　）。

A. 连同溶剂一起作为废液处理

B. 在氮气保护下，缓慢滴加乙醇，进行搅拌使所有金属反应完毕后，整体作为废液处理

C. 将金属取出暴露在空气中，使其氧化完全

D. 以上都对

10. 有些固体化学试剂（如硫化磷、赤磷、镁粉等）与氧化剂接触或在空气中受热、受冲击或摩擦能引起急剧燃烧，甚至爆炸。使用这些化学试剂时，要注意的事项有（　　）。

A. 要注意周围环境湿度不要太高

B. 周围温度一般不要超过 30℃，最好在 20℃以下

C. 不要与强氧化剂接触

D. 以上都是

11. 处置实验过程中产生的剧毒药品废液，说法错误的是（　　）。

A. 妥善保管　　　　　　　　　B. 不得随意丢弃、掩埋

C. 集中保存，统一处理　　　　D. 稀释后用大量水冲净

12. 易燃化学试剂存放和使用的注意事项正确的是（　　）。

A. 要求单独存放于阴凉、通风处　　B. 放在冰箱中时，要使用防爆冰箱

C. 远离火源，绝对不能使用明火加热　D. 以上都是

13. 剧毒物品保管人员应做到（　　）。

A. 日清月结　　　B. 账物相符　　　C. 手续齐全　　　D. 以上都对

14. 剧毒物品必须保管、储存在（　　）。

A. 铁皮柜　　　　　　　　　　B. 木柜子

C. 带双锁的铁皮保险柜　　　　D. 带双锁的木柜子

15. 使用剧毒化学品必须有两人操作，并在剧毒化学品实验使用登记表上记录的内容有（　　）。

A. 用途、使用量、剩余量　　　B. 成分、种类　　　C. 特性、组成

16. 领取剧毒物品时，必须（　　）。

A. 双人领用（其中一人必须是实验室的教师）

B. 单人领用

C. 双人领用（两人都是实验室的学生）

17. 实验室的废弃化学试剂和实验中产生的有毒有害废液、废物，可以（　　）。

A. 集中分类存放，贴好标签，待送中转站集中处理

B. 向下水口倾倒

C. 随垃圾丢弃

18. 剧毒物品使用完或残存物处理完的空瓶，应（　　）。

A. 随生活垃圾丢弃　　　　　　B. 交回学校后勤技术物资服务中心

C. 交回学校保卫处

19. 搬运剧毒化学品后，应该（　　）。

A. 用流动的水洗手　　　　　B. 吃东西补充体力　　　C. 休息

20. 当有汞（水银）溅失时，正确的处理现场的方法是（　　　）。

　　A. 用水擦

　　B. 用拖把拖

　　C. 扫干净后倒入垃圾桶

　　D. 收集水银，用硫黄粉盖上并统一处理

21. 化学品的毒性可以通过皮肤吸收、消化道吸收及呼吸道吸收三种方式对人体健康产生危害，下列不正确的预防措施是（　　　）。

　　A. 实验过程中使用三氯甲烷时戴防尘口罩

　　B. 实验过程中移取强酸、强碱溶液应戴防酸碱手套

　　C. 实验场所严禁携带食物，禁止用饮料瓶装化学药品，防止误食

　　D. 称取粉末状的有毒药品时，要戴口罩防止吸入

22. 为了防止在开启或关闭玻璃容器时发生危险，下列（　　　）不适宜作为盛放具有爆炸危险性物质的玻璃容器的瓶塞。

　　A. 软木塞　　　　B. 磨口玻璃塞　　　　C. 硅胶塞　　　　D. 橡胶塞

23. 易燃类液体的特点是（　　　）。

　　A. 闪点在 25℃ 以下的液体，闪点越低，越易燃烧

　　B. 极易挥发成气体

　　C. 遇明火即燃烧

　　D. 以上都是

24. 下列各项中不是发生爆炸的基本因素的是（　　　）。

　　A. 温度　　　　B. 压力　　　　C. 湿度　　　　D. 点火源

25. 苯乙烯、乙酸乙烯酯正确的存放方法是（　　　）。

　　A. 放在防爆冰箱里

　　B. 和其他试剂混放

　　C. 放在通风橱内

　　D. 放在密闭的柜子中

26. 遇水发生剧烈反应，容易产生爆炸或燃烧的化学品是（　　　）。

　　A. K、Na、Mg、Ca、Li、AlH_3、电石　　B. K、Na、Ca、Li、AlH_3、MgO、电石

　　C. K、Na、Ca、Li、AlH_3、电石　　　　D. K、Na、Mg、Li、AlH_3、电石

27. 关于存储化学品说法错误的是（　　　）。

　　A. 化学危险物品应当分类、分项存放，相互之间保持安全距离

　　B. 遇火、遇潮容易燃烧、爆炸或产生有毒气体的化学危险品，不得在露天、潮湿、漏雨或低洼容易积水的地点存放

　　C. 受阳光照射易燃烧、易爆炸或产生有毒气体的化学危险品和桶装、罐装等易燃液体、气体应当在密闭地点存放

　　D. 防护和灭火方法相互抵触的化学危险品，不得在同一仓库或同一储存室存放

28. 关于存放自燃性试剂说法错误的是（　　　）。

　　A. 单独储存

　　B. 储存于通风、阴凉、干燥处

　　C. 存放于试剂架上

　　D. 远离明火及热源，防止太阳直射

29. 氢氟酸有强烈的腐蚀性和危害性，皮肤接触氢氟酸后可出现疼痛及灼伤，随时间疼痛渐剧，皮肤下组织被破坏，这种破坏会传播到骨骼。下面说法错误的是（　　　）。

　　A. 稀的氢氟酸危害性很低，不会产生严重烧伤

　　B. 氢氟酸蒸气溶于眼球内的液体中会对人的视力造成永久损害

C. 使用氢氟酸一定要戴防护手套，注意不要接触氢氟酸蒸气

D. 工作结束后要注意用水冲洗手套、器皿等，不能有任何残余留下

30. 混合时不会生成高敏感、不稳定或者具有爆炸性物质的是（　　）。

A. 醚和醇类　　　　　B. 烯烃和空气　　　C. 氯酸盐和铵盐　　D. 亚硝酸盐和铵盐

31. 混合或相互接触时，不会产生大量热量而着火、爆炸的是（　　）。

A. $KMnO_4$ 和浓硫酸　　　　　　　　B. CCl_4 和碱金属

C. 硝铵和酸　　　　　　　　　　　　D. 浓 HNO_3 和胺类

32. 混合或相互接触时，不会产生大量热量而着火、爆炸的是（　　）。

A.（亚、次）氯酸盐和酸　　　　　　B. CrO_3 和可燃物

C. $KMnO_4$ 和可燃物　　　　　　　　D. CCl_4 和碱金属

33. 活泼金属正确的存放方法是（　　）。

A. 密封容器中并放入冰箱　　　　　　B. 密封容器中并放入干燥器

C. 泡在煤油里密封避光保存　　　　　D. 密封容器中并放入密闭柜子内

34. 金属汞具有高毒性，常温下挥发情况如何？（　　）

A. 不挥发　　　　　　　　　　　　　B. 慢慢挥发

C. 很快挥发　　　　　　　　　　　　D. 需要在一定条件下才会挥发

35. 氯气急性中毒可引起严重并发症，如气胸、纵隔气肿等，不会引起的症状是（　　）。

A. 中、重度昏迷　　B. 支气管哮喘　　　C. 慢性支气管炎　　D. 严重窒息

36. 钠、钾等碱金属须贮存于（　　）。

A. 水中　　　　　　　B. 酒精中　　　　　C. 煤油中　　　　　D. 暴露在空气中

37. 以下药品按毒性从大到小排序正确的是（　　）。

A. 甲醛、苯、苯乙烯、丙酮　　　　　B. 苯、甲醛、甲苯、丙酮

C. 甲苯、甲醛、苯、丙酮　　　　　　D. 苯、丙酮、甲苯、甲醛

38. 为了安全，需贮存于煤油中的金属是（　　）。

A. 钠　　　　　　　　B. 铝　　　　　　　C. 铁　　　　　　　D. 钙

39. 下列不属于易燃液体的是（　　）。

A. 5％稀硫酸　　　　B. 乙醇　　　　　　C. 苯　　　　　　　D. 二硫化碳

40. 下列关于混合物的描述错误的是（　　）。

A. 三氧化铬的硫酸溶液与有机物混合，可能爆炸

B. 硝酸铵与活性炭混合可能燃烧

C. 高氯酸与金属盐混合可能爆炸

D. 高氯酸与盐酸混合可能爆炸

41. 下列物质中会发生爆炸的是（　　）。

A. 氧化锌　　　　　　B. 三硝基甲苯　　　C. 四氯化碳　　　　D. 氧化铁

42. 下列物质中，贮存于空气中易发生爆炸的是（　　）。

A. 苯乙烯　　　　　　B. 对二甲苯　　　　C. 苯　　　　　　　D. 甲苯

43. 下列物质与乙醇混溶时易发生爆炸的是（　　）。

A. 盐酸　　　　　　　B. 乙醚　　　　　　C. 高氯酸　　　　　D. 丙酮

44. 下列物质无毒的是（　　　）。

A. 乙二醇　　　　　　B. 硫化氢　　　　　　C. 乙醇　　　　　　D. 甲醛

45. 下列物质应避免与水接触，以免发生危险的是（　　　）。

A. 氯化钠　　　　　　B. 氯化钙　　　　　　C. 氢化铝锂　　　　D. 硫酸钙

46. 下列物质不属于剧毒物的是（　　　）。

A. 碘甲烷、丙腈　　　B. 氯乙酸、丙烯醛　　C. 五氯苯酚、铊　　D. 硫酸钡

47. 下列不属于危险化学品的是（　　　）。

A. 汽油、易燃液体

B. 放射性物品

C. 氧化剂、有机过氧化物、剧毒药品和感染性物品

D. 氯化钾

48. 下面溶剂不属易燃类液体的是（　　　）。

A. 甲醇、乙醇　　　　　　　　　　B. 四氯化碳、乙酸

C. 乙酸丁酯、石油醚　　　　　　　D. 丙酮、甲苯

49. 下面所列试剂不用分开保存的是（　　　）。

A. 乙醚与高氯酸　　　　　　　　　B. 苯与过氧化氢

C. 丙酮与硝基化合物　　　　　　　D. 浓硫酸与盐酸

50. 一般将闪点在 25℃ 以下的化学试剂列入易燃化学试剂，它们多是极易挥发的液体。以下物质不是易燃化学试剂的是（　　　）。

A. 乙醚　　　　　　B. 苯　　　　　　C. 甘油　　　　　　D. 汽油

51. 金属钾、钠、锂、钙、电石等固体化学试剂，遇水即可发生激烈反应，并放出大量热，也可产生爆炸，它们正确的存放方法是（　　　）。

A. 直接放在试剂瓶中保存

B. 浸没在煤油中保存（容器不得渗漏），附近不得有盐酸、硝酸等散发酸雾的物质存在

C. 用纸密封包裹存放

D. 放在铁盒子里

52. 以下几种气体中，无毒的气体为（　　　）。

A. 氧气　　　　　　B. 一氧化碳　　　　C. 硫化氢　　　　　D. 氰化氢

53. 以下几种气体中，有毒的气体为（　　　）。

A. 氧气　　　　　　B. 氮气　　　　　　C. 氯气　　　　　　D. 二氧化碳

54. 以下几种气体中，最毒的气体为（　　　）。

A. 氯气　　　　　　B. 光气（$COCl_2$）　　C. 二氧化硫　　　　D. 三氧化硫

55. 以下酸具有强腐蚀性，使用时须做必要防护的是（　　　）。

A. 硝酸　　　　　　B. 硼酸　　　　　　C. 稀醋酸　　　　　D. 抗坏血酸

56. 以下药品受震或受热可能发生爆炸的是（　　　）。

A. 过氧化物　　　　B. 高氯酸盐　　　　C. 乙炔铜　　　　　D. 以上都是

57. 以下药品中，可以与水直接接触的是（　　　）。

A. 金属钠、钾　　　B. 电石　　　　　　C. 白磷　　　　　　D. 金属氢化物

58. 闪点越低，越容易燃烧。闪点在－4℃以上的溶剂是（　　　）。

A. 甲醇、乙醇、乙腈　　　　　　　　　B. 乙酸乙酯、乙酸甲酯

C. 乙醚、石油醚　　　　　　　　　　　D. 汽油、丙酮、苯

59. 不需要放在密封的干燥器内的药品是（　　　）。

A. 过硫酸盐　　　　B. 五氧化二磷　　　　C. 三氯化磷　　　　D. 盐酸

60. 不需在棕色瓶中或用黑纸包裹，置于低温、阴凉处的药品是（　　　）。

A. 卤化银　　　　　B. 浓硝酸　　　　　　C. 汞　　　　　　　D. 过氧化氢

61. 下面物质彼此混合时，不容易引起火灾的一组为（　　　）。

A. 活性炭与硝酸铵

B. 金属钾、钠和煤油

C. 磷化氢、硅化氢、烷基金属、白磷等物质与空气接触

D. 可燃性物质（木材、织物等）与浓硫酸

62. 下列说法错误的是（　　　）。

A. 丙酮、乙醇都有较强的挥发性和易燃性，二者都不能在任何有明火的地方使用

B. 丙酮会对肝脏和大脑造成损害，因此要避免吸入丙酮气体

C. 强酸强碱等不能与身体接触

D. 弱酸弱碱在使用中可以与身体接触

63. 下列试剂不用放在棕色瓶内保存的是（　　　）。

A. 硫酸亚铁　　　　B. 高锰酸钾　　　　　C. 亚硫酸钠　　　　D. 硫酸钠

64. 以下液体中，投入金属钠最可能着火燃烧的是（　　　）。

A. 无水乙醇　　　　B. 苯　　　　　　　　C. 水　　　　　　　D. 汽油

65. 有些固体化学试剂接触空气即能发生强烈氧化作用，如黄磷，正确的保存方法是
（　　　）。

A. 要保存在水中　　　　　　　　　　　B. 放在试剂瓶中保存

C. 用纸包裹存放　　　　　　　　　　　D. 放在盒子中

66. 强氧化剂与有机物、镁粉、铝粉、锌粉可形成爆炸性混合物，以下物质是安全的
是（　　　）。

A. H_2O_2　　　　　　B. NH_4NO_3　　　　　C. K_2SO_4　　　　　D. 高氯酸及其盐

67. 苯属于高毒类化学品，下列叙述正确的是（　　　）。

A. 短期接触，苯对中枢神经系统产生麻痹作用，引起急性中毒

B. 长期接触，苯会对血液造成极大伤害，引起慢性中毒

C. 苯对皮肤、黏膜有刺激作用，是致癌物质

D. 以上都是

68. 丙酮属于低毒类化学品，下列叙述正确的是（　　　）。

A. 它的闪点只有－18℃，具有高度易燃性

B. 对神经系统有麻醉作用，并对黏膜有刺激作用

C. 它的沸点只有56℃，极易挥发

D. 以上都对

69. 一些吸入或食入少量即能中毒至死的化学试剂，生物试验中致死量（LD_{50}）在

50mg/kg 以下的称为剧毒化学试剂，以下不是剧毒化学试剂的是（　　）。

A. 氰化钾　　　　B. 三氧化二砷　　　C. 氯化汞　　　　D. 苯

70. 危险化学品的急性毒性表述中，半致死量 LD_{50} 代表的含义是（　　）。

A. 致死量　　　　　　　　　　　　B. 导致一半受试动物死亡的量

C. 导致一半受试动物死亡的浓度　　D. 导致全部受试动物死亡的浓度

71. 表示危险化学品的急性毒性的 LD_{50} 的单位是（　　）。

A. mg/kg　　　　B. g/kg　　　　C. mL/kg　　　　D. μg/kg

72. 易燃易爆场所不能穿（　　）工作服。

A. 纯棉　　　　B. 化纤　　　　C. 防静电

73. 在易燃易爆场所穿（　　）最危险。

A. 布鞋　　　　B. 胶鞋　　　　C. 带钉鞋

二、多选题

1. 药品中毒的途径有（　　）。

A. 呼吸器官吸入　　B. 由皮肤渗入　　C. 吞入

2. 下面（　　）是职业中毒因素所致的职业病。

A. 铅及其化合物中毒（不包括四乙基铅）　　　　B. 镉及其化合物中毒

C. 磷及其化合物中毒　　　　　　　　　　　　　D. 炭疽

3. 皮肤接触化学品伤害时所需采取的急救措施指现场作业人员意外地受到自救和互救的简要处理办法，下列叙述中正确的是（　　）。

A. 剧毒品：立即脱去衣着，用推荐的清洗介质冲洗，就医

B. 中等毒品：脱去衣着，用推荐的清洗介质冲洗，就医

C. 有害品：脱去污染的衣着，按所推荐的介质冲洗皮肤

D. 腐蚀品：按所推荐的介质冲洗。若有灼伤，就医

4. 具有（　　）性质的化学品属于化学危险品。

A. 爆炸　　　　B. 易燃　　　　C. 毒害

D. 腐蚀　　　　E. 放射性

5. 影响混合物爆炸极限的因素有（　　）。

A. 混合物的温度　　B. 混合物的压力　　C. 混合物的含氧量

D. 容器的大小　　　E. 混合物的多少

6. 爆炸物品在发生爆炸时的特点有（　　）。

A. 反应速率极快，通常在万分之一秒以内即可完成　　B. 释放出大量的热

C. 通常产生大量的气体　　　　　　　　　　　　　　D. 发出声响

7. 化学试剂应根据（　　）特点，以不同的方式妥善管理和存放。

A. 毒性　　　　B. 易燃易爆性　　C. 腐蚀性

D. 放射性　　　E. 潮解性

8. 按爆炸过程的性质，通常将爆炸分为（　　）类型。

A. 物理爆炸　　B. 化学爆炸　　C. 核爆炸

D. 固体爆炸　　E. 液体爆炸

9. 常用的化学毒性防护用品有（　　）。

A. 工作服　　　　　　B. 防毒面具（配有相应的吸附剂）

C. 橡胶手套　　　　　D. 防护眼镜　　　　　E. 一次性口罩

10. 危险化学品包括的种类有（　　）。

A. 爆炸品，易燃气体，易爆喷雾剂

B. 易燃液体，易燃固体，自反应物质

C. 可自燃液体，自燃自热物质，遇水放出易燃气体的物质

D. 氧化性液体，氧化性固体，有机过氧化物，金属腐蚀性物质

11. 自燃性试剂应（　　）存放。

A. 单独储存　　　　　B. 储存于通风、阴凉、干燥处

C. 存放于试剂架上　D. 远离明火及热源，防止阳光直射

12. 过氧化苯甲酸、五氧化二磷等强氧化剂，在适当条件下可放出氧发生爆炸，在使用这类强氧化性化学试剂时，应注意（　　）。

A. 环境温度不要高于 30℃　　　　　B. 通风要良好　　　C. 不要加热

D. 不要与有机物或还原性物质共同使用　E. 在手套箱中操作

13. 下列属于易燃液体的是（　　）。

A. 乙醚　　　　　　　B. 乙醇　　　　　　　C. 苯

D. 二硫化碳　　　　　E. 5％稀硫酸

14. 下列属于危险化学品的是（　　）。

A. 易燃液体　　　　　B. 氧化剂和有机过氧化物　　　　C. 汽油

D. 放射性物品　　　　E. 剧毒药品和感染性物品

15. 除了高温以外，下列物质中会灼伤皮肤的是（　　）。

A. 液氮　　　　　　　B. 稀草酸　　　　　　C. 强碱

D. 强氧化剂　　　　　E. 溴

16. 关于重铬酸钾洗液，下列陈述正确的是（　　）。

A. 重铬酸钾洗液是用于浸泡各类器皿的

B. 重铬酸钾洗液浸泡玻璃器皿时，为防止洗液的迸溅或器皿损坏，可以将手直接插入洗液缸里取放器皿

C. 捞出器皿后，立即放进清洗杯，避免洗液滴落在洗液缸外等处，然后马上用水连同手套一起清洗

D. 避免用手在洗液缸里取放器皿的时间过长，即便戴上了专用手套

17. 下列试剂中易侵蚀玻璃而影响纯度，应保存在塑料瓶或者涂石蜡的玻璃瓶中的是（　　）。

A. 浓硫酸　　　　　　B. 氢氟酸　　　　　　C. 氟化物

D. 王水　　　　　　　E. 氢氧化钠（钾）

三、判断题

1. 易燃、易爆气体和助燃气体（氧气等）可以混放在一起，并靠近热源和火源。（　　）

2. 走廊比较通风时，可存放危险化学品。（　　　）

3. 危险废物的容器和包装物以及收集、储存、运输、处置危险废物的设施、场所，必须设置危险废物识别标志。（　　　）

4. 使用危险化学品的单位应当制定本单位事故应急救援预案，配备应急救援人员和必要的应急救援器材、设备，并定期组织演练。（　　　）

5. 收集、贮存危险废物，必须按照危险废物特性分类进行。禁止混合收集、储存、运输、处置性质不相容而未经安全性处置的危险废物。（　　　）

6. 公安部门负责危险化学品的公共安全管理，负责发放剧毒化学品购买凭证和准购证，负责审查核发剧毒化学品公路运输通行证，对危险化学品道路运输安全实施监督，并负责前述事项的监督检查。（　　　）

7. 购买剧毒化学品应通过相关部门审批并报公安部门批准后，实行采购、双人领用。（　　　）

8. 领取剧毒物品时，需双人领用（其中一人必须是实验室的教师）。（　　　）

9. 剧毒品在取出实验使用量后可以不立即存入保险柜。（　　　）

10. 可以单独使用剧毒物品。（　　　）

11. 学生在使用剧毒物品时，必须由教师或实验室工作人员在场指导。（　　　）

12. 使用和储存易燃、易爆物品的实验室应根据实际情况安装通风装置，严禁吸烟和使用明火，大楼和实验室应有"严禁烟火"的警示牌，配备必要的消防、冲淋、洗眼、报警和逃生设施。（　　　）

13. 发生剧毒化学品被盗、丢失、误售、误用后不立即向当地公安部门报告而触犯刑律的，对负有责任的主管人员和其他直接责任人员依照刑法追究刑事责任。（　　　）

14. 剧毒品应采取必要的安保措施，防止剧毒化学品被盗、丢失或者误售、误用；发现剧毒化学品被盗、丢失或者误售、误用时，必须立即向当地公安部门报告。（　　　）

15. 剧毒化学品实验使用登记表应与试剂瓶一起放在保险柜中，在剧毒物品使用完或残存物处理完毕后与空瓶一起交回相关部门。（　　　）

16. 按国家有关规定处理有毒、带菌、腐蚀性的废气、废液和废物，集中统一处理放射性废物，谨防污染环境。（　　　）

17. 取用有毒、有恶臭味的试剂时，要在通风橱中操作；使用完毕，将瓶塞蜡封，或用生料带将瓶口封严。（　　　）

18. 处理有毒的气体、能产生蒸气的药品及有毒的有机溶剂，必须在通风橱内进行。（　　　）

19. 沾染过有毒物质的仪器和用具，实验完毕应立即采取适当方法处理，以破坏或消除其毒性。（　　　）

20. 使用强氧化剂时环境温度不宜过高，通风应良好，并不要与有机物或还原性物质共同使用。（　　　）

21. 遇火、遇潮容易燃烧、爆炸或产生有毒气体的化学危险品，不得在露天、潮湿、漏雨或低洼容易积水的地点存放。（　　　）

22. 受阳光照射易燃烧、易爆炸或产生有毒气体的化学危险品和桶装、罐装等易燃液体、气体应当在阴凉、通风的地点存放。（　　　）

23. 凡涉及有害或有刺激性气体的实验应在通风橱内进行。（　　　）

24. 存有易燃易爆物品的实验室禁止使用明火，如需加热可使用封闭式电炉、加热套或可加热磁力搅拌器。（　　　）

25. 冰箱内禁止存放危险化学品，如果确需存放，则必须注意容器绝对密封，严防泄漏。（　　　）

26. 易燃、易爆物品要放在远离实验室的阴凉、通风处，在实验室内保存的少量易燃易爆试剂要严格管理。（　　　）

27. 易燃、易挥发的溶剂不得在敞口容器中加热，应选用水浴加热器，不得用明火直接加热。（　　　）

28. 可以用普通的冰箱储藏易燃易爆的试剂。（　　　）

29. 乙醚、酒精、丙酮、二硫化碳、苯等有机溶剂易燃，实验室不得存放过多，切不可倒入下水道，以免积聚引起火灾。（　　　）

30. 生产、储存和使用危险化学品的单位，应当在生产、储存和使用场所设置报警装置。（　　　）

31. 实验室内的汞蒸气会造成人员慢性中毒，为了减少汞液面的蒸发，可在汞液面上覆盖化学液体（甘油）。（　　　）

32. 当可燃气体、可燃液体的蒸气（或可燃粉尘）在空气中达到一定浓度时，遇到火源就会发生爆炸。这个能够发生爆炸的浓度范围，叫作爆炸极限。（　　　）

33. 因处理废液费用很高，应将无毒无害试剂与有毒有害试剂分开处理，例如稀 HAc、H_2SO_4、HCl、NaOH、KOH 等溶液可进行中和处理。（　　　）

34. 安装在危险品仓库的灯具应该是防爆型的。（　　　）

35. 燃点越低的物品越安全。（　　　）

36. 化学爆炸品的主要特点是：反应速率极快、放出大量的热、产生大量的气体，只有上述三者都同时具备的化学反应才能发生爆炸。（　　　）

37. 实验室毒物进入人体有三条途径，即皮肤、消化道和呼吸道。实验室防毒应加强个人防护。（　　　）

38. 比较常见的引起呼吸道中毒的物质，一般是易挥发的有毒有机溶剂（如乙醚、三氯甲烷、苯等）或化学反应所产生的有毒气体（如氰化氢、氯气、一氧化碳等）。（　　　）

39. 重金属如铅、镉、汞等对人体有害。（　　　）

40. 汞剂、苯胺类、硝基苯等可通过皮肤或黏膜吸收而使人中毒。（　　　）

41. 氮的氧化物、二氧化硫、三氧化硫、挥发性酸类、氨水对皮肤黏膜和眼、鼻、喉黏膜都有很强的刺激性。（　　　）

42. 乙炔金属盐、环氧乙烷、偶氮氧化物等都属于易燃和易爆的化学试剂，处理时应该特别小心。（　　　）

43. 可以在敞口容器中存放易爆物质。（　　　）

44. 金属钠、钾可以存放在水中，以避免与空气接触。（　　　）

45. 久藏的乙醚因可能存在过氧化物，为了爆炸，在蒸发时必须有人值守，不能完全蒸干。（　　　）

46. 在使用硝化纤维、苦味酸、三硝基甲苯、三硝基苯等物质时，绝不能直接加热或

撞击，还要注意周围不要有明火。（　　　）

47．铬化合物中六价铬毒性最大，有强刺激性，可引起蛋白质变性，干扰酶系统。（　　　）

48．Hg、As、Pb 等急性中毒会引起牙龈出血、牙齿松动、恶心、呕吐、腹痛、腹泻等症状。（　　　）

49．HCN 进入机体，抑制呼吸酶作用，造成细胞内窒息，从而引起组织中毒性缺氧，全身性中毒症状。（　　　）

50．将醇液直接加到室温以下的硫酸-硝酸的混酸中不会引起爆炸，而加到未冷却的硫酸-硝酸的混酸中会引起爆炸。（　　　）

51．常用的化学试剂如苯、乙醚、甲苯、汽油、丙酮、甲醇和煤油均属于易燃物质。（　　　）

52．汞、苯、铬酸盐和氰化物属于对人体具有极度危害的物质。（　　　）

53．过氧化物、高氯酸盐、叠氮铅、乙炔铜、三硝基甲苯等属于易爆物质，受震或受热可发生热爆炸。（　　　）

54．Cl_2 和 CO 作用生成的光气毒性比 Cl_2 大。（　　　）

55．乙醚、氯仿、笑气（N_2O）具有麻醉作用。（　　　）

56．汞及其化合物、砷及其无机化合物、黄磷、碘甲烷、甲基丙烯酸甲酯、氰化物等具有剧毒性。（　　　）

57．苯、三硝基甲苯、二硫化碳、丙烯腈、四氯化碳、甲醛、苯胺、氯丙烯、溴甲烷、环氧氯丙烷、光气、一氧化碳等具有高毒性。（　　　）

58．苯乙烯、甲醇、甲苯、二甲苯、三氯乙烯、苯酚等具有中等毒性。（　　　）

59．丙酮、氢氧化钠、氨等具有低毒性。（　　　）

60．有毒化学品在水中的溶解度越大，其危险性越大。（　　　）

61．使用剧毒药品时应该配备个人防护用具，做好应急援救预案。（　　　）

62．万一发生化学品泄漏事故，可用防毒面具、防毒口罩和捂湿毛巾等方法防止通过呼吸道造成伤害。（　　　）

63．皮肤接触活泼金属（如钾、钠），可用大量水冲洗。（　　　）

64．危险化学品，包括爆炸品、压缩气体和液化气体、易燃液体、易燃固体、自燃物品和遇湿易燃物品、氧化剂和有机过氧化物、有毒品和腐蚀品等。（　　　）

65．毒物在科研生产中以气体、蒸气、烟、尘、雾等形态存在，其中气体、蒸气为分子状态，可直接进入人体肺泡。（　　　）

66．铅被加热到 400℃ 以上就有大量铅蒸气逸出，在空气中迅速氧化为氧化铅，形成烟尘，易被人体吸入，造成铅中毒。（　　　）

67．轻度铅中毒症状为头晕、头痛、失眠、无力、腹痛、腹胀、便秘等。（　　　）

68．室温下汞的蒸气压为 0.0012mmHg，比安全浓度标准大 100 倍。（　　　）

69．汞通常经过皮肤和消化道进入人体。（　　　）

70．汞中毒会引起失眠、多梦、抑郁、胸闷、心悸、多汗、恶心、牙龈出血。（　　　）

71．实验室内溅落的汞，应尽量捡拾起来放好，然后撒上硫黄、多硫化钙等使汞生成不挥发的难溶盐。（　　　）

72. 水银温度计破了以后正确的处理是：洒落出来的汞必须立即用滴管、毛刷收集起来，并用水覆盖（最好用甘油），然后在污染处撒上硫黄粉，无液体后（一般约一周时间）方可清扫。（　　）

73. 当水银仪器破损时，应尽量将洒落的水银收集起来，并在残迹处洒上硫黄粉。（　　）

74. 应在装置汞的仪器下面放一搪瓷盘，以免不慎将汞洒在地上。（　　）

75. 溴（水）是腐蚀性极强的物质，必须在通风橱中操作，并注意安全。（　　）

76. 当发生强碱溅洒事故时，应用固体硼酸粉撒盖溅洒区，扫净并报告有关工作人员。（　　）

77. 在稀释浓硫酸时，不能将水往浓硫酸里倒，而应将浓硫酸缓缓倒入水中，并不断搅拌均匀。（　　）

78. 有机废物、浓酸或浓碱废液等倒入水槽，只要加大量的自来水将之冲稀即可。（　　）

79. 含汞、砷、锑、铋等离子的废液，实验室可以先进行如下处理：控制酸度 $[H^+]$ 0.3mol/L，使其生成硫化物沉淀。（　　）

80. 含氰废液可以进行处理：加入氢氧化钠使 pH 值达 10 以上，加入过量的高锰酸钾（3%）溶液，使 CN^- 氧化分解。CN^- 含量高时，可加入过量的次氯酸钙和氢氧化钠溶液。（　　）

81. 氰化钾、氰化钠、丙烯腈等是剧毒品，进入人体 50mg 即可致死，与皮肤接触经伤口进入人体，即可引起严重中毒。（　　）

82. 在实验室内一切有可能产生毒性蒸气的工作必须在通风橱中进行，并有良好的排风设备。（　　）

83. 打开氨水、硝酸、盐酸等药品瓶封口时，应先盖上湿布，用冷水冷却后再开瓶塞，以防溅出，尤其在夏天更应注意。（　　）

84. 金属锂、钠、钾及金属氢化物要注意使用和保存，尤其不能与水直接接触。（　　）

85. 实验后剩余的金属钠，应用大量的水冲洗。（　　）

86. 因为乙醚长时间与空气接触可以形成羟乙基过氧化氢，成为一种具有猛烈爆炸性的物质，因此，在蒸馏乙醚时不能将液体蒸干。（　　）

87. 实验室进行蒸馏操作时，对于爆炸性物质或不稳定物质，须小心地蒸馏直到剩余少量残渣。（　　）

88. 危险物质用惰性溶剂稀释后比较安全，该溶液若洒到布上，待溶剂蒸发变干后可以再使用。（　　）

89. 装有易燃液体的器皿可置于日光下。（　　）

90. 用活泼金属做除水实验，已观察不到金属的氧化反应，就可以将活泼金属丢弃。（　　）

91. 腐蚀和刺激性药品，如强酸、强碱、氨水、过氧化氢、冰醋酸等，取用时尽可能戴上橡皮手套和防护眼镜；倾倒时，切勿直对容器口俯视；吸取时，应该使用橡皮球。开启有毒气体容器时应戴防毒用具。禁止手直接拿取上述物品。（　　）

92. 产生有毒气体的实验应在通风橱内进行。通过排风设备将毒气排到室外，以免污染室内空气。（　　）

93. 危险化学品用完后就可以将安全标签撕下。（　　）

94. 当某些用石蜡封住瓶塞的装有挥发性物质或易受热分解放出气体的药品瓶子打不

开时，可将瓶子放在火上烘烤。（　　　）

95. 加热、回流易燃液体，为防止暴沸、喷溅，蒸馏中途不能添加沸石。（　　　）

96. 产生有害废气的实验室必须按规定安装通风、排风设施，必要时须安装废气吸收系统，保持通风和空气新鲜。（　　　）

97. 半数致死量（LD_{50}）又称为半数致死浓度，是指药物能引起一群实验动物 50% 死亡所需的剂量或浓度，用于药物的毒性分级，单位为 mg/kg。（　　　）

98. CO 经呼吸道进入血液后，立即与血红蛋白结合形成碳氧血红蛋白，CO 与血红蛋白的亲和力比氧大，致使血携氧能力下降，同时碳氧血红蛋白的解离速率比氧合血红蛋白的解离慢 3600 倍，且碳氧血红蛋白的存在影响氧合血红蛋白的解离，阻碍了氧的释放，导致低氧血症，引起组织缺氧。（　　　）

99. 醋酸蒸气与空气混合不会在热源的诱发下引起爆炸。（　　　）

100. 液体表面的蒸气与空气形成可燃气体，遇到火种时，发生一闪即灭的现象，可发生如此现象的最低温度称为闪点。（　　　）

101. 一般将闪点在 25℃ 以下的化学试剂列入易燃化学试剂，它们多是极易挥发的液体。（　　　）

102. H_2O_2、$AgNO_3$、$AgCl$、$KMnO_4$、草酸见光易分解，应置于棕色瓶内，放在阴凉、避光处。（　　　）

103. $SnCl_2$、$FeSO_4$、Na_2SO_3 与空气接触易逐渐被氧化，需密封保存。（　　　）

104. Na、K、电石、金属氢化物不能与水及空气接触，需密闭保存。（　　　）

105. NH_4NO_3 受热后易分解，但放出的气体无毒。（　　　）

106. 磷化物（Ca_3P_2、Zn_3P_2 等）有毒，遇水生成 H_3P，其在空气中能自燃。（　　　）

107. SO_2 易溶于水，大量吸入会引起喉水肿、肺水肿、窒息。（　　　）

四、填空题

1. 易燃性物质可分为：_____ 和 _____ 两大类。

2. 一般易燃性物质分为 _____、_____ 和 _____。低易燃性物质一般指闪点在 _____ 以上的物质，中等易燃性物质一般指闪点在 _____ 之间的物质，高度易燃性物质一般指闪点在 _____ 以下的物质。

3. 危险物质是指具有着火、爆炸或中毒危险的物质。化学品主要危害有四种：_____、_____、_____、_____、_____。

4. 凡涉及有毒气体的实验，都应在 _____ 中进行。

5. 白磷易自燃，应保存在 _____ 中。活泼金属 K、Na 等应保存在 _____ 中。

6. 有毒物质可分为：_____、_____ 和 _____。

7. 有害化学品是指在生产或使用中或者在环境中散布时可能对 _____ 和 _____ 造成有害影响的化学品。

8. 易燃溶剂切不可明火直接加热，若装在封闭体系中应注意防止 _____。

9. 《化学品分类和危险性公示通则》将危险化学品分为 _____、_____、_____ 三大类。

第六章 ▶▶

消防安全

第六章课程思政

第六章课件

教学目标

1. 了解燃烧的条件、类型、火灾的分类、影响爆炸极限的因素。
2. 掌握灭火的基本方法、常见灭火器及其使用。

重点与难点

重点：燃烧的条件、灭火的基本方法。

难点：常见灭火器及其使用。

第一节　燃烧与爆炸

一、燃烧

燃烧一般是指可燃物与助燃物发生的一种剧烈的、发光、发热的化学反应。

近代的连锁反应理论将燃烧解释为自由基的链式反应，在反应过程中发光、放热。这个理论将燃烧的链式反应分为三个阶段：链引发、链传递及链终止，认为燃烧是一种放热发光的化学反应，其反应过程极其复杂，自由基的连锁反应是燃烧反应的实质，光和热是燃烧过程中发生的物理现象。

1. 燃烧的条件

燃烧的必要条件包括可燃物、助燃物和点火源。

（1）可燃物

不论固体、液体和气体，凡能与空气中的氧或其他氧化剂起剧烈反应的物质，一般都是可燃物质，如木材、纸张、汽油、酒精、煤气等。

（2）助燃物

凡能帮助和支持燃烧的物质叫助燃物。一般指氧和氧化剂，主要指空气中的氧，氧在空气中约占21％。一般来说，可燃物质在无氧（包括其他氧化剂）的条件下不会燃烧，如燃烧1kg石油需要$10\sim12m^3$空气；燃烧1kg木材需要$4\sim5m^3$空气。当空气供应不足时，燃烧会逐渐减弱，直至熄灭。当空气的含氧量低于一定数值时，就不会燃烧。

（3）点火源

凡能引起可燃物质燃烧的能源都叫点火源，如明火、摩擦、冲击、电火花等。

（4）氧指数

不同可燃物燃烧要求的氧的浓度也不同。一般的可燃物都可以在空气中氧气含量为21％的时候燃烧。但热铁丝在氧气浓度低于60％时就无法燃烧。蜡烛在氧气浓度低于5％～6％时就会熄灭，燃烧的木炭在氧气浓度低于4％时就会熄灭。金属钠、金属钾在2％的氧气中就可以点燃，并且几乎能够反应掉空气中所有的氧。金属钙、镁不仅能够把空气中的氧气全部反应掉，而且还能与空气中的氮气反应，继续燃烧。

氧指数是指在规定的条件下，材料在氧氮混合气流中进行有焰燃烧所需的最低氧浓度，以氧所占的体积分数的数值来表示。氧指数高表示材料不易燃烧，氧指数低表示材料容易燃烧，一般认为氧指数小于22属于易燃材料，氧指数在22～27之间属可燃材料，氧指数大于27属难燃材料。

（5）燃烧的充分条件

在一些情况下，虽然具备燃烧的三个必要条件，但由于可燃物的数量少、氧气不足、点火源的能量小，燃烧也不能发生。因此，燃烧发生的充分条件是：具备足够数量或浓度的可燃物、具备足够数量或浓度的助燃物、具备足够能量的点火源，以上三个条件相互作用，燃烧才会发生和持续。

2. 燃烧的类型

（1）按照燃烧发生瞬间的特点分类

燃烧是一种复杂的物理、化学交织变化的过程。按照燃烧形成的条件和发生瞬间的特点，燃烧可以分为着火和爆炸。

① 着火　可燃物在与空气共存的条件下，当达到某一温度时，与点火源接触即能引起燃烧，并且离开点火源后仍能持续燃烧，这种持续燃烧的现象叫着火。着火就是燃烧的开始，并且以出现火焰为特征，着火是日常生活中常见的燃烧现象。可燃物的着火方式一般分为两类：点燃和自燃。

点燃（或称强迫着火）：可燃混合物因受外加点火源加热，引发局部火焰，并相继发生火焰传播至整个可燃混合物的现象称点燃或称强迫着火。点火源通常可以是电热线圈、电火花、炽热体和点火火焰等。

自燃：可燃物质在没有外部火源的作用时，因受热或自身发热并蓄热所发生的燃烧，称为自燃。自燃点是指可燃物发生自燃的最低温度。自燃又分为化学自燃和热自燃。

化学自燃：这类着火现象通常不需要外界加热，而是在常温下由于自身发生化学反应引起的，因此习惯上称为化学自燃。例如，火柴受摩擦而着火、炸药受撞击而爆炸、金属钠在空气中自燃、煤炭因堆积过高而自燃（煤与空气中氧气发生缓慢氧化，放出的热量不能及时散发出去而会引起自燃）等。

热自燃：如果将可燃物和氧化剂的混合物预先均匀地加热，随着温度的升高，当混合物加热到某一温度时便会自动着火，这种着火方式习惯上称为热自燃。

② 爆炸 爆炸是指物质由一种状态迅速地转变成另一种状态，并在瞬间以机械功的形式释放出巨大的能量，或是气体、蒸气在瞬间发生剧烈膨胀等现象。

（2）按燃烧物形态分类

按燃烧物形态可分为气体燃烧、液体燃烧和固体燃烧。绝大多数可燃物质的燃烧都是在蒸气或气体的状态下进行的，并出现火焰。而有的物质则不能变为气态，其燃烧发生在固相中，如焦炭燃烧时呈灼热状态。

① 气体燃烧 根据燃烧前可燃气体与氧气混合状况不同，其燃烧方式分为扩散燃烧和预混燃烧。

扩散燃烧：扩散燃烧是指可燃性气体或蒸气与气体氧化剂互相扩散，边混合边燃烧。如使用燃气做饭就是扩散燃烧。在扩散燃烧中，化学反应速率要比气体混合扩散速率快得多。整个燃烧速率的快慢由物理混合速率决定。气体（蒸气）扩散多少，就烧掉多少。

预混燃烧：预混燃烧是指可燃气体或蒸气预先同空气（或氧）混合，遇点火源产生带有冲击力的燃烧。预混燃烧一般发生在封闭体系中或混合气体向周围扩散的速率远小于燃烧速率的敞开体系中，燃烧放热造成产物体积迅速膨胀，压力升高，压强可达 $709.1 \sim 810.4 kPa$。

② 液体燃烧 闪燃：闪燃是指易燃或可燃液体（包括可熔化的少量固体，如石蜡、樟脑、萘等）挥发出来的蒸气与空气混合后，达到一定浓度，遇点火源产生一闪即灭的现象。

沸溢：沸溢形成必须具备三个条件：原油具有形成热波的特性，即沸程宽，密度相差较大；原油中含有乳化水，水遇热波变成蒸汽；原油黏度较大，使水蒸气不容易从下向上穿过油层。

沸溢其实就是类似于日常生活中用锅煮东西的时候，汤因沸腾而溢出来这种现象。

喷溅：在重质油品燃烧过程中，随着热波温度的逐渐升高，热波向下传播的距离也加大，当热波达到水垫时，水垫的水大量蒸发，蒸汽体积迅速膨胀，以致把水垫上面的液体层抛向空中，向罐外喷射，这种现象叫作喷溅。喷溅其实可以理解为沸溢的升级版现象，比沸溢更剧烈。

③ 固体燃烧 表面燃烧：在可燃固体表面，氧和可燃物直接作用而发生的燃烧反应称为表面燃烧。如：木炭、焦炭、铁、铜等。

蒸发燃烧：当受到火源加热时，固体先熔融蒸发，随后蒸气和氧气发生燃烧反应。如：硫、磷、钾、钠、蜡烛、松香、沥青等。

分解燃烧：当受到火源加热时，先发生热分解，然后分解出的可燃挥发分子与氧发生燃烧反应。如：木材、煤、合成塑料等。

熏烟燃烧（阴燃）：可燃固体在特定条件下，往往发生只冒烟而无火焰的燃烧现象，这就是熏烟燃烧，又称阴燃。如：纸张、锯末、纤维织物、胶乳橡胶等。

3. 燃烧产物

（1）燃烧产物

燃烧产物是指由燃烧或热解作用产生的全部物质。燃烧产物包括：燃烧生成的气体、能量、可见烟等。其中，散发在空气中能被人们看见的燃烧产物叫烟雾，它是由燃烧产生的悬浮固体、液体粒子和气体组成的混合物。燃烧生成的气体一般是指：一氧化碳、二氧化碳、丙烯醛、氯化氢、二氧化硫等。

（2）燃烧产物与灭火的关系

① 有利方面　阻燃作用：完全燃烧的燃烧产物都是不燃的惰性气体，如 CO_2、水蒸气等，在一定条件下具有阻燃作用。如果是室内火灾，随着这些惰性物质的增加和氧的消耗，空气中的氧浓度逐渐降低，燃烧速度也会减慢，如果能关闭通风的门窗、孔洞，就会使燃烧速度减慢，直至停止燃烧。

判断火情：由于不同的物质燃烧，其烟气有不同的颜色和气味，故在火灾初期产生的烟能够给人们提供火灾警报，人们可以根据烟雾的方位、规模等，大致判断着火的位置等信息，从而实施正确的扑救方法。

判断燃烧物的种类：燃烧物不同，生成的烟的成分、颜色、气味也不同。根据这一特点，在扑救火灾的过程中，可以根据烟的颜色和气味来判断是什么物质在燃烧。

② 不利方面　火灾现场最直接的燃烧产物是烟气。一般火灾总是伴随着浓烟，产生大量对人体和环境有毒、有害的烟气。由于烟气会导致窒息，所以火灾时对人威胁最大的是烟。所以认识燃烧产物的危险特性对于现场逃生、火灾扑救都具有非常重要的意义。

引起人员中毒、窒息：统计表明，火灾中大约 80% 的死亡者是由于吸入燃烧产生的有毒烟气而导致的。火灾产生的烟气中含有大量的有毒成分，如二氧化碳、一氧化碳、二氧化硫、二氧化氮等，这些气体对人体有麻醉、窒息、刺激作用，影响人的正常呼吸、逃生，也给消防人员的灭火工作带来困难。

二氧化碳和一氧化碳是燃烧产生的两种主要燃烧产物。二氧化碳虽然无毒，但当达到一定的浓度时，会刺激人的呼吸中枢导致呼吸急促、烟气吸入量增加，并且还会引起头痛、神志不清等症状。而一氧化碳是火灾中致死的主要燃烧产物之一，其毒性在于对血液中血红蛋白的高亲和性，其对血红蛋白的亲和力比氧气高 250 倍，因而，它能够阻碍人体血液中氧气的输送，引起头痛、虚脱、神志不清等症状。

使人员受伤：燃烧产物的烟气中载有大量的热，人在这种高温、湿热环境中极易被烫伤。

影响视线：燃烧产生的烟气具有减光性，影响人的视线，使能见度大大降低。人在浓烟中往往难以辨别火势发展方向和寻找安全疏散路线，给灭火、人员疏散工作带来困难。

成为火势发展、蔓延的因素：燃烧产物有很高的热能，极易造成轰燃，或者因对流或热辐射引起新的起火点。

二、爆炸

爆炸是指物质由一种状态迅速地转变成另一种状态，并在瞬间以机械功的形式释放出巨大的能量，或是气体、蒸气在瞬间发生剧烈膨胀等现象。爆炸产生破坏作用的根本原因是构成爆炸的体系内存有高压气体或在爆炸瞬间生成的高温高压气体。爆炸体系和它周围的介质之间发生急剧的压力突变是爆炸的最重要特征，这种压力差的急剧变化是产生爆炸破坏作用的直接原因。

1. 按照爆炸的初始能量不同分类

按照爆炸的初始能量不同,爆炸可分为六种。

①核爆炸(核武器);②化学爆炸(爆破工程、常规武器发射药);③电爆炸(水下放电、雷电);④物理爆炸(高压容器爆炸、火山爆发);⑤高速碰撞(陨石碰撞);⑥激光、X射线或其他高能粒子束照射引起的爆炸(激光或粒子束武器)。

物理爆炸是由于液体变成蒸气或者气体迅速膨胀,压力急速增加,并大大超过容器的极限压力而发生的爆炸。如蒸气锅炉、液化气钢瓶等的爆炸。

化学爆炸是因物质本身发生化学反应,产生大量气体和高温而发生的爆炸。如炸药的爆炸,可燃气体、液体蒸气和粉尘与空气混合物的爆炸等。化学爆炸是防止爆炸的重点。

核爆炸是剧烈核反应中能量迅速释放的结果,可能是由核裂变、核聚变或者由这两者的多级串联组合所引发。

2. 按照爆炸反应的相的不同分类

按照爆炸反应的相的不同,爆炸可分为三种。

(1)气相爆炸

包括可燃性气体和助燃性气体混合物的爆炸、气体的分解爆炸、液体被喷成雾状物引起的爆炸、飞扬悬浮于空气中的可燃粉尘引起的爆炸等。

(2)液相爆炸

包括聚合爆炸、蒸发爆炸以及由不同液体混合所引起的爆炸。例如,硝酸和油脂、液氧和煤粉等混合时引起的爆炸;熔融的矿渣与水接触或钢水包与水接触时,由于过热发生快速蒸发引起的蒸汽爆炸等。

(3)固相爆炸

包括爆炸性化合物及其他爆炸性物质的爆炸;导线因电流过载而过热,金属迅速汽化而引起的爆炸等。

3. 按火焰传播速度分类

按火焰传播速度,可分为以下三种。

(1)轻爆

物质爆炸时的燃烧速度为每秒数米,爆炸时破坏力小,声响也不太大。如无烟火药在空气中的快速燃烧,可燃气体混合物在接近爆炸浓度上限或下限时的爆炸即属于此类。

(2)爆炸

物质爆炸时的燃烧速度为每秒十几米至数百米,爆炸时能在爆炸点引起压力激增,有较大的破坏力,有震耳的声响。可燃性气体混合物在多数情况下的爆炸、火药遇火源引起的爆炸等即属于此类。

(3)爆轰

又称爆震。它是一个伴有大量能量释放的化学反应传输过程。反应区前沿为一以超声速运动的激波,称为爆轰波。

爆轰同燃烧最明显的区别在于传播速度不同。燃烧时火焰传播速度在 $10\sim100m/s$ 的量级，小于燃烧物料中的声速；而爆轰波传播速度则大于 1000m/s，大于物料中的声速。例如，化学计量的氢、氧混合物在常压下的燃烧速度为 10m/s，而爆轰速度则约为 2820m/s。

三、爆炸极限

可燃物质（可燃气体、蒸气和粉尘）与空气（氧气）必须在一定的浓度范围内均匀混合，形成预混气体，遇着火源才会爆炸，这个浓度范围称为爆炸极限，或爆炸浓度极限。通常用可燃气体在空气中的体积分数（%）表示。

可燃性混合物的爆炸极限有爆炸（着火）下限和爆炸（着火）上限之分，分别称为爆炸下限和爆炸上限。上限指的是可燃性混合物能够发生爆炸的最高浓度。在高于爆炸上限时，空气不足，导致火焰不能蔓延，不会爆炸，但能燃烧。下限指的是可燃性混合物能够发生爆炸的最低浓度。如果可燃物浓度太低，在过量空气的冷却作用下，火焰就会停止蔓延，因此在低于爆炸下限时不爆炸也不燃烧。爆炸极限范围越宽，下限越低，爆炸危险性也就越大。常用可燃气体的爆炸极限见表 6-1。

可燃粉尘爆炸极限的概念与可燃气体爆炸极限是一致的。由于粉尘不同于气体，不能用体积分数表示，因此其爆炸极限一般用粉尘的质量分数（g/m^3 或 mg/L）表示。

在日常生活和化工生产中，为了降低爆炸浓度极限，可以加入惰性气体或其他不易燃的气体来降低浓度，或者在排放气体前，通过气体洗涤、吸附等方式清除可燃的气体。

表 6-1　常用可燃气体爆炸极限

可燃气体或蒸气	分子式	爆炸极限/%	
		下限	上限
氢气	H_2	4.0	75
氨	NH_3	15.5	27
一氧化碳	CO	12.5	74.2
甲烷	CH_4	5.3	14
乙烷	C_2H_6	3.0	12.5
乙烯	C_2H_4	3.1	32
乙炔	C_2H_2	2.2	81
苯	C_6H_6	1.4	7.1
甲苯	C_7H_8	1.4	6.70
环氧乙烷	C_2H_4O	3.0	80.0
乙醚	$(C_2H_5)O$	1.9	48.0
乙醛	CH_3CHO	4.1	55.0
丙酮	$(CH_3)_2CO$	3.0	11.0
乙醇	C_2H_5OH	4.3	19.0
甲醇	CH_3OH	5.5	36
乙酸乙酯	$C_4H_8O_2$	2.5	9

四、影响爆炸极限的因素

混合体系的组分不同，爆炸极限也不同。同一混合体系，初始温度、系统压力、惰性介质含量、容器材质以及点火能量的大小等因素都对爆炸极限有影响。

1. 可燃气体爆炸极限的影响因素

（1）温度影响

由于温度是混合气体发生化学反应的主要影响因素，所以混合物的初始温度决定了爆炸极限的范围。即混合物初始温度升高，则爆炸极限范围区间增大，具体表现在下限降低、上限增高。这是因为系统温度升高，使得气体分子内能增加，运动加剧，使原来不易燃烧的混合物变成易燃、易爆的物质。

（2）压力影响

系统压力升高，爆炸极限范围将扩大（特例：干燥的一氧化碳，压力上升，其爆炸极限范围缩小）。主要是使爆炸上限升高，这是由于压力升高，分子间距离变小，相互碰撞的概率增加，使得燃烧反应更容易发生，爆炸极限范围随之扩大，尤其是爆炸上限的增加。反之，压力减小会使爆炸极限范围变小，当压力下降到一定数值时，爆炸极限范围上限和下限如果发生重合，此时的系统压力则称为混合系统的临界压力，如果系统压力低于临界压力，系统就不会发生爆炸。

（3）惰性气体含量影响

在可燃混合物组分中，除了可燃气体和氧气外，还含有一些惰性气体。体系中所含惰性气体的量增加，爆炸极限范围缩小，惰性气体浓度提高到某一数值，混合体系就不会爆炸。惰性气体种类对爆炸极限范围也有影响。

（4）容器、管径影响

由于爆炸发生在一个相对密闭的空间，因此容器、管道的直径也会影响爆炸极限的范围。容器、管道直径越小，爆炸的可能性就越小。当管径（火焰通道）小到一定程度时，单位体积火焰所对应的固体冷却表面散出的热量就会大于产生的热量，火焰便会中断、熄灭。火焰不能传播的最大管径称为该混合体系的临界直径。

爆炸极限范围也会受到容器材料性能比较大的影响，例如氢和氟在玻璃器皿中混合，即使在 $-100℃$，置于黑暗中仍有可能发生爆炸，而在银质器皿中，常温下才会发生爆炸。

（5）点火强度影响

能够引起可燃气体和空气发生燃烧或者爆炸的最小火花能量称为最小点火能，也称为最小火花引燃能、临界点火能。点火能的强度越高，燃烧自发传播的浓度范围也就越宽，燃烧火焰能够传播到更远的距离，尤其是爆炸上限会向可燃气体含量较高的方向移动，即爆炸极限范围变宽。

例如，在 100V 电压、1A 电流火花作用下，甲烷无论处于何种混合比例情况下，均不会发生爆炸；如果电流增加到 2A，电压保持不变，其爆炸极限范围为 $5.9\%\sim13.6\%$；当电流升高到 3A 时，其爆炸极限范围为 $5.85\%\sim14.8\%$。其爆炸极限范围的变化趋势表明：随着电流的增加，即点火强度变大，爆炸极限会发生明显的变化，上下限往两端扩展。

（6）干湿度影响

虽然爆炸极限受可燃气体与空气混合物的相对湿度影响较小，但是在极度干燥的情况下，爆炸范围宽度最大。

（7）热表面、接触时间的影响

热表面的接触面积大，点火源与混合物的接触时间长等都会使爆炸极限扩大，增加危险系数。

（8）其他因素

除上述因素外，杂质颗粒的大小、光照强度、表面活性物质化学能等因素，都可能影响爆炸极限范围。

2. 可燃蒸气爆炸极限的影响因素

可燃液体的温度是影响可燃蒸气爆炸极限的主要因素。温度决定着液体的蒸发速度和饱和浓度，即液体的温度和它的蒸气浓度之间存在着一定的联系，且相互影响。

在可燃蒸气爆炸中，其爆炸温度极限是一个重要的概念。当可燃液体在一定温度下，由于可燃液体的蒸发导致蒸气浓度达到爆炸浓度时，就会发生爆炸。因此，爆炸温度极限和浓度极限是一对类似的概念，也有上限和下限。爆炸温度上限就是液体蒸发出爆炸上限的蒸气浓度时的温度；爆炸温度下限即液体蒸发出爆炸下限的蒸气浓度时的温度。

3. 可燃粉尘爆炸极限的影响因素

可燃粉尘可以分为有机粉尘和无机粉尘两类。可燃粉尘发生爆炸的主要原因是粉尘粒子表面受热发生氧化作用而产生爆炸。其爆炸过程是：当粒子表面与热能、氧气相接触时，由于发生氧化作用，导致了表面温度升高，在高温的作用下，粒子表面的活性分子发生热分解或者由于干馏作用产生可燃气体，并且排放在粒子表面周围；该释放出的可燃气体与空气混合成为爆炸性混合气体，达到一定的浓度范围，就会发生燃烧放出热量，这部分热量将会进一步促进粉末的热分解，不断地挥发出可燃气体与空气混合，一旦挥发出的可燃气体含量达到爆炸极限，就会发生爆炸，有可能还会发生二次爆炸，这种连续性爆炸会造成极大的危害和破坏。

（1）颗粒粒度的影响

粉尘爆炸下限范围与粒度有着紧密的关系。粒度越大，即粒径越小，爆炸下限范围就会越低。粒度的大小常用 D_{50}、D_{97}、比表面积等指标表示。D_{50} 是指一个样品的累计粒度分布分数达到50％时所对应的粒径。它的物理意义是粒径大于它的颗粒占50％，小于它的颗粒也占50％，D_{50} 也叫中位径或中值粒径，常用来表示粉体的平均粒度。D_{97} 是指一个样品的累计粒度分布分数达到97％时所对应的粒径。它的物理意义是粒径小于它的颗粒占97％。D_{97} 常用来表示粉体粗端的粒度指标。其他如 D_{16}、D_{90} 等参数的定义与物理意义与 D_{97} 相似。比表面积是指单位质量的颗粒的表面积之和。比表面积的单位为 m^2/kg 或 cm^2/g。比表面积与粒度有一定关系，粒度越细，比表面积越大。但这种关系不一定是正比关系。

（2）水分的影响

水分含量增加，会使爆炸下限提高，含量超过一定程度时，甚至会使粉尘失去爆炸性。

（3）氧气浓度的影响

在粉尘与气体的混合物中，当氧气浓度增加时，会导致爆炸下限范围降低，更容易发生爆炸。

（4）点火源特性的影响

温度高、接触表面积大的点火源，可导致粉尘爆炸下限范围降低，更容易发生爆炸，危险系数增加。

五、防爆的措施

1. 惰性介质保护

由于爆炸需要同时具备一定范围浓度的可燃物质、助燃剂以及一定能量的点火源三个条件，因此研究预防爆炸的措施也需要从这三个方面入手。如利用惰性保护气体取代空气中的氧气，使得三个必备条件不能同时出现，从而使爆炸过程无法进行。在实际生产过程中，利用惰性气体进行保护，隔绝氧气是最容易实现的工艺，主要采用的惰性气体有氮气、二氧化碳、水蒸气等。

2. 系统密闭和负压操作

为了有效地防止易燃气体、蒸气或可燃性粉尘发生泄漏，与空气接触形成爆炸性混合物，应使输运可燃物质的设备处于一个密闭的空间。同时为了杜绝可燃物质的泄漏，保证设备的密封性，危险设备及系统应该尽量少用法兰连接，减少间隙，以此来减少泄漏，但是也要方便安全检修。

为了有效地防止有毒或爆炸性危险气体向容器外逸散或挥发，可以采用负压操作系统。在负压操作下生产的设备，也应防止空气的倒吸。

3. 通风置换

通风置换可以有效防止易燃易爆气体积聚并达到爆炸极限。在排风系统的设计过程中，需要排除有燃烧爆炸危险的粉尘，在空气进入风机前，应对其进行净化，去除空气中的可燃气体，保证安全。

4. 阻止容器或室内爆炸的安全措施

（1）抗爆容器

抗爆容器，即容器设备具有一定的耐高压能力，即使设备处于剧烈爆炸的情况，也不会被炸碎，而只产生部分变形，这样可以降低设备操作人员的危险系数，达到安全防护的目的。这需要采用高抗压能力的材料，所需成本较高，而且由于相关设备的安全可靠性判别标准不一致，在生产实践中很少普及和广泛的应用，除非是在一些特别危险或容易造成严重后果的场合，才会不计代价采用这些昂贵的设备。

（2）设备泄压

可以通过一些固定的开口装置来及时地进行泄压，把没有燃烧的混合物和燃烧产物排放出去。泄压装置可以分为一次性装置和重复使用的装置，如常见的一次性爆破膜和重复使用的安全阀等。

（3）建筑物泄压

采用建筑物泄压方式，主要是发生爆炸时，用来保护建筑物内的容器和装置，它能使设备不被炸毁和作业人员不受伤害。也可用泄压措施来保护建筑物，但是这不能保护建筑物内的人员安全，在这种情况，建筑物内的设备必须是远程遥控和操作，并在运行期间严禁人员进入。在建筑物的设计中，主要是通过窗户、外墙和建筑物的房顶来泄压，通过防止形成密闭空间来保证安全。

5. 抑爆

抑爆系统一般由检测初始爆炸信号的传感器和压力式的灭火罐构成，传感器的作用主要是检测爆炸信号，并传输出去；灭火罐的作用主要是通过接收传感器反馈的爆炸信号，在尽可能短的时间内，把灭火剂均匀地喷洒在受保护的设备和建筑物内，从而达到扑灭燃烧火焰，阻止连续爆炸的目的。

第二节　火　　灾

火灾是在时间或空间上失去控制的燃烧。在各种灾害中，火灾是最经常、最普遍的威胁公众安全和社会发展的主要灾害之一。

一、火灾的分类

根据可燃物的类型和燃烧特性，按照《火灾分类》（GB/T 4968—2008），将火灾分为A、B、C、D、E、F 六大类。

A 类火灾：指固体物质火灾。这种物质通常含有有机物，一般在燃烧时能产生灼热的余烬，如木材、干草、煤炭、棉、毛、麻、纸张、塑料（燃烧后有灰烬）等火灾。

B 类火灾：指液体或可熔化的固体物质火灾，如煤油、柴油、原油、甲醇、乙醇、沥青、石蜡等火灾。

C 类火灾：指气体火灾，如煤气、天然气、甲烷、乙烷、丙烷、氢气等火灾。

D 类火灾：指金属火灾，如钾、钠、镁、钛、锆、锂、铝镁合金等火灾。

E 类火灾：指带电火灾，物体带电燃烧的火灾。

F 类火灾：指烹饪器具内的烹饪物（如动植物油脂）火灾。

二、灭火的基本方法

1. 灭火原理

物质燃烧必须具备三个条件：即可燃物、助燃物和点火源，三者缺一不可。灭火的原理就是破坏燃烧的条件，使燃烧反应因缺少条件而终止。

2. 基本的灭火方法

（1）隔离法

将着火的地方或物体与其周围的可燃物隔离或移开，燃烧就会因为缺少可燃物而停止。如将靠近火源的可燃、易燃、助燃的物品搬走，把着火的物件移到安全的地方；关闭电源、可燃气体、液体管道阀门，终止和减少可燃物质进入燃烧区域；拆除与燃烧着火物毗邻的易燃建筑物等。

（2）窒息法

阻止空气流入燃烧区或用不燃烧的物质冲淡空气，使燃烧物得不到足够的氧气而熄灭。如用石棉毯、湿麻袋、湿棉被、湿毛巾、黄沙、泡沫等不燃或难燃物质覆盖在燃烧物上；用水蒸气或二氧化碳等惰性气体灌注容器设备；封闭起火的建筑和设备门窗、孔洞等灭火方法。

（3）冷却法

将灭火剂直接喷射到燃烧物上，以降低燃烧物的温度。当燃烧物的温度降到燃点以下时，燃烧就会停止。或者将灭火剂喷洒在火源附近的可燃物上，使其温度降低，防止起火。冷却法是灭火的主要方法，主要用水和二氧化碳来冷却降温。

（4）抑制法

将有抑制作用的灭火剂喷射到燃烧区，并参加到燃烧反应中去，使燃烧反应产生的自由基消失，形成稳定分子或低活性的自由基，使燃烧反应终止。

三、火灾扑救的方法

1. 扑救 A 类火灾

可选择水型灭火器、泡沫灭火器、磷酸铵盐干粉灭火器及卤代烷灭火器。

2. 扑救 B 类火灾

可选择泡沫灭火器（化学泡沫灭火器只限于扑灭非极性溶剂引起的火灾）、干粉灭火器、卤代烷灭火器、二氧化碳灭火器。

3. 扑救 C 类火灾

可选用干粉、水、七氟丙烷灭火剂。

4. 扑救 D 类火灾

可选择粉状石墨灭火器、专用干粉灭火器，也可用干沙或铸铁屑代替。

5. 扑救 E 类火灾

可选择干粉灭火器、卤代烷灭火器、二氧化碳灭火器等。带电火灾包括家用电器、电子元件、电气设备（计算机、打印机、电动机、变压器等）以及电线电缆等燃烧时仍带电的火灾，而顶挂、壁挂的日常照明灯具及起火后可自行切断电源的设备所发生的火灾则不应列入带电火灾范围。

6. 扑救 F 类火灾

可选择干粉灭火器。

四、灭火器的分类

灭火器的种类很多，按其移动方式，可分为手提式灭火器和推车式灭火器；按驱动灭火剂的动力来源，可分为储气瓶式灭火器、储压式灭火器、化学反应式灭火器；按所充装的灭火剂，则又可分为泡沫灭火器、干粉灭火器、卤代烷灭火器、二氧化碳灭火器、酸碱灭火器、清水灭火器等。

1. 泡沫灭火器

适用于扑救一般 B 类火灾，如油制品、油脂等火灾，也可适用于 A 类火灾，但不能扑救 B 类火灾中的水溶性可燃、易燃液体的火灾，如醇、酯、醚、酮等物质火灾；也不能扑救带电设备及 C 类、D 类火灾。

2. 酸碱灭火器

适用于扑救 A 类物质燃烧的初起阶段的火灾，如木、织物、纸张等燃烧的火灾。但不能用于扑救 B 类物质燃烧的火灾，也不能用于扑救 C 类可燃性气体或 D 类轻金属火灾。同时也不能用于带电物体火灾的扑救。

3. 二氧化碳灭火器

适用于扑救易燃液体及气体的初起阶段的火灾，也可扑救带电设备的火灾；常应用于实验室、计算机房、变配电所，以及精密电子仪器、贵重设备或物品维护要求较高的场所。

4. 干粉灭火器

碳酸氢钠干粉灭火器适用于易燃、可燃液体、气体及带电设备的初起阶段的火灾；磷酸铵盐干粉灭火器除可用于上述几类火灾外，还可扑救固体类物质初起阶段的火灾。但都不能扑救金属燃烧火灾。

普通干粉灭火剂主要由活性灭火组分、疏水成分、惰性填料组成，疏水成分主要有硅油和疏水白炭黑，惰性填料种类繁多，主要起防振实、结块，改善干粉运动性能，催化干粉硅油聚合以及改善与泡沫灭火剂的共容等作用。这类普通干粉灭火剂在国内外已经获得很普遍应用。

灭火组分是干粉灭火剂的核心，能够起到灭火作用的物质主要有 K_2CO_3、$KHCO_3$、NaCl、KCl、$(NH_4)_2SO_4$、NH_4HSO_4、$NaHCO_3$、$K_4[Fe(CN)_6]\cdot 3H_2O$、Na_2CO_3 等，国内已经生产的产品有磷酸铵盐、碳酸氢钠、氯化钠、氯化钾干粉灭火剂。

磷酸铵盐干粉灭火器原理是：在高温下磷酸二氢铵一是分解产生气体氨和水蒸气，稀释了火场中氧气的浓度；二是生成黏稠的磷酸和偏磷酸的混合物，附着在可燃物的表面，从而可以阻止火焰的蔓延。

五、火灾报警

《中华人民共和国消防法》（2019 年修正）第四十四条明确规定：任何人发现火灾都

应当立即报警。任何单位、个人都应当无偿为报警提供便利，不得阻拦报警。严禁谎报火警。人员密集场所发生火灾，该场所的现场工作人员应当立即组织、引导在场人员疏散。任何单位发生火灾，必须立即组织力量扑救。邻近单位应当给予支援。消防队接到火警，必须立即赶赴火灾现场，救助遇险人员，排除险情，扑灭火灾。

报警时要牢记以下7点：

① 要牢记火警电话"119"。国家综合性消防救援队、专职消防队扑救火灾、应急救援，不得收取任何费用。单位专职消防队、志愿消防队参加扑救外单位火灾所损耗的燃料、灭火剂和器材、装备等，由火灾发生地的人民政府给予补偿。

② 接通电话后要沉着冷静，向接警中心讲清失火单位的名称、地址、什么东西着火、火势大小以及着火的范围。同时还要注意听清对方提出的问题，以便正确回答。

③ 把自己的电话号码和姓名告诉对方，以便联系。

④ 打完电话后，要立即到交叉路口等候消防车的到来，以便引导消防车迅速赶到火灾现场。

⑤ 迅速组织人员疏通消防车道，清除障碍物，使消防车到火场后能立即进入最佳位置灭火救援。

⑥ 如果着火区域发生新的变化，要及时报告消防队，使他们能及时改变灭火战术，取得最佳效果。

⑦ 在没有电话或没有消防队的地方，如农村和边远地区，可采用敲锣、吹哨、喊话等方式向四周报警，动员乡邻来灭火。

六、火灾烧伤自救

根据烧伤的不同类型，可采取以下急救措施。

1. 采取有效措施扑灭身上的火焰，使伤员迅速脱离致伤现场

当衣服着火时，应采用各种方法尽快地灭火，如水浸、水淋、就地卧倒翻滚等，千万不可直立奔跑或站立呼喊，以免助长燃烧，引起或加重呼吸道烧伤。灭火后伤员应立即将衣服脱去，如衣服和皮肤粘在一起，可在救护人员的帮助下把未粘的部分剪去，并对创面进行包扎。

2. 防止休克、感染

为防止伤员休克和创面发生感染，应给伤员口服止痛片（有颅脑或重度呼吸道烧伤时，禁用吗啡）和磺胺类药物，或肌肉注射抗生素，并口服淡盐水、淡盐茶水等。一般以少量多次为宜，如发生呕吐、腹胀等，应停止口服。要禁止伤员单纯喝白开水或糖水，以免引起脑水肿等并发症。

3. 保护创面

在火灾现场，烧伤创面一般可不做特殊处理，尽量不要弄破水泡，不能涂龙胆紫一类有色的外用药，以免影响烧伤面深度的判断。为防止创面继续污染，避免加重感染和加深创面，创面应立即用三角巾、大纱布块、清洁的衣服和被单等，给予简单的包扎。手足被烧伤时，应将各个指、趾分开包扎，以防粘连。

4. 合并伤处理

有骨折者应予以固定；有出血时应紧急止血；有颅脑、胸腹部损伤者，必须给予相应处理，并及时送医院救治。

5. 迅速送往医院救治

伤员经火灾现场简易急救后，应尽快送往临近医院救治。护送前及护送途中要注意防止休克。搬运时动作要轻柔，行动要平稳，以尽量减少伤员痛苦。

📚 小知识1：烟雾报警器

也叫烟感报警器，通过监测烟雾的浓度来实现火灾防范，被广泛运用到各种消防报警系统中。其上面发光二极管大约每分钟闪烁一次。房间内一般 $25\sim40m^2$ 装一个烟雾报警器。

工作原理：红外发射管的红外光束被烟尘粒子散射，散射光的强弱与烟的浓度成正比，所以光敏管接收到的红外光束的强弱会发生变化，转化为电信号，最后转化成报警信号。当环境中无烟雾时，接收管接收不到红外发射管发出的红外线，后续采样电路无电信号变化；当环境中有烟雾时，烟雾颗粒使发射管发出的红外线发生散射，散射的红外线的强度与烟雾浓度有一定线性关系，后续采样电路发生变化，通过报警器内置的主控芯片判断这些变化量来确认是否发生火警，一旦确认火警，报警器发出火警信号，火灾指示灯（红色）亮起，并启动蜂鸣器报警。

📚 小知识2：二氧化碳的危害

室内空气二氧化碳浓度在 0.7‰（体积分数，下同）以下时属于清洁空气，人们会感觉很舒适；当浓度在 0.7‰～1‰ 时属于普通空气；当二氧化碳浓度超 1‰，但在 1.5‰ 范围时，空气处于临界阶段，很多人会产生不适的感觉。当二氧化碳浓度达到 1.5‰～2‰ 时，空气属于轻度污染，超过 2‰ 则属于严重污染。若人体长期吸入浓度过高的二氧化碳，会造成人体生物钟紊乱，大脑很容易疲劳。当二氧化碳浓度处于 3‰～4‰ 时，会导致人们呼吸加深，出现头疼、耳鸣、血压增加等症状；当浓度高达 8‰ 以上时就会出现死亡现象。所以空气中二氧化碳浓度是衡量室内空气是否清洁的标准之一。

📚 小知识3：轰燃

轰燃是指火在建筑内部突发性地引起全面燃烧的现象，即当室内大火燃烧形成的充满室内各个房间的可燃气体和没充分燃烧的气体达到一定浓度时，形成的爆燃，从而导致室内其他房间没接触大火的可燃物也一起被点燃而燃烧，也就是"轰"的一声，室内所有可燃物都被点燃而开始燃烧，这种现象称为轰燃。

✧ 案例

案例 1：2019 年 2 月，某大学实验室发生火灾。火灾烧毁三楼热处理实验室内办公物品，并通过外延通风管道引燃五楼楼顶风机及杂物，约三层楼的外墙面被熏黑，窗户破碎。

案例 2：2018 年 1 月，阿根廷中部科尔多瓦省一所大学的实验室发生爆炸，造成 20 人受伤，其中 4 人重伤。爆炸原因是实验室盛放乙烷的容器裂开，发生了连环爆炸。

案例 3：2017 年 3 月，某大学化学实验室发生爆炸，造成一名本科生左手大面积创伤，右臂骨折。事故原因为：受伤学生在处理一个约 100mL 的反应釜过程中，反应釜发生爆炸。

案例 4：2011 年 6 月，某大学一实验教学楼内发生玻璃仪器爆炸事故，实验室内一名学生面部被炸伤。所幸学生被及时送往医院，眼睛内的碎玻璃也被及时取出。

案例 5：2011 年 4 月，某大学化学实验室内三名学生在做常压流化床包衣实验过程中，实验物料发生爆炸，3 名学生受伤。

案例 6：2009 年 10 月，某大学实验室刚买不久的厌氧培养箱在调试过程中突然发生气体爆炸，造成两名调试人员、一名教师和两名学生被炸碎的箱体玻璃划伤，5 人均无生命危险。事故原因可能与调试过程中压力不稳有关。

▶▶ 习 题 ◀◀

一、选择题

1. 黄磷自燃正确的扑救方法是（　　）。

A. 用高压水枪　　　　　　　　　　B. 用高压灭火器

C. 用雾状水灭火或用泥土覆盖　　　D. 以上都对

2. 金属钠着火可采用的灭火方式有（　　）。

A. 干沙　　　　B. 水　　　　C. 湿抹布　　　　D. 泡沫灭火器

3. 铝粉、保险粉自燃时正确的扑救措施是（　　）。

A. 用水灭火　　B. 用泡沫灭火器　　C. 用干粉灭火器　　D. 用干沙子灭火

4. 溶剂溅出并燃烧正确的处理措施是（　　）。

A. 马上使用灭火器灭火

B. 马上向燃烧处盖沙子或浇水

C. 马上用石棉布盖住燃烧处，尽快移去临近的其他溶剂，关闭热源和电源，再灭火

D. 以上都对

5. 容器中的溶剂或易燃化学品发生燃烧正确的处理措施是（　　）。

A. 用灭火器灭火或加沙子灭火　　　　B. 加水灭火

C. 用不易燃的瓷砖、玻璃片盖住瓶口　　D. 用湿抹布盖住瓶口

6. 使用碱金属引起燃烧正确的处理措施是（　　）。

A. 马上使用灭火器灭火

B. 马上向燃烧处浇水灭火

C. 马上用石棉布或沙子盖住燃烧处，尽快移去临近其他溶剂，关闭热源和电源，再用灭火器灭火

D. 以上都对

7. 2,4-二硝基苯甲醚、萘、二硝基萘等可升华固体药品燃烧应进行灭火的正确措施是（　　）。

A. 用灭火器灭火

B. 火灭后还要不断向燃烧区域上空及周围喷雾水

C. 用水灭火，并不断向燃烧区域上空及周围喷雾水至可燃物完全冷却

D. 以上都是

8. 下列选项中，（　　）不是物质燃烧必须同时具备的条件。

A. 着火源　　　　B. 助燃物　　　　C. 温度　　　　D. 可燃物

9. 实验大楼因出现火情发生浓烟已窜入实验室内时，正确的行为是（　　）。

A. 沿地面匍匐前进，当逃到门口时，不要站立开门

B. 打开实验室门后不用随手关门

C. 从楼上向楼下外逃时可以乘电梯

10. 如果实验出现火情，要立即（　　）。

A. 停止加热，移开可燃物，切断电源，用灭火器灭火

B. 打开实验室门，尽快疏散、撤离人员

C. 用干毛巾覆盖上火源，使火焰熄灭

11. 实验室仪器设备用电或线路发生故障着火时，应立即（　　），并组织人员用灭火器进行灭火。

A. 将贵重仪器设备迅速转移　　　　B. 切断现场电源　　　C. 将人员疏散

12. 身上着火后，下列灭火方法中错误的是（　　）。

A. 就地打滚　　　　　　　　　　B. 用厚重衣物覆盖压灭火苗

C. 迎风快跑　　　　　　　　　　D. 大量水冲或跳入水中

13. 采取适当的措施，使燃烧因缺乏或隔绝氧气而熄灭，这种方法称作（　　）。

A. 窒息灭火法　　　B. 隔离灭火法　　　C. 冷却灭火法

14. 窒息灭火法是将氧气浓度降低至最低限度，以防止火势继续扩大，其主要工具是（　　）。

A. 沙子　　　　　　B. 水　　　　　　C. 二氧化碳灭火器　D. 干粉灭火器

15. 下列选项中属于防爆的措施有（　　）。

A. 防止形成爆炸性混合物的化学品泄漏　B. 控制可燃物形成爆炸性混合物

C. 消除火源、安装检测和报警装置　　　D. 以上都是

16. 下列不是影响混合物爆炸极限的因素是（　　）。

A. 混合物的温度、压力　　　　　B. 混合物的多少

C. 混合物的含氧量　　　　　　　D. 容器的大小

17. 实验大楼安全出口的疏散门应（　　）。

A. 自由开启　　　　　　　　　　　　B. 向外开启

C. 向内开启　　　　　　　　　　　　D. 关闭，需要时可自行开启

18. 扑灭电器火灾不宜使用的灭火器材是（　　）。

A. 二氧化碳灭火器　B. 干粉灭火器　　　C. 泡沫灭火器　　　D. 灭火沙

19. 火灾蔓延的途径是（　　）。

A. 热传导　　　　　B. 热对流　　　　　C. 热辐射　　　　　D. 以上都是

20. 火灾发生时，湿毛巾折叠 8 层为宜，其烟雾浓度消除率可达（　　）。

A. 40%　　　　　　B. 60%　　　　　　C. 80%　　　　　　D. 95%

21. 引起电器线路火灾的原因是（　　）。

A. 短路　　　　　　B. 电火花　　　　　C. 负荷过载　　　　D. 以上都是

22. 火场中防止烟气危害最简单的方法是（　　）。

A. 跳楼或窗口逃生

B. 大声呼救

C. 用毛巾或衣服捂住口鼻低姿势沿疏散通道逃生

23. 化工原料电石或乙炔着火时，严禁用（　　）。

A. 二氧化碳灭火器　B. 四氯化碳灭火器　C. 干粉灭火器　　　D. 干沙

24. 扑救爆炸物品火灾时，（　　）用沙土盖压，以防造成更大伤害。

A. 必须　　　　　　B. 禁止　　　　　　C. 可以

25. 遇水燃烧物质起火时，不能用（　　）扑灭。

A. 干粉灭火剂　　　B. 泡沫灭火剂　　　C. 二氧化碳灭火剂

26. 在狭小地方使用二氧化碳灭火器容易造成（　　）事故。

A. 中毒　　　　　　B. 缺氧　　　　　　C. 爆炸

27. 灭火器的检查周期一般是（　　）。

A. 半年　　　　　　B. 一年　　　　　　C. 二年　　　　　　D. 三年

28. 火灾中对人员威胁最大的是（　　）。

A. 火　　　　　　　B. 烟气　　　　　　C. 可燃物

29. 高度易燃物质的闪点低于（　　）。

A. 88℃　　　　　　B. 76℃　　　　　　C. 20℃　　　　　　D. 10℃

30. 油浴锅起火时，不正确的方法是（　　）。

A. 用水扑灭　　　　B. 锅盖盖住油浴锅　C. 灭火毯覆盖

31. 烟头的中心温度大概是（　　）。

A. 200～300℃　　　B. 400～500℃　　　C. 700～800℃　　　D. 900～1000℃

32. 下列灭火方法中，对电器着火不适用的是（　　）。

A. 用四氯化碳或 1211 灭火器进行灭火　B. 用沙土灭火　　　C. 用水灭火

33. 在室外灭火时不应站在（　　）。

A. 上风向　　　　　B. 下风向　　　　　C. 侧风向

34. 使用灭火器扑救火灾时要对准火焰（　　）喷射。

A. 上部　　　　　　B. 中部　　　　　　C. 根部

35. 灭火的四种方法是（　　）。

A. 捂盖法、扑灭法、浇水法、隔离法

B. 扑灭法、救火法、化学法、泡沫法

C. 隔离法、窒息法、冷却法、化学抑制法

36. 从火灾现场撤离时，正确的方法是（　　）。

A. 乘坐电梯

B. 用湿毛巾捂住口鼻低姿从安全通道撤离

C. 带好贵重物品，跳楼

37. 扑灭易燃液体火灾时，应采用的正确方法是（　　）。

A. 用灭火器　　　　　B. 用水泼　　　　　C. 扑打

38. 电脑着火了，应（　　）。

A. 迅速往电脑上泼水灭火　　　　　B. 拔掉电源后用湿棉被盖住电脑

C. 马上拨打火警电话，请消防队来灭火

39. 安全出口的疏散位置应（　　）。

A. 自由开启　　　　　B. 向外开启　　　　　C. 向内开启

40. 灭火的基本方法是（　　）。

A. 冷却、窒息、抑制　　　　　B. 冷却、隔离、抑制

C. 冷却、窒息、隔离、抑制

41. 当遇到火灾时，要迅速向（　　）。

A. 着火相反的方向　　B. 人员多的方向　　C. 安全出口的方向

42. 当身上的衣服烧着后，以下灭火方法中，（　　）做法是正确的。

A. 快速奔跑呼救　　B. 用手扑打火焰　　C. 就地打滚，压灭火焰

43. 火警电话是（　　）。

A. 110　　　　　B. 119　　　　　C. 120　　　　　D. 122

44. 灭火器压力表用红、黄、绿三色表示压力情况，当指针在绿色区域表示（　　）。

A. 正常　　　　　B. 偏低　　　　　C. 偏高

45. 高层建筑发生火灾，要尽快逃离火场，我们应该（　　）。

A. 乘坐电梯逃生　　B. 沿楼梯逃生　　C. 跳楼

46. 消防车及消火栓的颜色是（　　）。

A. 绿色　　　　　B. 黄色　　　　　C. 红色

47. 用灭火器进行灭火的最佳位置是（　　）。

A. 下风位置　　　　　B. 上风或侧风位置

C. 离起火点 10m 以上的位置

48. 发现燃气泄漏，要速关阀门，打开门窗，不能（　　）。

A. 触动电器开关或拨打电话　　　　　B. 使用明火　　　C. A 和 B 都正确

49. 下列（　　）是扑救精密仪器火灾的最佳选择。

A. 二氧化碳灭火器　　B. 干粉灭火器　　　C. 水型灭火器

二、判断题

1. 电路或电器着火时，使用二氧化碳灭火器灭火。（　　　）

2. 在着火和救火时，若衣服着火，要赶紧跑到空旷处用灭火器扑灭。（　　　）

3. 电路或电器着火时，可用泡沫灭火器灭火。（　　　）

4. 干粉灭火剂是扑救精密仪器火灾的最佳选择。（　　　）

5. 用灭火器灭火时，灭火器的喷射口应该对准火焰的中部。（　　　）

6. 实验室发现可燃气体泄漏，要迅速切断电源，打开门窗。（　　　）

7. 发现火灾时，单位或个人应该先自救，当自救无效、火越着越大时，再拨打火警电话 119。（　　　）

8. 身上着火后，应迅速用灭火器灭火。（　　　）

9. 身上着火被熄灭后，应马上把粘在皮肤上的衣物脱下来。（　　　）

10. 化学泡沫灭火器可扑救一般油制品、油脂等的火灾，但不能扑救醇、酯、醚、酮等引起的火灾和带电设备的火灾。（　　　）

11. 从消防观点来说，液体闪点就是可能引起火灾的最低温度。（　　　）

12. 用泡沫灭火剂扑灭油罐火灾时，如果火势很大，有时并不能将火完全扑灭，会发生闷燃引起爆炸。（　　　）

13. 据统计，火灾中死亡的人有 80% 以上属于烟气窒息致死。（　　　）

14. 在使用化学品的工作场所吸烟，可能会造成火灾和爆炸，但不会中毒。（　　　）

15. 电气线路着火，要先切断电源，再用干粉灭火器或二氧化碳灭火器灭火，不可直接泼水灭火，以防触电或电气爆炸伤人。（　　　）

16. 实验室灭火的方法要针对起因选用合适的方法。一般小火可用湿布、石棉布或沙子覆盖燃烧物即可灭火。（　　　）

17. 实验室内出现火情，若被困在室内时，应迅速打开水龙头，将所有可盛水的容器装满水，并把毛巾打湿。用湿毛巾捂嘴，可以遮住部分浓烟不被吸入。（　　　）

18. 实验大楼出现火情时千万不要乘电梯，因为电梯可能因停电或失控，同时又因"烟囱效应"，电梯井常常成为浓烟的流通道。（　　　）

19. 实验室内出现火情逃到室外走廊时，要尽量做到随手关门，这样可阻挡火势随人运动而迅速蔓延，增加逃生的有效时间。（　　　）

20. 实验大楼因出现火情发生浓烟时应迅速离开，当浓烟已窜入实验室内时，要沿地面匍匐前进，因地面层新鲜空气较多，不易中毒而窒息，有利于逃生。当逃到门口时，千万不要站立开门，以避免被大量浓烟熏倒。（　　　）

21. 实验室常用的灭火方法：用水灭火、沙土灭火、灭火器。（　　　）

22. 火灾对实验室构成的威胁最为严重，最为直接。应加强对火灾三要素（易燃物、助燃物、点火源）的控制。（　　　）

23. 在室外灭火时，应站在上风位置。（　　　）

24. 灭火器按其移动形式可分为：手提式和推车式。（　　　）

25. 水具有导电性，不宜扑救带电设备的火灾，不能扑救遇水燃烧物质或非水溶性燃烧液体的火灾。（　　　）

26. 冷却灭火法是将可燃物冷却到其燃点以下，停止燃烧反应。（   ）

27. 隔离灭火法是将可燃物与点火源或氧气隔离开来，可防止火势继续扩大。（   ）

28. 火灾发生后，穿过浓烟逃生时，必须尽量贴近地面，并用湿毛巾捂住口鼻。（   ）

29. 扑救毒害性、腐蚀性或燃烧产物毒害性较强的火灾时，必须配戴防护面具。（   ）

30. 扑救气体火灾切忌盲目扑灭火势，首先应切断火势蔓延途径，然后疏散火势中压力容器或受到火焰辐射热威胁的压力容器，不能疏散的部署水枪进行冷却保护。（   ）

31. 如果可燃液体在容器内燃烧时，应从容器的一侧上部向容器中喷射但注意不能将喷流直接喷射在燃烧液面上，防止灭火剂的冲力将可燃液体冲出容器而扩大火势。（   ）

32. 当可燃液体呈流淌状燃烧时，应将灭火剂的喷流对准火焰根部由近而远并左右扫射，向前快速推进，直至火焰扑灭。（   ）

33. 实验室一旦发生起火，不要惊慌失措，应利用消防器材，采取有效措施控制、扑灭火灾。（   ）

34. 实验室必须配备符合本实验室要求的消防器材，消防器材要放置在明显或便于拿取的位置。严禁任何人以任何借口把消防器材移作他用。（   ）

35. 实验室应配备相应的消防器材。参加实验人员要熟悉其存放位置及使用方法并掌握有关的灭火知识。（   ）

36. 液体着火时，应用灭火器灭火，不能用水扑救或其他物品扑打。（   ）

37. 二氧化碳灭火器使用不当，可能会造成冻伤。（   ）

38. 发现实验室楼的配电箱起火，可以用楼内的消火栓放水灭火。（   ）

39. 实验室发生火警、火灾时，应立即采取措施灭火，并报保卫处或拨打火警电话119。（   ）

40. 当自己身上着火时，应就地打滚，进行自救。（   ）

41. 使用手提灭火器时，拔掉保险销，握住胶管前端，对准燃烧物根部用力压下压把，灭火剂喷出，就可灭火。（   ）

42. 当发生火情时尽快沿着疏散指示标志和安全出口方向迅速离开火场。（   ）

43. 员工应熟悉本单位疏散通道和安全出口，掌握疏散程序和逃生技能。（   ）

44. 易燃易爆化学物品储存、经营场所不准设置移动式照明灯具。（   ）

45. 扑救带电火灾除选用二氧化碳、干粉灭火器外，还可采用清水灭火器扑救。（   ）

46. 易燃易爆化学物品应分类、分项储存。（   ）

47. 易燃易爆化学物品仓库内应当设值班休息室。（   ）

48. 灭火器压力表用红、黄、绿三色表示压力情况，当指针指在黄色区域表示正常。（   ）

49. 由于室外消火栓不能擅自取消，因此构筑时可以把室外消火栓圈起来保护好。（   ）

50. 火场上扑救原则是先人后物、先重点后一般、先控制后消灭。（   ）

51. 氧指数高表示材料不易燃烧。（   ）

52. 氢气的爆炸极限是：4％～75％。（　　　）

53. 乙烯的爆炸极限是：3.1％～32％。（　　　）

54. 乙炔的爆炸极限是：2.2％～81％。（　　　）

55. 苯的爆炸极限是：1.4％～7.1％。（　　　）

56. 乙醚的爆炸极限是：1.9％～48％。（　　　）

57. 丙酮的爆炸极限是：3％～11％。（　　　）

58. 乙醇的爆炸极限是：4.3％～19％。（　　　）

59. 汽油的爆炸极限是：1.4％～7.6％。（　　　）

60. 一般系统压力升高，爆炸极限范围将扩大。（　　　）

61. 干燥的一氧化碳压力升高，爆炸极限范围将扩大。（　　　）

62. 混合物初始温度升高，则爆炸极限范围区间增大。（　　　）

63. 容器材料性能会影响爆炸极限范围。（　　　）

64. 随着电流的增加，即点火强度变大，爆炸极限会发生明显的变化。（　　　）

65. 不同的物质燃烧要求的氧气浓度也不一样。（　　　）

66. 火柴受摩擦而着火，炸药受撞击而爆炸，金属钠在空气中自燃、煤炭因堆积过高而自燃属于化学自燃。（　　　）

67. 蒸气锅炉、液化气钢瓶等的爆炸属于物理爆炸。（　　　）

68. 炸药的爆炸、可燃气体、液体蒸气和粉尘与空气混合物的爆炸等属于化学爆炸。（　　　）

69. 按反应相分类，硝酸和油脂、液氧和煤粉等混合时引起的爆炸属于液相爆炸。（　　　）

70. 导线因电流过载而过热、金属迅速气化而引起的爆炸等属于固液相爆炸。（　　　）

71. 爆炸极限范围越宽，下限越低，爆炸危险性也就越大。（　　　）

三、填空题

1. 火灾蔓延的途径是_____、_____、_____。

2. 物质燃烧必须同时具备的条件是：_____、_____、_____。

3. 灭火的四种方法是：_____、_____、_____、_____。

4. 火灾中对人员威胁最大的是_____。

5. 采取适当的措施，使燃烧因缺乏或隔绝氧气而熄灭，这种方法称作_____。

6. 能够产生爆炸的最低浓度称为_____，最高浓度为_____。

7. 通风分_____和_____两种。点式扩散源，可使用_____。面式扩散源，要使用_____。

8. 常用的呼吸防护用品分为_____和_____两种类型。

9. 过滤式呼吸器只能在_____的劳动环境（即环境空气中氧的含量不低于18％）和_____毒污染使用。

10. 燃烧一般是指可燃物跟助燃物发生的一种剧烈的_____、_____的化学反应。

11. 按燃烧物形态分为_____、_____和_____。

12. 燃烧产物一般包括燃烧生成的_____、_____、_____等。其中，散发在空气中能被人们看见的燃烧产物叫烟雾，烟雾是由燃烧产生的_____、_____和_____组成的混合物。

13. 爆炸发生破坏作用的根本原因是构成爆炸的体系内存有_____或在爆炸瞬间生成的_____。

14. 爆炸温度上限就是液体蒸发出等于_____的蒸气浓度时的温度；爆炸温度下限即液体蒸发出等于_____的蒸气浓度时的温度。

四、简答题

1. 爆炸物品在发生爆炸时的特点有哪些？
2. 爆炸有哪两种情况？
3. 燃烧有哪几种类型？
4. 试分析一氧化碳中毒机理。
5. 什么是火灾？分析 A、B、C、D、E、F 六大类火灾及扑救的方法。
6. 试分析烟雾报警器的工作原理。

第七章 ▶▶
压力容器

1. 了解压力容器的分类、压力容器的安全附件。
2. 掌握气瓶使用安全、实验室常用压力容器使用安全。

重点与难点

重点：气体钢瓶标志、氮气及氮气瓶、氧气及氧气瓶。
难点：气体钢瓶标志、氢气及氢气瓶、乙炔及溶解乙炔气瓶。

第七章课程思政

第七章课件

第一节　压力容器简介

压力容器是指盛装气体或者液体，承载一定压力的密闭设备。压力容器的用途极为广泛，它在工业、民用、军工、科学研究等许多领域都具有重要的地位和作用。其中在化学工业中应用最为广泛，主要用于传热、传质、反应等工艺过程，以及储存、运输有压力的气体或液化气体。

一、压力容器的分类

1. 按容器的压力等级、容积、介质的危害程度等分类

根据容器的压力等级、容积、介质的危害程度及生产过程中的作用和用途，一般把压力容器分为三类，即一类容器、二类容器和三类容器。

（1）一类容器

① 非易燃或无毒介质的低压容器；

② 易燃或有毒介质的低压分离容器和换热容器。

（2）二类容器

① 中压容器；

② 剧毒介质的低压容器；

③ 易燃或有毒介质的低压反应容器和储运容器；

④ 内径小于 1m 的低压废热锅炉。

（3）三类容器

① 高压、超高压容器；

② 剧毒介质且 $P_W \times V \geqslant 200L \cdot kgf/cm^2$ 的低压容器或剧毒介质的中压容器；

③ 易燃或有毒介质且 $P_W \times V \geqslant 50000L \cdot kgf/cm^2$ 的中压反应容器，或 $P_W \times V \geqslant 5000L \cdot kgf/cm^2$ 中压储运容器；

④ 中压废热锅炉或内径大于 1m 的低压废热锅炉。

压力容器的分类方法还有很多，按照不同的方法可以有不同的分类。

2. 按盛装介质分类

按盛装介质分类可分为非易燃无毒压力容器、易燃有毒压力容器和剧毒压力容器。

3. 按工艺过程中的作用分类

① 反应压力容器（代号 R）　主要是用于完成介质的物理、化学反应的压力容器，如反应器、反应釜、高压釜、合成塔等。

② 换热压力容器（代号 E）　主要是用于完成介质的热量交换的压力容器，如热交换器、冷却器、冷凝器等。

③ 分离压力容器（代号 S）　主要是用于完成介质的流体压力平衡缓冲和气体净化分离的压力容器，如分离器、过滤器、吸收塔、干燥塔等。

④ 储存压力容器（代号 C，其中球罐代号 B）　主要是用于储存、盛装气体、液体、液化气体等介质的压力容器，如各种型式的储罐。

在一种压力容器内，如同时具备两个以上的工艺作用原理时，应当按工艺过程中的主要作用来划分种类。

4. 按设计压力 (P)分类

压力容器的设计压力（P）划分为低压、中压、高压和超高压四个压力等级：

① 低压（代号 L）　0.1MPa≤P<1.6MPa；

② 中压（代号 M）　1.6MPa≤P<10.0MPa；

③ 高压（代号 H）　10.0MPa≤P<100.0MPa；

④ 超高压（代号 U）　P≥100.0MPa。

5. 按形状分类

压力容器按形状划分，有球形容器、圆筒形容器和圆锥形容器。

6. 按承压方式分类

按承压方式分类，压力容器可分为内压容器和外压容器。

7. 按综合分类

① 固定式压力容器　使用环境固定，不能移动。工作介质种类繁多，大多为有毒、易燃易爆和具有腐蚀性的各类危险化学品。如球形储罐、卧式储罐、各种换热器、合成塔、反应器、干燥器、分离器、管壳式余热锅炉、载人容器（如医用氧舱）等。

② 移动式压力容器　主要是在移动中使用，作为某种介质的包装搭载在运输工具上。工作介质许多都是易燃、易爆或有毒的物质。如汽车与铁路罐车的罐体。

③ 气瓶类压力容器　作为压力容器的一种，应用最为广泛，有高压压缩气瓶（如氢气、氧气、氮气、二氧化碳钢瓶）、高压液化气瓶（如液氯、液氨）、溶解气体气瓶（如乙炔气体气瓶）和低压气瓶（如民用液化石油气钢瓶）。工作介质大多是易燃、易爆或有毒的物质。气瓶有很强的移动性，既有运输过程中的长距离移动，也有在具体使用中的短距离移动。如液化石油气钢瓶、氧气瓶、氢气瓶、氮气瓶、二氧化碳气瓶、液氯钢瓶、液氨钢瓶和溶解乙炔气瓶等。

二、压力容器的安全附件

1. 安全阀

安全阀的作用是当设备内的压力超过规定值时自动开启，释放超过的压力，使设备回到正常工作压力状态。压力正常后，安全阀自动关闭。

2. 压力表

压力表的量程应与设备工作压力相适应，通常为工作压力的 1.5～3 倍，最好为 2 倍。压力表刻度盘上应该刻红线，指出最高允许工作压力。压力表的连接管不能漏气，否则会降低压力表指示值。

3. 爆破片

固定式压力容器，爆破片的爆破压力不得大于压力容器的设计压力，且爆破片的最小设计爆破压力不应小于压力容器最高工作压力的 1.05 倍。

4. 测温仪表

需要控制壁温的压力容器，必须装设测试壁温的测温仪表（或温度计），严防超温。测温仪表应定期进行校验。

5. 液位计

根据压力容器的介质、最高允许工作压力（或设计压力）和设计温度，选用合适的液位计。在安装使用前，应进行液压试验。储存 0℃ 以下介质的压力容器，应选用防霜液位计。寒冷地区室外使用的液位计，应选用夹套型或者保温型结构的液位计。用于易爆（毒性）程度为极度或高度危害介质的液化气体压力容器上的液位计，应有防止泄漏的保护装置。要求液面指示平稳的，不允许采用浮子（标）式液位计。

6. 紧急切断装置

其作用是当管道及其附件发生破裂及误操作或附近发生火灾事故时，可紧急关闭阀门，迅速切断气源，防止事故蔓延扩大。

7. 快开门式压力容器的安全联锁装置

快开门式压力容器的安全联锁装置是防止压力容器发生超压爆炸和开门伤人等事故的有效措施。

三、压力容器设备发生事故的原因

本来压力容器大多数是承受静止而比较稳定的载荷，并不像一般转动机械那样容易因过度磨损而失效，也不像高速发动机那样因承受高周期反复载荷而容易发生疲劳失效。但在相同的条件下，压力容器的事故率要比其他机械设备高得多。究其原因，主要有以下几方面。

① 使用条件比较苛刻。压力容器不但承受着大小不同的压力载荷和其他载荷，而且有的还是在高温或深冷的条件下运行，工作介质又往往具有腐蚀性，工况环境比较恶劣。

② 容易超负荷。容器内的压力常常会因操作失误或发生异常反应而迅速升高，而且往往在尚未发现的情况下，容器即已破裂。

③ 局部应力比较复杂。例如，在容器开孔周围及其他结构不连续处，常会因过高的局部应力和反复的加载卸载而造成疲劳破裂。

④ 常隐藏有严重缺陷。焊接或锻制的容器，常会在制造时留下微小裂纹等严重缺陷，这些缺陷若在运行中不断扩大，在某些条件下会使容器突然破裂。

⑤ 管理使用不符合要求。压力容器操作人员未经必要的专业培训和考核，无证上岗，极易造成操作事故。

第二节　实验室常用压力容器

实验室常用压力容器有高压容器和气体钢瓶两类。

一、高压容器

高压容器是指容器内承受的压力大于 $100kgf/cm^2$ 的设备，例如：合成塔、化工反应器、反应釜等。高压容器的潜在危险主要是爆炸，其发生爆炸的原因有：器皿内的压力和大气压力差逐渐加大和反应时反应区内压力急剧升高或降低等。高压容器的安全使用与管理，应注意以下几个方面：

① 所有高压容器都要有严格的操作规程，在醒目的位置张贴"高压爆炸危险"等警示语。

② 在工作地点使用预防爆炸或减少其危害的仪器设备。例如使用外壁坚固的仪器，增添必要的压力调节器或安全阀，用金属或其他坚固的材料制作仪器的安全罩、防护板等。

③ 要熟悉仪器的性能和试剂的性质。例如：仪器结构、器皿材料的特性、工作时温度和压力等条件、使用的各种试剂的物理和化学性质、反应混合物的成分、所使用物质的纯度、能够引起试剂爆炸的各种因素（例如，火花、发热体等）。

④ 要掌握改变气相反应速率的影响因素，比如，光、压力、器皿中活性物质材料及杂质等。

⑤ 由多个部分组成的设备，连接时可能形成爆炸混合物，需要在连接导管内装上保险器或安全阀。

⑥ 学生使用高压容器，必须经过严格的上岗操作培训，必须有指导教师在场指导，指导教师有责任把可能发生的危险和应急措施告诉学生。没有进行相关安全教育，学生可拒绝开展实验。

二、气瓶

气瓶属于移动式的可重复充装的压力容器，一般把容积不超过 1000L（常用的为 35～60L），用于储存和运输永久气体、液化气体、溶解气体或吸附气体的瓶式金属或非金属密闭容器叫作气瓶。

从结构上，气瓶可分为无缝气瓶和焊接气瓶；从材质上，气瓶可分为钢质气瓶（含不锈钢气瓶）、铝合金气瓶、复合气瓶、其他材质气瓶；从充装介质上，气瓶可分为永久性气体气瓶、液化气体气瓶、溶解乙炔气瓶；从公称压力、工作压力和水压试验压力上，气瓶可分为高压气瓶和低压气瓶。

不是储存和运输上述气体，而是用作压力容器的瓶式容器都不是气瓶，而是压力容器。

1. 气瓶的原始标志

由气瓶制造厂打铳在气瓶肩部、筒体、颈圈、瓶阀护罩、气瓶提手上，或打铳在铭牌上，或用印铁法、喷涂法印涂在筒体上的有关设计、制造、充装、使用、运输和检验等技术参数，以及质量检验机构在上述部位上打铳或印涂的印章，统称为气瓶原始标志。

气瓶原始标志除平时加以保护外，还应把有关技术资料妥善保存，如果气瓶资料中没有气瓶原始标志图样，则应按瓶号把气瓶原始标志照样绘制、拓印下来，以备原始标志锈蚀、损坏时，备查、更换或补打标志。

在气瓶的肩部一般有两种钢印，我们把打在肩部的带有符号和数据的钢印，叫作气瓶标志。其中一种是由气瓶制造厂打的钢印叫作原始钢印。上面标出了气瓶制造厂名称（或代号）、制造厂检验标记、制造年月以及气瓶的实际重量、实际容积、气瓶编号、设计压力、筒体壁厚等符号或数据。另一种是由气瓶检验单位在历次定期检验时打的钢印叫作检验钢印。上面包括以下内容：检验单位代号、检验日期、下次检验日期、报废钢印（包括检验单位代号、报废标志）、降压钢印（包括检验单位代号、降压标志、降压后的工作压力、检验日期、下次检验日期）。另外，必须说明的是，钢印要求明显清晰；降压字体高度为 7~10mm，深度为 0.3~0.5mm；降压或报废的气瓶，除了在检验单位后面打上降压或报废的标志外，还必须在气瓶制造厂打的设计压力标记的上面打上降压或报废标志。

2. 气瓶的颜色和标记

气瓶的颜色是指喷涂（或印制）在气瓶外表的不同颜色；气瓶标记是指喷涂（或印制、粘贴）在气瓶外表的不同颜色的字样、色环和图案。

气瓶喷涂颜色标记的目的，主要是从颜色上迅速地辨别出气瓶和瓶内气体的性质（可燃性、毒性），避免错用。其次是防止气瓶外表面生锈、反射阳光和热量。

从安全技术角度来看，尽管各国气瓶的标记内容存在差异，但在颜色的选择上有一些共同点，一般可燃气体用红色，有毒气体用黄色。这对气瓶的安全使用很有意义。

为了避免各种钢瓶在使用时发生混淆。储存各种常用气体的气瓶应该用规定的颜色来标志（见表 7-1），例如：氢气瓶用深绿色，氧气瓶用天蓝色，氮气瓶用黑色，氨气瓶用黄色等。特殊气体的气瓶可以用文字来标识，以示区别。已使用的气瓶只能装同一品种甚至同一浓度的气体。混装气体会产生严重后果，如发生爆炸、损毁仪器设备、影响检测结果等。

表 7-1　各种气体钢瓶标志

气体类别	瓶身颜色	字样	标字颜色	腰带颜色
氮气	黑	氮	黄	棕
氧气	天蓝	氧	黑	—
氢气	深绿	氢	红	红
压缩空气	黑	压缩空气	白	—
氨	黄	氨	黑	—
二氧化碳	铝白	二氧化碳	黑	黄
氮气	棕	氮	白	—
氯气	草绿	氯	白	—
石油气体	灰	石油气体	红	—

3. 气体钢瓶的安全使用与管理

实验室的气体钢瓶，主要是指各种压缩气体钢瓶，如氧气瓶、氢气瓶、氮气瓶、液化气瓶等。气体钢瓶的危险主要是气体泄漏造成人员中毒或爆炸、火灾等事故。

（1）气体钢瓶搬运、存放与充装的注意事项

① 在搬动、存放气瓶时，应装上防震垫圈，旋紧安全帽，以保护开关阀，防止其意外转动和减少碰撞。

② 搬运、充装有气体的气瓶时，应使用特制的担架或小推车，也可以用手平抬或垂直转动。但绝不允许用手拿着开关阀移动。

③ 装车运输有气体的气瓶时，应视情况加以固定，避免运输途中滚动碰撞；装、卸车时应轻抬轻放。禁止采用抛丢、下滑或其他易引起碰击的方法。

④ 互相接触后可引起燃烧、爆炸气体的气瓶（如氢气瓶和氧气瓶、乙炔气瓶和氧气瓶），不能同车搬运或同屋存放，也不能与其他易燃易爆品混合存放。

⑤ 气瓶瓶体有缺陷、安全附件不全或已损坏，不能保证安全使用时，应停止使用，

送交有关单位检修，合格后方可使用。

（2）气体钢瓶的使用原则

① 储存气体钢瓶的仓库必须有良好的通风、散热和防潮条件，电气设备（电灯、电路）都必须有防爆设施。

② 气体钢瓶必须严格分类分处保存。不同品种的气体不得储存在一起（比如，氧气和氢气不能放置在同一房间内）；直立放置时要固定稳妥；气瓶要远离热源，避免暴晒和强烈振动；一般实验室内存放的气瓶量不得超过两瓶。

③ 气体钢瓶上选用的减压阀要分类专用。安装时螺扣要旋紧防止泄漏；开、关减压阀和开关阀时，动作必须缓慢；使用时应先旋动开关阀，后开减压阀；使用完毕后，先关闭开关阀放尽余气后，再关减压阀。切不可只关闭减压阀，而不关闭开关阀。

④ 使用气体钢瓶时，操作人员应站在气瓶侧面，不要正对气瓶接口。严禁敲打撞击气体钢瓶，要经常检查有无漏气现象，并注意压力表读数。

⑤ 氧气瓶或氢气瓶等，应配备专用工具，并严禁与油类接触。操作人员不能穿戴粘有各种油脂或易产生静电的服装、手套进行操作，以免引起燃烧或爆炸。

⑥ 可燃性气体和助燃气体气瓶，与明火的距离应大于 10m（距离不足时，可采取隔离等措施）。

⑦ 使用后的气瓶，应按规定留 0.05MPa 以上的残余压力，不可将气体用尽。可燃性气体应剩余 0.2～0.3MPa。其中氢气应保留 2MPa，以防止重新充气时发生危险。

⑧ 各种气瓶必须由取得检验资格的专门单位定期检验，严禁使用安全阀超期的气瓶。充装一般气体的气瓶一年检验一次，如在使用中发现有严重腐蚀或损伤，应提前进行检验。

⑨ 实验室中的气体钢瓶应放置在专用储存柜中。储存柜及室内要有良好的通风、散热、防潮条件，且不能混合储存不同种类的气瓶，尤其是会产生爆炸的气瓶。

⑩ 学生使用气体钢瓶必须经过严格的上岗培训，且必须有指导教师在场指导，操作时必须严格按照操作规程进行。指导教师有责任把可能发生的危险和应急措施告诉学生。严禁学生未经上岗培训，擅自接通气源。

4. 氢气瓶

氢气密度小，易泄漏，扩散速度很快，易与其他气体混合。氢气在空气中的爆炸极限为 4%～74.2%（体积分数），极易引起自燃自爆。氢气应单独存放，最好放置在独立建筑内，严禁烟火，同时应拧紧气瓶开关阀，以确保安全。

（1）操作氢气瓶的注意事项

① 必须保证工作场所具备良好的通风条件、空气中的氢气含量必须小于 1%（体积分数）。

② 应妥善保护氢气瓶和附件，防止破损。

③ 任何时候，都应将氢气瓶妥善固定，防止颠倒或受到撞击。

④ 凡是与氢气接触的部件、装置和设备，不得沾有油类、灰尘和润滑油脂。

⑤ 氢气瓶的最高使用温度为 60℃。国产 40L、公称工作压力为 15MPa 氢气瓶的最高使用压力为 18MPa。

⑥ 使用时，不得将氢气瓶靠近热源，距离明火的距离应大于 10m。氢气瓶禁止敲击、碰撞或带压紧固、整理。氢气瓶的任何部位禁止挖补、焊接修理。

⑦ 选用减压阀时应注意减压阀的额定进口压力不得低于氢气瓶压力。

⑧ 氢气瓶中断使用或暂时中断使用时,瓶阀应完全关闭。

⑨ 氢气瓶内气体禁止用尽,必须留有不低于 2MPa 的剩余压力。

⑩ 氢气瓶阀应缓慢打开,且氢气流速不能过快。如果瓶阀损坏或者无法用手打开,不得用扳手等工具强制将它打开,应将气瓶退还给供应气体的公司,并附上标签,标签上简要写明不能使用的原因。

（2）搬运、装卸注意事项

① 搬运和装卸氢气瓶的人员应穿防砸鞋,禁止吸烟。搬运氢气瓶时,应使用叉车或其他合适的工具,禁止使用易产生火花的机械设备和工具。

② 需要人工搬运单个氢气瓶时,应用手扶住瓶肩并缓慢滚动气瓶。不得拖、拽或将气瓶平放在地面上滚动。禁止握住瓶阀或瓶阀保护罩来直接滚动气瓶。

③ 装卸氢气瓶时,应轻装轻卸,不得采取拽、抛、倒置等方式,禁止将氢气瓶用作搬运其他设备的滚轴,装卸现场禁止烟火。

④ 吊装时,应将氢气瓶放置在符合安全要求的容器中进行吊运,禁止使用电磁起重机和用链绳捆扎,或将瓶阀作为着力点。

（3）储存氢气瓶的注意事项

① 氢气瓶应放在干燥、通风良好、凉爽的地方,远离腐蚀性物质,禁止明火及其他热源,防止阳光直射,库房温度不宜超过 30℃。

② 空瓶和实瓶应分开放置,并应设置明显标志。应与氧气、压缩空气、卤素、氧化剂等分开存放,切忌混储混运。

③ 应定期用肥皂水对氢气瓶进行漏气检查,确保无漏气。

④ 气瓶放置应整齐,立放时,应妥善固定;横放时,瓶阀应朝同一方向。

（4）氢气气瓶事故的应急处置措施

① 氢气气瓶泄漏（不着火）事故 氢气气瓶的泄漏一般发生在瓶阀与气瓶的连接螺纹处,或瓶阀关闭不严时在接口处的喷射泄漏。处理方法是严格隔绝火源火种,在氢气可能扩散的区域范围内疏散人员,电器开关保持原样,不能随意拉动,以免发生火灾。将泄漏气瓶转移到通风、空旷的场所。有条件可加强通风,确保氢气浓度降低。

若是氢气瓶阀未关严,关闭严密即可。

② 氢气气瓶泄漏着火事故 因瓶阀关闭不严,火焰沿瓶阀向外喷射,可戴手套迅速关闭瓶阀即可灭火。若是瓶阀关不上或沿瓶阀接口螺纹向外呈横向或纵向喷射火焰时,应立即用水冷却事故瓶或周围受其烘烤气瓶,使其降温,避免爆炸。条件允许的情况下,抢险队员穿戴好保护用品,把事故气瓶转移到安全地点（通风、空旷、周围无易燃物）,继续冷却瓶体同时用干粉灭火器灭火。周围未做好防火措施时,切不可灭火,以免大量气体外溢引起爆炸。可在确保其不爆炸的前提下,让其自行燃烧,直至熄灭。

若周围气瓶较多要先冷却周围受火焰烘烤的气瓶及事故气瓶,以免发生连环爆炸。

③ 氢气气瓶爆炸事故 氢气气瓶着火后,由于受高温烘烤,内压增加,当压力超过其最大工作压力（设计压力）时,即可能发生爆炸。爆炸的发生具有突发性,且破坏威力巨大,事故发生后,应立即向有关部门报告,事故抢险人员应迅速赶赴现场进行抢险、救援。已经引发继发火灾时,要在采取相关措施的同时,立即向消防部门报警（119）。

5. 氧气瓶

氧气是强烈的助燃气体，在高温下纯氧十分活泼，温度不变而压力增加时，可以和油类发生急剧的化学反应并引起油类发热自燃，进而爆炸。氧气瓶一定要防止与油类接触，并绝对禁止让其他可燃性气体混入氧气瓶，禁止用曾充装过其他可燃性气体的气瓶来充灌氧气，禁止将氧气瓶放于阳光暴晒的地方。

（1）操作氧气瓶的注意事项

① 安装减压阀前，先将瓶阀微开 $1\sim2s$，并检验氧气质量，符合要求才能使用。

② 使用氧气时，不得将瓶内氧气全部用完，最少应留 $0.1MPa$。以便在再装氧气时吹除灰尘和避免混进其他气体。

③ 检查瓶阀时，只允许用肥皂水检验。

④ 氧气瓶不准改装其他气体。

⑤ 开启瓶阀和减压阀时，动作应缓慢，以减轻气流的冲击和摩擦，防止管路过热着火。

⑥ 与氧气接触的零件不得沾染油污，使用这些零件前必须进行脱油脱脂处理。

⑦ 不得戴着沾有油脂的手套或手上带油时直接开启氧气瓶瓶阀和减压阀。

⑧ 禁止用压缩纯氧进行通风换气或吹扫清理，禁止以压缩氧气代替压缩空气作为风动工具的动力源，以防引发燃爆事故。

⑨ 在开启瓶阀和减压阀时，人要站在侧面，缓慢开启，防止气流过快而产生静电火花。

（2）氧气瓶的保管与存放

① 氧气瓶不得与可燃性气体的气瓶同室储存，氧气瓶储存室内严禁烟火。

② 保管和使用时应防止沾染油污；放置时必须固定。

③ 室内温度不得超过 30℃，距离热源明火的距离大于 10m。

④ 氧气瓶减压阀、压力计、接头与导管等，要涂标记。

⑤ 氧气瓶不能强烈碰撞。禁止采用抛、摔及其他容易引起撞击的方式进行装卸或搬运。

（3）氧气气瓶事故的应急处置措施

① 一旦发现氧气泄漏，应立即关闭阀门，切断火源，电源开关保持原样。

② 避免与可燃物或易燃物接触。

③ 如果无法关闭阀门，应立即疏散人员，向有关部门报警。合理通风，加速扩散，漏气气瓶妥善处理。

6. 溶解乙炔气瓶

乙炔是极易燃烧、容易爆炸的气体。乙炔在空气中爆炸极限为 $2.2\%\sim81\%$（体积分数），含有 $7\%\sim13\%$ 乙炔的乙炔-空气混合气，或含有 30% 乙炔的乙炔氧气混合气最易发生爆炸。乙炔和氯气、次氯酸盐等物质，遇光或加热就会燃烧或爆炸。

盛装乙炔气体的容器，外壳为钢质焊接气瓶，内装多孔性填料（一般为活性炭、硅酸钙），由瓶身、瓶帽、瓶阀、易熔塞及多孔填料等组成。多孔填料用于吸附丙酮溶剂，乙炔溶解在丙酮中。在使用时，溶解在丙酮中的乙炔气释放，通过瓶阀流出，而丙酮仍留在瓶内，以便再次溶解乙炔。在温度15℃时，1L丙酮可以溶解23.5L乙炔气体，当压力为

16atm 时可溶解 360L 乙炔。

存放乙炔气瓶的地方，要求通风良好。使用时应装上回闪阻止器，还要注意防止气体回缩。如发现乙炔气瓶有发热现象，说明乙炔已发生分解，应立即关闭气阀，并用水冷却瓶体，同时最好将气瓶移至安全的地方妥善处理。发生乙炔燃烧时，绝对禁止用四氯化碳灭火。

7. 液氮罐

液氮罐一般可分为液氮贮存罐和液氮运输罐两种。贮存罐主要用于室内液氮的静置贮存，不宜在工作状态下作远距离运输使用；液氮运输罐为了满足运输的要求，作了专门的防震设计。液氮罐只能用于盛装液氮，不能盛装其他冷冻剂，使用液氮要防冻伤，防窒息。

案例

案例 1：2015 年 4 月，某大学化工学院一实验室发生爆炸事故，造成 1 人死亡，4 人受伤，直接经济损失约 200 万元人民币。事故发生的直接原因是储气钢瓶装有甲烷、氧气、氮气的混合气体，气瓶内甲烷含量达到爆炸极限范围，开启气瓶阀门时，气流快速流出引起的摩擦热能或静电，导致瓶内气体反应爆炸。间接原因是实验人员在实验时操作不当，违规配制试验用气，对甲烷混合气的危险性认识不足，爆炸气瓶属超期服役，实验室安全管理存在薄弱环节。

案例 2：2010 年 6 月，某实验室发生一起设备爆炸事故。

事故基本情况：某研究生给某分析仪充入氮气，充气若干时间后，该学生离开实验室去二楼，当其返回该仪器旁时，观察窗口（直径约 15cm）的玻璃爆裂，碎裂的玻璃片将该学生右手静脉割破，腹部割伤，致大量出血，其他实验室的同学发现后，立即拨打"120"送医院抢救。爆裂的玻璃片飞散至室内各处，其中一小块玻璃将该门上的玻璃击穿，可见爆炸的威力巨大。

事故原因分析：

（1）该学生违反操作规程。该学生充气后，未将氮气钢瓶的总阀和减压阀关闭，就离开实验室去二楼办其他事（约 5min），当他返回实验室时，发生了爆炸。由于长时间充气，致使该仪器内的压力高于其最高许可工作压力，观察窗口的玻璃因无法承受此高压而爆裂。这是发生本次事故的主要原因。

（2）仪器缺少安全防护装置。该仪器的观察窗口较大，直径约为 15cm，虽然该仪器主要在高真空下工作，若能为其设置安全防护罩（如设置一个有机玻璃箱，以罩住观察窗口），则可在一定程度上避免此类事故。该仪器的玻璃观察窗口直接面对操作人员，缺少安全防护装置，增加了发生伤人事故的可能性。

（3）缺少规范的仪器操作规程。实验室仪器管理存在缺陷，缺少具体、准确的操作指南，如操作顺序、差错警示、充气时间、充气压力等。

案例 3：2004 年 2 月，某大学实验楼水热反应釜发生爆炸事故。事故原因是违规使用高温加热炉加热，反应釜制作简陋，安全性差。

案例 4：2016 年 5 月 25 日晚上，某校一学生进行高压灭菌操作。在灭菌锅开盖后，装满溶液的试剂瓶发生爆裂，该学生面部、上肢有不同程度的烫伤和玻璃划伤，眼部受伤。

事故原因：试剂瓶溶剂装得过满；灭菌锅的温度和压力没按要求降到规定值。

小知识1：聚四氟乙烯水热反应釜

水热反应釜又称聚合反应釜、消解罐、反应釜、水热合成反应釜等。水热反应釜可用于小剂量的合成反应和分析样品的预处理，也可利用罐体内强酸或强碱且高温高压密闭的环境来达到反应或快速消解的目的。在晶体生长、水热合成、有机合成及样品消解萃取等方面有着广泛的应用。一般由上下垫片、不锈钢外套、不锈钢釜盖、内衬（聚四氟乙烯）、内衬盖等组成。聚四氟乙烯水热反应釜基本参数：规格，25mL、50mL、100mL、200mL、500mL可供选择，特殊要求可定制；压力，$-0.1\sim3$MPa；温度，$-200\sim220$℃；材质，外套一般为优质304不锈钢，内衬为聚四氟乙烯（PT-FE），耐强酸强碱及有机溶剂。

小知识2：高压氧舱与负压隔离舱

高压氧舱是进行高压氧疗法的专用医疗设备，按加压的介质不同，分为空气加压舱和纯氧加压舱两种。正常人的血液中所溶解氧气量与环境压力有关，我们生活在约为1个标准大气压（101.325kPa）的环境下，空气中的氧气只有1/5，特殊情况下，血液里溶解的氧气少，满足不了人体的需要。人在高压氧舱中溶解在血液中的氧随着氧舱的压力增高而增加。在2个大气压的氧舱内，吸纯氧后溶解在血液中的氧气增加了14倍，与普通吸氧相比，高压氧的力度更大，效果更好，能够直接利用氧量解决缺氧问题，高压氧还具有抗菌等效果。适用于一氧化碳中毒、脑血栓等疾病的治疗。

负压隔离舱主要由隔离舱体、担架结构、负压生成装置、空气净化过滤装置、相关安全防护装备组成。舱体为相对密闭结构，由负压生成装置在隔离舱内形成微负压，隔离舱的排气口配有过滤空气净化系统，在病人得到充足新鲜空气的同时，保证隔离舱内病员产生的污染气体不会向舱外渗漏，医护人员也可以从隔离舱外观察病人的生命体征和进行初步救护。其性能安全可靠，使用简单方便，处理局部、单人的突发性传染病事件时效果更加明显。

小知识3：外国气瓶

气瓶的颜色标记，各国都有各自的规定。

日本气瓶：氧气（黑），氢气（红），二氧化碳（绿），液氨（白），液氯（黄），其他气体（灰）。

苏联气瓶：共有黑、黄、灰、白、红、深绿、褐、天蓝、保护色、铝白、紫11种颜色。

德国气体：原则上是氧气（天蓝），氮气（绿），乙炔（黄），可燃气体（棕），非可燃气体（灰）。

美国气瓶：氧气（绿），二氧化碳（灰），氧化亚氮（蓝），环丙烷（橘黄），氢气（棕），氮气（黑），空气（黄）。

▶▶ 习　题 ◀◀

一、选择题

1. 气瓶使用时瓶内气体不能用尽，永久气体气瓶的剩余压力应不小于（　　）。
A. 0.03MPa　　　　B. 0.05MPa　　　　C. 0.08MPa　　　　D. 0.1MPa

2. 永久气体气瓶的最高使用温度为（　　）。
A. 20℃　　　　B. 40℃　　　　C. 60℃　　　　D. 80℃

3. 使用（　　）时，操作者的双手、手套及工具等不得沾染油脂。
A. 氢气瓶　　　　B. 氧气瓶　　　　C. 液化石油气瓶　　　D. 氮气瓶

4. 压力容器在正常运行中，其顶部的压力是（　　）。
A. 最高工作压力　　B. 工作压力　　　C. 设计压力　　　D. 最低工作压力

5. 运行中压力容器的检查主要包括（　　）三个方面。
A. 操作温度、操作压力、液位　　　　　B. 化学成分、物料配比、投料数量
C. 压力表、安全阀、缺陷　　　　　　　D. 工艺条件、设备状况、安全装置

6. 安全阀是一种（　　）装置。
A. 计量　　　　B. 联锁　　　　C. 报警　　　　D. 泄压

7. 压力容器在正常工艺操作时可能出现的最高压力是（　　）。
A. 最高工作压力　　B. 工作压力　　　C. 设计压力　　　D. 最高设计压力

8. 氧气钢瓶不得与（　　）混合存放。
A. 乙炔钢瓶　　　B. 氩气钢瓶　　　C. 氮气钢瓶　　　D. 液化气钢瓶

9. 压力表在刻度盘上刻有的红线表示（　　）。
A. 最低工作压力　　B. 最高工作压力　　C. 中间工作压力

10. 开启气瓶瓶阀时，操作者应该站在（　　）。
A. 侧面　　　　B. 正面　　　　C. 后面

11. 搬运气瓶时，应该（　　）。
A. 戴好瓶帽，轻装轻卸　　　　　B. 随便挪动
C. 无具体安全规定

12. 乙炔瓶的储藏仓库，应该避免阳光直射，与明火距离不得小于（　　）。
A. 5m　　　　B. 10m　　　　C. 15m

13. 气瓶的瓶体有肉眼可见的突起（鼓包）缺陷的，应（　　）。
A. 维修处理　　　B. 报废处理　　　C. 改造使用

14. 各种气瓶的存放，必须距离明火（　　）以上，避免阳光暴晒，搬运时不得碰撞。
A. 1m　　　　B. 3m　　　　C. 10m

15. 在作业场所液化气浓度较高时，应该佩戴（　　）。
A. 面罩　　　　B. 口罩　　　　C. 眼罩　　　　D. 防毒面罩

16. 我国气体钢瓶常用的颜色标记中，氮气的瓶身和标字颜色分别为（　　）。
A. 黑和蓝　　　B. 黄和黑　　　C. 黑和黄　　　D. 蓝和黑

17. 安全阀的作用原理是（　　）。

A. 安全阀是通过在阀瓣上两个力的平衡来使它开启或关闭，起到防止压力容器超压的作用

B. 安全阀是通过爆破片破裂时泄放容器的压力，起到防止压力容器的压力继续上升的作用

18. 氢气瓶的规定涂色为（　　）。

A. 淡绿　　　　　　B. 淡黄　　　　　　C. 银灰　　　　　　D. 紫红

19. 压力为50MPa的压力容器是（　　）。

A. 低压容器　　　　B. 中压容器　　　　C. 高压容器　　　　D. 超高压容器

20. 工作压力为5MPa的压力容器属于（　　）。

A. 高压容器　　　　B. 中压容器　　　　C. 中低压容器　　　D. 低压容器

21. 以下对实验室常用气体描述不正确的是（　　）。

A. 氢气密度小，易泄漏，扩散速度很快，易和其他气体混合，严禁大量存放在实验室

B. 乙炔是极易燃烧、容易爆炸的气体，当其燃烧时绝对禁止使用四氯化碳灭火器灭火

C. 氧化亚氮具有麻醉兴奋作用，俗称笑气，受热极易分解

D. 氧气是助燃气，温度不变而压力增加时，可和油类急剧反应，引起燃烧和爆炸

22. 由于使用不当致使高压灭菌锅锅内压力、温度偏高而引发爆炸，此种爆炸属于（　　）。

A. 化学爆炸　　　　B. 物理爆炸　　　　C. 核爆炸　　　　　D. 分解爆炸

23. 实验室中常常用到一些压力容器（如高压反应釜、气体钢瓶等），下列做法正确的是（　　）。

A. 不得带压拆卸压紧螺栓

B. 气体钢瓶螺栓受冻，不能拧开，可以用火烧烤

C. 在搬动、存放、更换气体钢瓶时安装防震垫圈

D. 学生在没有经过培训、没有老师在场指导的情况下使用气瓶

二、判断题

1. 可以将氯气与氨气混放在一个房间。（　　）

2. 可以将氢气与氧气混放在一个房间。（　　）

3. 可以将乙炔与氧气混放在一个房间。（　　）

4. 不得使用过期、未经检验和不合格的气体钢瓶。（　　）

5. 高压气体钢瓶要分类保管，直立固定。严禁将氯气与氨气，氢气与氧气，乙炔与氧气混放在一个房间。（　　）

6. 液氯钢瓶与液氨钢瓶可以同库存放。（　　）

7. 乙炔气钢瓶的规定涂色为白色、氯气钢瓶为黄色、氢气钢瓶为绿色、氟化氢钢瓶为灰色、液氨钢瓶为黄色。（　　）

8. 气体钢瓶使用后，可以不关闭阀门。（　　）

9. 因为实验需要，可以在实验室存放大量气体钢瓶。（　　　）

10. 实验室气体钢瓶必须用铁链、钢瓶柜等固定，以防止倾倒引发安全事故。（　　　）

11. 压力容器进行内部检修时，可以使用明火照明。（　　　）

12. 气瓶的充装和使用人员可以穿着化纤衣服。（　　　）

13. 气瓶在使用前，应该放在绝缘性物体如橡胶、塑料、木板上。（　　　）

14. 溶解乙炔气瓶严禁卧放使用。（　　　）

15. 压力容器运行中防止发生事故的根本措施是防止设备超温、超压和物料泄漏。（　　　）

16. 可用向容器表面冲浇凉水的物理方法使容器较快降温降压。（　　　）

17. 运行中容器发生振动或异常声响应立即查明原因，进行针对性处理。（　　　）

18. 压力容器上安全阀下可以随意加底阀。（　　　）

19. 压力容器平稳操作是指缓慢的加压和卸压，以及运行期间保持载荷的相对稳定。（　　　）

20. 压力容器内部有压力时，不得进行任何修理工作。（　　　）

21. 长期未使用的压力容器在准备投入使用前必须进行检验。（　　　）

22. 气瓶使用到最后应该留有余气。（　　　）

23. 气体钢瓶的使用时，一般是将钢瓶内气体全部用尽方可重新灌装新的同种气体。（　　　）

24. 开启气门时应站在气压表的一侧，不准将头或身体对准气瓶总阀，以防万一阀门或气压表冲出伤人。（　　　）

三、填空题

1. 实验室常用压力容器有＿＿＿＿＿＿和＿＿＿＿＿＿两类。

2. 气体钢瓶的危险主要是气体泄漏造成人员＿＿＿＿＿＿或＿＿＿＿＿＿、＿＿＿＿＿＿等使实验室房屋、仪器设备损坏或人员伤亡。

3. 气瓶应该用不同规定的颜色来标志，氢气瓶用＿＿＿＿＿＿色，氧气瓶用＿＿＿＿＿＿色，氮气瓶用＿＿＿＿＿＿色，氨气瓶用＿＿＿＿＿＿色等。

4. 气瓶安装时＿＿＿＿＿＿，防止泄漏；开、关减压器和开关阀时，＿＿＿＿＿＿；使用时应先旋动＿＿＿＿＿＿，后开＿＿＿＿＿＿；使用完毕后，先＿＿＿＿＿＿，再＿＿＿＿＿＿。

5. 用后的气瓶，应按规定留＿＿＿＿＿＿以上的残余压力，可燃性气体应剩余＿＿＿＿＿＿，氢气应保留＿＿＿＿＿＿，以防止重新充气时发生危险，不可将气体用完用尽。

6. 储存气体钢瓶的仓库必须有＿＿＿＿＿＿、＿＿＿＿＿＿和＿＿＿＿＿＿的条件。

7. 可燃性气体和助燃气体气瓶，与明火的距离应＿＿＿＿＿＿，距离不足时，可采取＿＿＿＿＿＿等措施。

8. 溶解乙炔气瓶的多孔性填料一般是＿＿＿＿＿＿，多孔填料用于吸附＿＿＿＿＿＿和＿＿＿＿＿＿。

9. 液氮罐一般可分为＿＿＿＿＿＿、＿＿＿＿＿＿两种，使用液氮要防＿＿＿＿＿＿，防＿＿＿＿＿＿。

10. 气瓶从充装介质上分类为：＿＿＿＿＿＿、＿＿＿＿＿＿、＿＿＿＿＿＿。

第八章 ▶▶
实验室安全用电常识

 **教学目标**

　　1. 了解电击及其分类、电伤及其分类、单相触电、两相触电、跨步电压触电、接触电压触电、人体触电方式、静电的危害与防护。
　　2. 掌握电对人体伤害程度的影响因素、安全电压、安全电流。

重点与难点

　　重点：触电方式及其防护措施。
　　难点：触电方式及其防护措施、触电后应急措施。

第八章课程思政

第八章课件

第一节　实验室电源简介

　　随着时代的发展，化学实验室使用电器越来越多。设备多、线路多、使用频繁是化学实验室的特点之一，安全用电一直是实验室安全管理中的一项重要内容。

　　实验室电源主要包括两部分：照明电源和电力电源。电力主要用于各类实验仪器、排气设备等的供电，供电系统是实验室最重要的基本条件之一。

一、实验室的电源特性

　　每个实验室内都有三相交流电源和单相交流电源，要设置总电源控制开关，当实验室无人时，应能切断室内电源。实验室的配电箱一般设计在靠近门口的墙上，方便关闭总电源。

　　固定位置的用电设备，如烘箱、马弗炉、高温炉、冰箱等。如果是在实验中使用这些设备，而在实验结束时就停止使用，可连接在该实验室的总电源上；若需长时间不间断使用，则应有专用供电电源，不会因为切断实验室的总电源而影响其工作。

　　每个实验台上都要设置一定数量的电源插座，至少要有一个三相插座，单相插座可以设 2~4 个。插座应有开关控制和保险装置，万一发生短路时不致影响室内的正常供电。插座可设置在实验桌桌面上或桌子边上，但应远离水池和气瓶等的喷嘴口，并且不影响实验台上仪器的放置和操作。

为了配合实验台、通风橱、烘箱等的布置，在实验室的四面墙壁上，在适当位置要安装多处单相和三相插座，这些插座一般在踢脚线以上，以使用方便为原则。

化学实验室因有腐蚀性气体，配电导线以采用铜芯线为宜，其他实验室可以用铝芯线。敷线方式，以穿管暗敷设为宜，暗敷设不仅可以保护导线，而且还使室内整洁，不易积尘，并且检修更换方便。

动力配电线五线制 U、V、W、零线、地线的色标分别为：黄、绿、红、蓝、双色线。单相三芯线电缆中的红线代表火线。

二、空气开关

空气开关（图 8-1），又名空气断路器，是断路器的一种。它是一种只要电路中电流超过额定电流就会自动断开的开关。空气开关是低压配电网络和电力拖动系统中非常重要的一种电器，它集控制和多种保护功能于一身。除能完成接触和分断电路外，还可以对电路或电气设备发生的短路、严重过载及欠电压等进行保护，同时也可以用于不频繁启动的电动机。

图 8-1　空气开关

三、保险丝

在实验室中，经常使用单相 220V、50Hz 的交流电，有时也用到三相电。任何导线或电器设备都有规定的额定电流值（即允许长期通过而不致过度发热的最大电流值），当负荷过大或发生短路时，通过的电流超过额定电流，会导致电器设备绝缘损坏和设备烧坏，甚至引起着火。为了安全用电，从外接电路引入电源时，必须安装适当型号的保险丝。

保险丝是一种自动熔断器（图 8-2），串联在电路中，当电流过大时，则会发热过度而烧断，自动切断电路，达到保护电线、电器设备的目的。普通保险丝是指铅（75%）锡（25%）合金丝，各种直径不同的保险丝额定电流值不同。

保险丝应接在相线引入处，在接保险丝时应把电闸拉开，更换保险丝时应遵循同型号原则，不能用型号小的代替（型号小的保险丝粗，额定电流值大），更不能用钢丝代替，否则就失去了保险丝的作用，容易造成用电事故。

图 8-2　保险丝

第二节 安全用电注意事项

安全用电的基本要求是：电器绝缘良好、保证安全距离、线路与插座容量与设备功率相适宜、不使用三无产品。实验室内应使用空气开关并配备必要的漏电保护装置；应配备足够的用电功率，不得超负荷用电；电器设备和大型仪器须接地良好，电线老化等隐患要定期检查并及时排除，不使用不合格的电器设施（如开关、插座插头、接线板等）。

一、防止触电

违章用电可能会造成人身伤亡、火灾、仪器损坏等严重事故。电流对人体的伤害主要有电击、电伤、电磁场生理伤害等。实验室中由于违章用电导致的事故给个人及学校带来很大损失，因此，学生在进入实验室之前，一定要多了解一些安全用电常识，才能在实验中远离危险。同时，做完实验以后，一定要做到人走电断，不留下任何安全隐患。

① 不用潮湿的手接触电器。

② 电源裸露部分应有绝缘装置（例如电线接头处应裹上绝缘胶布）。

③ 所有电器的金属外壳都应接地保护。

④ 实验前先检查用电设备，再接通电源；实验结束后，先关仪器设备，再关闭电源；实验人员离开实验室或遇突然断电时，应关闭电源，尤其要关闭加热电器的电源开关；不得将供电线随意放在通道上，以免因绝缘破损造成短路。在需要带电操作的低压电路实验时，用单手比双手操作更安全，不应用双手同时触及电器，防止触电时电流通过心脏。

⑤ 维修或安装电器时，应先切断电源。如遇线路老化或损坏，应及时更换。

⑥ 不能用试电笔去试高压电，使用高压电源应有专门的防护措施。

⑦ 要经常整理实验室，以防触电跌倒后的二次伤害，确保实验人员的人身安全。如有人触电，应迅速切断电源，然后进行抢救。

⑧ 实验室内的明、暗插座距地面的高度一般不低于 0.3m。

⑨ 在潮湿或高温或有导电灰尘的场所，应该用超低电压供电。当相对湿度大于 75% 时，属于危险、易触电环境。漏电保护器既可用来保护人身安全，还能对低压系统或设备的对地绝缘状况起到监测作用。

⑩ 含有高压变压器或电容器的电子仪器，只有专业人员才能打开仪器盖。

⑪ 影响电流对人体伤害程度的主要因素有：电流的大小、电流通过人体的途径、电流的频率、人体电阻等。

⑫ 低压电笔一般适用于 500V 以下的交流电压，安全电压是指保证不会对人体产生致命危险的电压值，工业中使用的安全电压是 36V 以下。

二、防止短路

① 线路中各接点应牢固，电路元件两端接头不能互相接触，以防短路。

② 电线、电器不要被水淋湿或浸在导电液体中，例如：实验室加热仪器的接口不要放在水槽边。

③ 电源变压器输出短路时，会出现变压器有异味、冒烟、发热等现象，直至烧毁。

④ 交流电路短路后，内部的电容可能会有高电压，用仪表测量电容值时会损坏仪表。

⑤ 三相电闸闭合后或三相空气开关闭合后，由于缺相会导致三相电机嗡嗡响、不转或转速很慢。

三、防止引起火灾

预防电气火灾的基本措施有：电气线路改装等必须由持有电工资格证书的专业人员完成，禁止乱拉临时用电线路；做电器类实验时应不少于 2 人在场；工作现场应清除易燃易爆物品。

① 使用的空气开关要与实验室允许的用电量相符。特别是新增大型用电设备需要安装单独的空气开关时，一定要核对实验室设计的最大用电量。

② 电线的安全通电量应大于用电功率。

③ 室内若有氢气、煤气等易燃易爆气体，应避免产生电火花。继电器工作和开关电闸时，易产生电火花，要特别小心；电器接触点（如电插头）接触不良时，应及时维修或更换。

④ 如遇电线起火，应立即切断电源，用沙或二氧化碳、四氯化碳灭火器灭火，禁止用水或泡沫灭火器等导电液体灭火。

⑤ 交、直流回路不可以合用一条电缆。

四、静电防护应急救护

1. 接地

接地就是直接将静电通过一条导线的连接泄放到大地，这是防静电措施中最直接有效的方法，对于导体通常用接地的方法。

接地通过以下方法实施：

① 人体通过手腕带接地。

② 人体通过防静电鞋（或鞋带）和防静电地板接地。

③ 工作台面接地。

④ 测试仪器、工具夹、烙铁接地。

⑤ 防静电地板、地垫接地。

⑥ 防静电转运车、箱、架尽可能接地。

⑦ 防静电椅接地。

2. 静电屏蔽

静电敏感元件在储存或运输过程中会暴露于有静电的区域中，用静电屏蔽的方法可削弱外界静电对电子元件的影响，最通常的方法是用静电屏蔽袋和防静电周转箱。另外，防静电衣对人体的衣服具有一定的屏蔽作用。

静电具有三大特点：一是电压高，二是静电感应突出，三是尖端放电现象严重。静电的电量虽然不大，但其放电时产生的静电火花有可能引起爆炸和火灾，比较常见的是放电时产生瞬间的电流造成仪器损坏。预防措施有：适当提高工作场所的湿度；进行特殊危险实验时，操作人员应先接触设置在安全区内的金属接地棒，以消除人体电位；计算机进行维护时，使用防静电毯。

3. 离子中和

（1）防静电检测仪器

① 手腕带/脚带/防静电鞋综合检测仪：检测手腕带、脚带、防静电鞋是否符合要求。

② 测试脚带及防静电鞋时，需增加一块金属板及仪表连接导线。

③ 除静电离子风机检测仪：定期对离子风机平衡度和衰减时间进行检测及校验，以确保离子风机工作在安全的指标范围内。

④ 静电场探测仪：测量静电场以反映静电的存在，以电压形式读数，用来测试环境的静电强度。缺点是由于受环境影响和静电瞬间特性，很难真实反映实际情况。

⑤ 静电屏蔽袋测试仪：用于检测静电屏蔽袋的屏蔽效果。

⑥ 表面电阻测量仪：用于测量材料表面电阻及体积电阻。

（2）接地类防静电产品

① 防静电手腕带：广泛用于各种操作工位，手腕带种类很多，一般采用配有 $1M\Omega$ 电阻的手腕带，线长应留有余量。

② 防静电手环：需要与其他防静电措施（如：增设离子风机、戴防静电脚跟带等）共同使用才能取得较好的防静电效果，一般不要大量佩戴防静电手环。

③ 防静电脚带/防静电鞋：使用防静电地面后，应佩戴防静电鞋带或穿防静电鞋，建议以穿防静电鞋为主，可降低灰尘的引入。结合佩戴防静电手腕带效果将会更佳。

④ 防静电台垫：用于各工作台表面的铺设，各台垫串上 $1M\Omega$ 电阻后接地。

⑤ 防静电地板：防静电地板分为 PVC 地板、聚氨酯地板、活动地板。

⑥ 防静电蜡和防静电涂料：防静电蜡可用于各种地板表面，增加防静电功能及使地板更加明亮干净。防静电涂料可用于各种地板表面，也可涂于各种货架、周转箱等容器上。

第三节　触电安全防护

从触电原因来看，多为电器漏电，漏电的原因有各种电器故障、绝缘层损坏、受潮等。因此在使用电器时，要特别注意检查电器是否正常。

一、用电相关基础知识

人体组织有三分之二是由含有导电物质的水分组成的，所以人体是电的良导体。触电一般分为电击和电伤。电流对人体有害作用主要表现为：电热作用、电离或电解作用、生物学作用、机械作用。电热作用是指：电流通过人体时，电流的热效应会引起肌体烧伤、炭化或在某些器官中产生损害其正常功能的高温。电离或电解作用是指：肌体内体液和其他组织会发生分解，使各种组织结构和成分破坏。生物学作用是指：神经组织或其他组织受刺激兴奋，内分泌失调。机械作用是指：电能在体内转化为机械能引起损伤。

1. 电击及其分类

电击是指电流通过人体内部，使肌肉非自主地发生痉挛收缩造成的伤害，严重时会损害人的心脏、肺部以及神经系统，甚至危及生命。电击可分为直接电击和间接电击。直接电击是指：人体直接触及正常运行的带电体所发生的电击。间接电击是指：人体触及电气设备故障后意外带电部分所发生的电击。

2. 电伤及其分类

电伤：电流的热效应、化学效应、机械效应给人体造成的伤害，往往在肌体表面留下伤痕，造成电伤的电流比较大。电伤可分为电弧烧伤、电烙印和皮肤金属化。

电弧烧伤也叫电灼伤，是最常见也是最严重的一种电伤，是电流的热效应造成的伤害，症状是皮肤发红、起泡，组织破坏或烧焦。

电烙印是指载流导体较长时间接触人体时，因电流的化学效应和机械效应作用，接触部分的皮肤变硬并形成圆形或椭圆形的肿块痕迹。

皮肤金属化是指由于电弧或电流作用产生的金属微粒渗入皮肤表层而使皮肤变得粗糙坚硬并呈特殊颜色。

3. 电对人体伤害程度的影响因素

电对人体伤害程度的影响因素有：电流大小、作用时间、电流途径、电流种类和频率、电压、人体电阻、触电者的体质和健康状况、周围环境条件等。

（1）电流伤害程度

感知电流：引起人的感觉的最小电流，如男性为 $1.1\mu A$，女性为 $0.7\mu A$。

摆脱电流：触电后能自主摆脱电源的最大电流，男性为 16mA，女性为 10mA。

致命电流：在较短时间内会危及生命的电流，也称为室颤电流，男性为 50mA，女性大于 100mA。

（2）伤害程度与电流大小的关系

电流大小与伤害程度的关系见表 8-1。

表 8-1　电流大小与伤害程度

电流/mA	作用的特征	
	交流电	直流电
0.6～1.5	开始有感觉,手轻微颤抖	没有感觉
2～3	手指强烈颤抖	没有感觉
5～7	手指痉挛	感觉痒和热
8～10	手已较难摆脱带电体,手指尖至手腕均感剧痛	热感觉较强,上肢肌肉收缩
50～80	呼吸麻痹,心室开始颤动	强烈的灼热感,上肢肌肉强烈收缩痉挛,呼吸困难
90～100	咀嚼麻痹,持续时间 3s 以上则心脏停搏,心室颤动	呼吸麻痹
300	持续 0.1s 以上可致心跳、呼吸停止,机体组织可因电流的热效应而破坏	

（3）伤害程度与电流作用于人体时间的关系

人体在电流作用下，时间越短获救的可能性越大。电流通过人体时间越长，电流对人体的机能破坏越大，获救的可能性也就越小。

① 作用时间越长，室颤电流减小：当作用时间 $t \geqslant 1s$ 时，$I = 50mA$；当 $t \leqslant 1s$ 时，$I = 50/t$ mA。

② 作用时间越长，电流波峰与心脏搏动波峰重合的可能性越大。

③ 作用时间越长，人体电阻越低。

电流作用于人体时间越长，触电人的危险性越大，因此，触电急救时最关键的是"迅速施救"。

（4）伤害程度与电流途径的关系

电流通过人体时，可使表皮灼伤，并能刺激神经，破坏心脏及呼吸器官的机能。电流通过人体的路径是从手到脚，中间经过重要器官（心脏）时最为危险。路径如果是从脚到脚，则危险性较小。通过大脑时，可引起中枢神经麻痹、抑制而使呼吸停止，或者引起循环中枢抑制而使心搏骤停。通过心脏时，可引起心脏纤维变性、断裂或凝固性坏死、丧失弹性（高压电），或引起心室纤维颤动（一定电流）。通过脊髓时，可引起肢体瘫痪。通过肌肉时，能使肌肉抽搐、痉挛。

电流通过人体的途径对心脏通过电流的多少有着明显的影响，一般情况如表 8-2 所示。

表 8-2 电流通过人体的途径与心脏所通过电流的关系

电流通过人体的途径	通过心脏的电流占总电流的比例/%
从一只手到另一只手	3.3
从左手到脚	3.7(6.4)
从右手到脚	6.7(3.7)
从一只脚到另一只脚	0.4

（5）伤害程度与电流频率的关系

一般来说，电流频率为 50～60Hz 时最容易对人体造成伤害。从电击观点来说，高频率电流灼伤的危险性并不比直流电压和额定频率的交流电危险性小（我国的电力系统及设备的额定频率为 50Hz，有些国家为 60Hz）。交流电的频率离额定频率越远，对人体伤害就越低。此外，无线电设备、淬火、烘干和熔炼的高频电气设备，能辐射出波长 1～50cm 的电磁波。这种电磁波能引起人体体温增高、身体疲乏、全身无力和头痛失眠等病症。

（6）伤害程度与电压的关系

根据公式 $U = IR$ 可知，触电时，电压越高，流经人体的电流就越大；另外，电压越高，人体组织越容易电离，电阻也会降低。较高的电压对人体的危害十分严重，轻的引起灼伤，重的危及生命。一般来说，36V 是安全电压，如果触碰的电压高于安全电压，就有可能发生危险。

（7）伤害程度与电阻的关系

人体导电，当触电后电压加到人体上时，就将有电流通过。这个电流与人的体质和当时皮肤的电阻有关。人体电阻，包括内部电阻和皮肤电阻。内部电阻一般是固定的，与外部条件无关，为 500～800Ω；皮肤电阻主要由角质层厚度决定，角质层损伤会降低电阻。其他影响因素有皮肤潮湿、多汗、有导电粉尘（金属灰尘、炭质灰尘）等。当皮肤潮湿时电阻就小，皮肤擦破时（皮肤角质层失去时）电阻更小，则通过的电流就大，触电时的危险程度也就大。另外，伤害程度与触电者的身体健康状况也有关系，如果触电者有心脏病等疾病，危险性就大。

二、安全电压

安全电压是指不能使人直接致死或致残的电压。一般环境条件下允许持续接触的"安全特低电压"是 36V。一般来说，安全电压不高于 36V，持续接触安全电压为 24V，安全电流为 10mA。人体的平均电阻为 $1000\sim1500\Omega$，电击对人体的危害程度主要取决于通过人体电流的大小和时间长短。

能让人感觉到的最小电流值称为感知电流，交流为 1mA，直流为 5mA；人触电后能自己摆脱的最大电流称为摆脱电流，交流为 10mA，直流为 50mA；在较短的时间内危及生命的电流称为致命电流，如 100mA 的电流通过人体 1s，可足以使人致命，因此致命电流为 50mA。在有防止触电保护装置的情况下，人体允许通过的电流一般可按 30mA 考虑。

安全电压是制订电气安全规程和一系列电气安全技术措施的基础数据，它取决于人体电阻和人体允许通过的电流。国际电工委员会（IEC）规定的接触电压限值（相当于安全电压）为 50V，并规定 25V 以下不需考虑防止电击的安全措施。我国的安全电压为 36V 和 12V。在无特殊安全结构和安全措施的情况下，危险环境和特别危险环境的局部照明、手提照明灯等，其安全电压为 36V；工作地点狭窄，周围有大面积接地导体环境（如金属容器内）的手提照明灯，其安全电压应采用 12V。

在有电阻、电容、电感的电路中，电源电压是几十伏，电容或电感的电压可能超过 100V。电源电压高于电容耐压时，会引起电容爆裂而造成人员伤害。万用表使用完后，应将切换旋钮放在交流电压最高挡。高压电容器，实验结束后或闲置时应该双电极短接串接合适电阻进行放电。

三、人体触电方式

人体触电的基本方式有单相触电、两相触电、跨步电压触电和接触电压触电。此外，还有人体接近高压触电和雷击触电等。单相和两相触电都是人体与带电体的直接接触触电。

1. 单相触电

单相触电是指人体站在地面或其他接地体上，人体的某一部位触及相带电体所引起的触电。单相触电的危险程度与电压的高低、电网的中性点是否接地、每相对地电容的大小有关，单相触电事故是较常见的一种触电事故。

触电事故发生最多的是单相触电。单相触电的危险性较大，其危险程度与电网运行方式有关，一般接地电网比不接地电网危险性要大，中性点接地系统里的单相触电比中性点不接地系统的危险性大。

2. 两相触电

两相触电是指人体有两处同时接触带电的任何两相电源时的触电。发生两相触电时，若线电压为 380V，则流过人体的电流高达 268mA，这样大的电流只要经过 0.186s 就可能导致触电者死亡，所以两相触电比单相触电更危险。一般情况下，工作人员同时用两手或身体直接接触两根带电导线的机会很少，所以两相触电事故比单相触电事故少得多。

3. 跨步电压触电

当电气设备发生接地故障（绝缘损坏）或线路发生一相带电导线断线落在地面时，故障电流（接地电流）就会从接地体或导线落地点向大地流散，形成对地电位分布。

所谓跨步电压，就是指电气设备发生接地故障时，在接地电流入地点周围电位分布区行走的人，其两脚之间（人的跨步一般按 0.8m 计算）的电压。由跨步电压引起的人体触电，称为跨步电压触电。当跨步电压达到 40～50V 时，就有触电危险，特别是跨步电压会使人摔倒加大人体的触电电压，进而造成更大的伤害。

人体受到跨步电压作用时，虽然没有直接与带电导体接触，也没有电弧现象，但电流是沿着人的下身，从一只脚经胯部到另一只脚，与大地形成通路。触电时先是感觉脚发麻，后是跌倒。当触到较高的跨步电压时，双脚会抽筋倒地。跌倒后，由于头脚之间的距离大，故作用于身体上的电压增高，触电电流相应增大。而且也有可能使电流经过人体的重要器官，例如从头到脚或从头到手，因而增加了触电的危害性。人体倒地后，电压持续 2s，人就会有致命危险。跨步电压的大小取决于人体离接地点的距离，距离越远，跨步电压数值越小，在远离接地点 20m 以外，电位近似为零。越接近接地点，跨步电压越高。

为了防止跨步电压触电，人不得靠近接地故障点的安全距离：高压为 8m，低压为 4m。一旦误入跨步电压区，应迈小步，双脚不要同时落地，最好一只脚跳走，朝接地点相反的区域行走，逐步离开跨步电压区。

4. 接触电压触电

接触电压是指人站在发生接地短路故障设备的旁边，触及漏电设备的外壳时，其手脚之间所承受的电压。由接触电压引起的触电称为接触电压触电。

四、绝缘、屏护和安全间距

1. 绝缘

通常采用的绝缘材料有陶瓷、橡胶、塑料、云母、玻璃、木材、布、纸、矿物油以及某些高分子合成材料等。绝缘材料的性能受环境条件影响较大，温度、湿度都会改变其电阻值，机械损伤和化学腐蚀等也会降低绝缘电阻值，一些高分子材料，材料"老化"会导致绝缘性能下降。

长期搁置不用的手持电动工具，在使用前必须测量绝缘电阻，要求手持电动工具带电部分与外壳之间绝缘电阻不低于 0.5MΩ。移动式电动工具及其开关板（箱）的电源线必须采用铜芯橡皮绝缘护套或铜芯聚氯乙烯绝缘护套软线。

2. 屏护

某些开启式开关电器的活动部分不适合进行绝缘防护，或高压设备的绝缘不能保证人在接近时的安全，应采取屏护措施，以免造成触电或电弧伤人等事故。屏护装置的形式有围墙、栅栏、护网、护罩等。所用材料应有足够的机械强度和耐火性能，若采用金属材料，则必须接地或接零。另外，屏护装置应有足够的尺寸，并与带电体保持足够的距离，在带电体及屏护装置上应有明显的警告标志，必要时还可附加声光报警和联锁装置等，最大限度地保证屏护的有效性。

3. 安全间距

在带电体与地面之间、带电体与其他设备之间、不同带电体之间，均需保持一定的安全距离，以防止过电压放电和各种短路事故，以及由这些事故导致的火灾。

动力或照明配电箱（柜、板）周围不得堆放杂物；其前方 1.2m 范围内应无障碍物。电线接地时，人体距离接地点越近，跨步电压越高；距离越远，跨步电压越低。高压实验中的安全距离：10kV，0.7m；66kV，1.5m；220kV，3m。

五、防止触电的注意事项和发生事故时的应急措施

1. 防止触电的注意事项

① 不要接触或靠近电压高、电流大的带电或通电部位。要用绝缘物把这些部位遮盖起来。

② 电气设备要全部安装地线。电压高、电流大的设备，要使其接地电阻在 10Ω 以下。

③ 直接接触带电或通电部位时，要穿绝缘胶靴及戴橡胶手套等防护用具。一般要切断电源，用验电工具或接地棒检查设备，证实不带电后，再进行作业。电容器等装置切断电源后，有时还会存留静电荷，需要特别注意。

④ 为了防止电气设备漏电，要经常清除沾在设备上的脏物或油污，设备的周围也要保持清洁。没有防潮保护的电器要尽量保持干燥。

⑤ 引发电气火灾的初始原因是线路或设备过电流运行，因此要定期检查线路和设备。

2. 发生触电事故时的应急措施

① 迅速切断电源。如果不能切断电源，要用干木条或戴上橡胶绝缘手套等，把触电者拉离电源。

② 把触电者迅速转移到附近安全的地方，解开衣服，使其全身舒展。

③ 不管有无外伤或烧伤，都要立刻找医生处理。

④ 如果触电者处于休克状态，并且心脏停搏或停止呼吸时，要立即施行人工呼吸或心脏按压。无论何种情况，都要送往医疗部门至少继续抢救数小时，不要轻易停止抢救。

第四节　电 气 灾 害

由电所引起的灾害有火灾和爆炸。引起电气灾害的主要原因有发热和产生火花。发生

上述情况时，如果在其附近放有可燃性、易燃性物质，或者有可燃性气体及粉尘等物质时，就会发生火灾或爆炸。

一、防止火灾、爆炸事故的注意事项

① 定期检查设备的绝缘情况，力争及早发现漏电等隐患并及时消除。

② 在开关或发热设备附近，不要放置易燃性或可燃性的物质。

③ 要防止室内充满可燃性气体或粉尘类物质。如果室内有可燃性气体或粉尘，必须安装防爆装置或危险警报器。

④ 绝缘性能高的塑料类物质，由于静电作用，容易产生放电火花。应将其导体化或接上地线，以减少带电量。

⑤ 实验前要预先考虑到停电、停水时的应对措施。

⑥ 发生电气事故而引起火灾时，一般要先切断电源，再开始灭火。

⑦ 因特殊情况，需要在通电的情况下直接灭火时，应采用粉末灭火器或二氧化碳灭火器进行灭火。

⑧ 不能切断电源进行灭火的场合，必须预先制订相应的事故应急预案。

二、电气火灾的灭火措施

1. 切断电源以防触电

发生电气火灾时，首先切断着火部分的电源，切断电源时应注意以下事项：

① 切断电源时应使用绝缘工具。发生火灾后，开关设备可能受潮或被烟熏，其绝缘性能降低，因此拉闸时应使用可靠的绝缘工具，防止操作中发生触电事故。

② 切断电源的位置要选择得当，防止切断电源后影响灭火工作。

③ 要注意拉闸的顺序。高压设备，应先断开断路器，然后拉开隔离开关；低压设备，应先断开磁力启动器，然后拉闸，以免引起弧光短路。

④ 当剪断低压电源导线时，应避免断线线头下落造成触电伤人或发生接地短路。剪断同一线路的不同相导线时，应错开部位剪断，以免造成短路。

⑤ 如果线路带有负荷，应尽可能先切断负荷，再切断现场电源。

2. 带电灭火安全要求

有时为了争取灭火时间，来不及断电，或因实验需要以及其他原因，不允许断电，则需带电灭火。带电灭火需注意以下几点。

① 选择适当的灭火器。二氧化碳或干粉灭火器的灭火剂都不导电，可用于带电灭火。泡沫灭火器的灭火剂（水溶液）有一定的导电性，对绝缘性能有一定影响，不宜用于带电灭火。

② 用水枪灭火器灭火时宜采用喷雾水枪（将水头摇晃成洒水状喷出，目的是不让水柱连贯，如果水柱连贯，则容易导电），喷雾水枪通过水柱泄漏的电流较小，用于带电灭火较安全。

③ 人体与带电体之间应保持安全距离。用水灭火时，水枪喷嘴至带电体的距离：电压在 110V 及以下时应不小于 3m，在 220V 以上时应不小于 5m。

④ 架空线路等空中设备进行灭火时，人体位置与带电体之间的仰角应不超过 45°，以防止导线断落危及灭火人员的安全。

⑤ 设置警戒区。带电导线断落的场所，需划出警戒区。

案例

案例 1：2016 年某大学一实验室冰箱起火，现场有明火并伴有黑烟。

起火原因：冰箱短路引发自燃所致。

安全提示：实验室用电设备要定期检查，发现隐患立刻排除。

案例 2：2012 年 6 月，某大学一实验楼突然起火，消防员及时赶到将火扑灭。所幸楼内没有人员，火灾原因是电线老化引燃木条所致。

案例 3：2010 年 9 月，某研究所一实验室发生伤人事故。事故基本情况：正丁胺液体喷出，一位研究生的脸部和手受到严重伤害，及时送医院烫伤科治疗，花费 1 万多元。

事故原因分析：油浴加热的控温系统不灵敏，温度上冲，针头被堵塞，系统内压力越来越大，以致蒸馏的热溶液喷出，使实验者受伤。

案例 4：2009 年 12 月，某大学化学实验室发生冰箱爆炸且引起着火，幸好扑救及时，未造成大的损失。

事故原因分析：冰箱购置年代久远，电路出现故障，存放在冰箱内的乙醚和丙酮从瓶中泄漏，导致冰箱内空气中含有较高浓度的乙醚和丙酮气体并达到爆炸极限，冰箱的电路故障引起冰箱内的易燃溶剂爆炸。

案例 5：2008 年 12 月，某大学化学实验室发生爆炸事故。

事故基本情况：学生准备好原材料，计划进行聚乙二醇双氨基的修饰，将 18g 左右的端基对甲苯磺酰氯修饰的聚乙二醇和 250mL 氨水混合，溶解，然后转移到防爆瓶中，将尼龙盖旋紧后，将其放在磁力搅拌器中油浴加热（60℃），准备反应 48h。待温度平稳后，学生将通风橱玻璃门拉下，然后离开实验室，夜里发生爆炸。直至第二天早上接到电话，学生才知出了事故。

事故原因分析：夜里加热装置突然失控，导致硅油被不断加热冒出大量烟雾，高温导致防爆瓶因压力太大而爆裂。

案例 6：2005 年 8 月，某大学实验楼发生火灾，原因是一名研究生在做实验过程中出去吃饭未关电源，电子搅拌器长时间使用引起电线短路起火。

▶▶ 习　题 ◀◀

一、选择题

1. 下列选项中哪个频率的电流对人体的伤害最严重（　　）。

A. 50 Hz　　　　　　B. 400 Hz　　　　　　C. 1000 Hz　　　　　　D. 2000 Hz

2. 电流通过人体的途径不同，对人体的伤害程度也不同，下列途径中对人体伤害最大的是（　　）。

　　A. 从一只手到另一只手　　　　　　　　B. 从右手到脚

　　C. 从左手到脚　　　　　　　　　　　　D. 从一只脚到另一只脚

3. 电烙铁是常用的电路维修的工具，使用电烙铁应注意（　　）。

　　A. 不能乱甩焊锡　　　　　　　　　　　B. 及时放回烙铁架，用完及时切断电源

　　C. 周围不得放置易燃物品　　　　　　　D. 以上都是

4. 动力电也就是三相交流电源，下列选项中关于三相电源的描述错误的是（　　）。

　　A. 三相电的颜色：A 相为黄色，B 相为绿色，C 相为红色

　　B. 是由三个频率相同、振幅相等、相位互差 120° 的交流电势组成的电源

　　C. 电压是 380V

　　D. 是相线对零线间的电压

5. 实验人员都要注意防止被实验设备产生的 X 射线照射，下列能够产生 X 射线的仪器是（　　）。

　　A. X 射线衍射仪　　　B. 721 分光光度计　　　C. 液相色谱　　　D. 气相色谱

6. 箱式电阻炉使用过程中，当温度升至（　　）以上后，不得打开炉门进行激烈冷却，以免烧坏炉衬和电热元件。

　　A. 200℃　　　　　　B. 400℃　　　　　　C. 550℃　　　　　　D. 800℃

7. 对于实验室的微波炉，下列说法错误的是（　　）。

　　A. 微波炉开启后，会产生很强的电磁辐射，操作人员应远离

　　B. 严禁将易燃易爆等危险化学品放入微波炉中加热

　　C. 实验室的微波炉也可加热食品

　　D. 对密闭压力容器使用微波炉加热时应注意严格按照安全规范操作

8. 实验室冰箱和超低温冰箱使用注意事项错误的是（　　）。

　　A. 定期除霜、清理，清理后要对内表面进行消毒

　　B. 储存的所有容器，应当标明物品名称、储存日期和储存者姓名

　　C. 除非有防爆措施，否则冰箱内不能放置易燃易爆化学品溶液，冰箱门上应标明这一点

　　D. 可以在冰箱内冷冻食品和水

9. 在普通冰箱中不可以存放的物品是（　　）。

　　A. 普通化学试剂　　　B. 酶溶液　　　　C. 菌体　　　　　　D. 有机溶剂

10. 实验室存放化学易燃物品的冰箱（冰柜），一般使用年限为（　　）年。

　　A. 5　　　　　　　　B. 8　　　　　　　C. 10　　　　　　　　D. 12

11. 高压电容器，实验结束后或闲置时，如何处理最合适？（　　）

　　A. 正电极接地　　　　　　　　　　　　B. 负电极接地

　　C. 双电极接地　　　　　　　　　　　　D. 双电极端接

12. 使用的电气设备按有关安全规程，其外壳正确的防护措施是（　　）。

　　A. 防潮　　　　　　　B. 保护性接零　　　C. 保护性接地　　　D. 防锈漆

13. 电学仪表的安全使用，包括（　　）。

　　A. 使用前先了解电器仪表要求使用的电源是交流电还是直流电；是三相电还是单相

电以及电压的大小

  B. 仪表量程应大于待测量。待测量大小不明时，应从最大量程开始测量

  C. 实验前要检查线路连接是否正确，经教师检查同意后方可接通电源

  D. 使用过程中如发现异常，立即切断电源，并报告教师

  14. 下列属于电气设备的安全使用的是（ ）。

  A. 如果待测量值不清楚，必须从仪器的最大量程开始测量

  B. 定期检查校正仪器，保证仪器的正常运行

  C. 确保实验室有良好的通风和散热条件

  D. 实验室内和室外的过道走廊上应安装应急灯

二、判断题

  1. 可以用烘箱干燥有爆炸危险性的物质。（ ）

  2. 箱式电阻炉的使用必须经过实验室管理员的同意，确保安全用电。（ ）

  3. 实验过程中长时间使用恒温水浴锅时，应注意及时加水，避免干烧发生危险。（ ）

  4. 如发现水泵漏水，可以不用切断电源，待实验完毕后再报修。（ ）

  5. 使用离心机时，当部分装载时，离心管可随意放在转头中而不用考虑平衡。（ ）

  6. 转速较低的离心机可以在工作时打开机盖观察。（ ）

  7. 实验过程中应尽量避免实验仪器在夜间无人看管的情况下连续运转，如果必须在夜间使用，应严格检查实验仪器的漏电保护装置及空气开关等工作正常。（ ）

  8. 不应用双手同时触及电器，防止触电时电流通过心脏。（ ）

  9. 电线接头裸露部分可用医用胶布等包裹绝缘。（ ）

  10. 电加热设备必须由专人负责使用和监督，离开时要切断电源。（ ）

  11. 用低沸点溶剂洗涤过的滤饼，可直接放入烘箱干燥。（ ）

  12. 需要加热的实验装置要选用安全的加热恒温设施，禁止使用电热毯、加热带等不安全的设备。（ ）

  13. 烘箱、微波炉、电磁炉、饮水加热器、灭菌锅等高热能电器设备的放置地点应远离易燃、易爆物品。同时，规范操作，避免饮水加热器、灭菌锅等无水干烧。（ ）

  14. 在使用高压灭菌锅、烤箱等高压加热设备时，必须有人值守。（ ）

  15. 及时淘汰老化、性能不稳又具有安全隐患的仪器设备（如冰箱 10 年以上，烘箱 12 年以上）。（ ）

  16. 在使用微波炉时，可以使用金属容器以及空载。（ ）

  17. 电炉、烘箱等用电设备在使用中，使用人员不得离开。（ ）

  18. 红外灯、紫外灯不得安装在木柜或纸箱中使用。（ ）

  19. 在清洁、维修仪器时，应先断电并确保无人能开启仪器。（ ）

  20. 实验室人员必须定期检查设备、水电线路、门窗等是否完好，如发现问题，必须及时进行维修。（ ）

  21. 仪器设备发生故障后，必须及时报告管理人员，并详细登记。（ ）

22. 实验结束后，要关闭设备，断开电源，并将有关实验用品整理好。（　　）

23. 空气开关是断路器的一种，是一种只要电路中电流超过额定电流就会自动断开的开关，它集控制和多种保护功能于一身。（　　）

24. 电器起火首先应切断电源，然后用四氯化碳灭火器进行灭火，不能用泡沫灭火器灭火。（　　）

第九章

实验室废弃物处理

第九章课程思政

第九章课件

1. 了解实验室废弃物的分类及处理办法、常见各类废弃化学品的储存方法与要求、危险化学废弃物分类与处理原则。

2. 掌握常见无机实验废液处理、常见有机类实验废液的处理方法。

重点与难点

重点：常见无机实验废液处理的处理方法。

难点：常见有机类实验废液的处理方法。

第一节　实验室废弃物简介

实验室废弃物是指在实验室日常研究、实验和生活中产生的，已失去使用价值的气态、固态、半固态及盛装在容器内的液态物品。

人们一般认为，化学实验用到的大部分是常规试剂，用量少，对环境的影响不大，可以直接排放，实际情况并非如此，即使是最简单的酸碱滴定，产生的废液中氯化物的浓度大约是城镇污水的排放标准的 5 倍，不能直接排放。

《国家危险废物名录》（2019 版）中规定，"在开发和教学活动中，化学和生物实验室产生的废物都属于危险废物"，因此化学实验过程中产生的废液应该按照危险废物来进行管理。根据《教育部办公厅关于加强高校实验室安全工作的通知》（教高厅〔2017〕2 号）等相关文件，高校要对实验废弃物进行分类管理。分类管理的前提是对每个实验项目产生的废弃物成分进行详细的分析，只有分析清楚了，才能根据废液成分采取有针对性的处理方法。如果仅仅是提出笼统的处理方法，没有详细的"量"的分析，还是不能真正应用在废弃物的处理上。

一、实验室废弃物的分类及处理

1. 实验室废弃物的分类

① 废液　实验室产生的废水包括多余的样品、样品分析残液、失效的贮藏液和洗液、洗涤水等。几乎所有的常规化学实验项目都不同程度地存在着废液污染问题。这些废液的成分多种多样，包括最常见的有机物、重金属离子等。

② 废气　实验室产生的废气包括酸雾、甲醛、苯系物、各种有机溶剂等常见污染物。通常直接产生有毒、有害气体的实验都要在通风橱内进行，这是保证室内空气质量、保护人员健康安全的有效办法。

③ 固态废物　实验室产生的固态废物包括多余样品、反应产物、消耗或破损的实验用品（如玻璃器皿、纱布）、残留或失效的化学试剂等。这些固体废物成分复杂，涵盖各类化学污染物，尤其是过期失效的化学试剂，处理稍有不慎，很容易导致严重的污染事故。

2. 实验室废弃物的处理办法

为防止实验室废弃物的污染扩散，废弃物的处理原则为：分类收集、存放，分别集中处理。

一般的有毒气体可通过通风橱或通风管道，经空气稀释排出；废液应根据其化学特性选择合适的容器和存放地点，通过密闭容器存放，不可混合储存，容器标签必须标明废弃物种类、储存时间，并定期处理。一般废液可通过酸碱中和、混凝沉淀、次氯酸钠氧化处理后排放，有机溶剂废液应根据性质进行回收。固体废物应集中收集后，交给有资质的第三方处理。

二、实验室废弃物收集储存原则

1. 分类收集储存原则

首先应对实验室废弃物进行分类收集、分区存储。分类收集是指按照废弃物的类别、性质和状态，将它们分别予以收集。例如，将废水与废液分类收集，一般固废与危险废物分类收集等。

2. 安全收集储存原则

在收集储存之前，首先应明确实验室废弃物的性质和特点，针对不同废弃物采取不同的收集储存方式，以保证在收集储存过程中不会发生起火、爆炸、泄漏、腐蚀、挥发等危害人身安全与环境的事故。

例如，废酸类废液应远离活泼金属（如钠、钾、镁等）和易生成有毒气体的物质（如硫化物、硫氧化物、氮氧化物等）；易燃类废物应远离产生火花、火焰的物质和场所（火源），并且储存量不能太大；有机物多为易挥发的液体，不仅易燃而且大多还有毒性，密封之后应放在通风处，严防泄漏。一定要在风险可控的前提下，收集储存实验室废弃物。

3. 及时收集储存原则

实验人员离开实验室前，要及时收集储存产生的废弃物，以免留下安全环保隐患。例如，氟化氢等易挥发物质会刺激人体的呼吸道，若不及时收集处理，会危害实验人员的身体健康，并且污染实验室和外部环境。

4. 相似相近收集储存原则

相似相近原则是指性质或处理方式、方法等相似相近的实验室废弃物应收集在一起储存。这样的收集储存有利于实验室废弃物后续的转运、利用和处理处置，省去分类步骤。例如，被同一种同位素污染的废物可收集在一起储存；硫酸、盐酸等性质相近的酸性废液可收集在一起储存等。

5. 单独收集储存原则

实验室废弃物中有些废弃物性质比较独特，或者具有回收利用价值，应单独收集储存。

例如，汞是常温下唯一呈液态的金属，它不仅易蒸发，而且有毒，同时还可以与多种非金属发生反应，所以应当单独收集；而像含有铂、钯、银等贵重金属的废催化剂或者废液等，也应当单独收集储存，以便在后续的废弃物处理处置中将其中的贵金属回收。

6. 最小化原则

为了降低环境风险，消除安全隐患，实验室应尽量减少废弃物储存量，尽可能回收利用，或者对其进行简单的浓缩。能够经过预处理后直接进入市政废物处理系统（如污水处理厂、垃圾处理厂、危废处理厂等）的实验室废弃物，应及时转运处理，避免大量储存。

7. 定期清理原则

为了避免实验室废弃物收集储存过程中发生意外事故，应对收集储存的废弃物定期进行清理，以便及时处理处置。

8. 明确标识原则

实验室废弃物大多含有易燃易爆、有毒有害组分，为了便于废弃物安全储存和后续有效的处理处置，必须对收集储存的实验室废弃物进行标识，注明废物的种类、状态、毒性等信息。

三、常见废弃化学品的储存方法与要求

1. 酸类废弃化学品

酸类废弃化学品应远离活泼金属（如钠、钾、镁等）和接触后即产生有毒气体的物质（如氰化物、硫化物等）。

2. 碱类废弃化学品

碱类废弃化学品应远离酸性及性质活泼的化学品。

3. 易燃废弃化学品

通常易燃废弃化学品沸点低或易挥发（如乙醇、乙醚、二硫化碳、苯、丙醇等），宜置于暗冷处并远离有氧化作用的酸或易产生火花、火焰的物质，并且要严格控制储存量。

4. 氧化剂类废弃化学品

氧化剂类废弃化学品（如过氧化物、氧化铜、氧化银、氧化汞、含氧酸及其盐类、高氧化价的金属离子等）应放在暗冷处，并远离还原剂（如锌、碱金属、碱土金属、金属氮化物、低氧化价的金属离子、甲酸、醛、草酸等）。

5. 与水易反应的废弃化学品

与水易反应的废弃化学品（如钠、钾、碳化钙等）应存放在干冷处并远离水。

6. 与空气易反应的废弃化学品

与空气易反应的废弃化学品（如黄磷等）应进行隔绝空气处理（如水封、油封或充惰性气体隔离）并盖紧瓶盖。

7. 遇光易变化的废弃化学品

遇光易变化的废弃化学品（如硝酸、硝酸银、硫化铵、硫酸亚铁等）应存放在深色瓶中，避免阳光照射。

8. 可变成过氧化物的废弃化学品

可变成过氧化物的废弃化学品（如乙醚、乙缩醛、环己烯）应存放在深色瓶中，并盖紧瓶盖。

9. 有机废弃化学品

有机废弃化学品多为易挥发的液体，易燃且有毒性，应存放在药柜最底层且通风良好的地方，谨防地震时倾倒摔裂。

10. 腐蚀类废弃化学品

实验室常见的腐蚀类废弃化学品有酸、碱、无水氯化铝、甲醛、苯酚、过氧化氢等，此类废弃化学品包装必须严密，不允许泄漏，置于阴凉干燥处，严禁与液化气体及其他易燃物品共存。

11. 易爆类废弃化学品

易爆类废弃化学品应远离酸碱、氧化剂等，需密封保存且远离火种，置于阴凉处，储存时轻拿轻放,以防爆炸(如氯酸钾等)。

四、危险废物

危险废物是指列入国家危险废物名录或者根据国家规定的危险废物鉴别标准和鉴别方法认定的具有危险特性的固体废物,详细目录见《国家危险废物名录(2016 版)》。危险废物的主要来源包括:工业危废、农业危险废物、医疗卫生机构产生的医疗废物、社会源危险废物等。化学实验室产生的废化学试剂和实验室废弃物大部分都是危险化学废弃物,属于社会源危险废物。

危险化学废弃物对人类的生产、生活和环境都是重大隐患,发生事故往往会引起全社会关注,甚至影响社会稳定。国家对危险废物实行预防为主、集中控制、全过程管理和污染者承担治理的防治原则,以促进危险废物的减量化、资源化和无害化。

五、化学实验室危险化学废弃物分类

参考国内外的分类方法,化学实验室废弃物可以分为以下 6 类(图 9-1)。

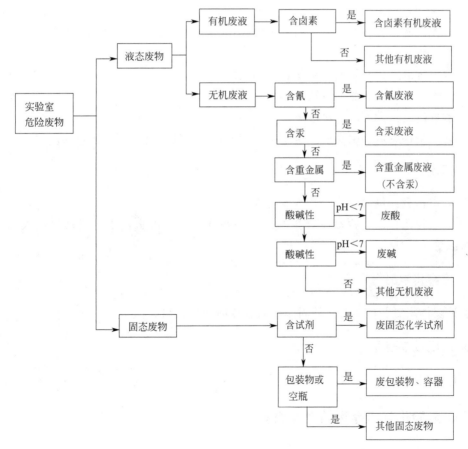

图 9-1 实验室危险废物类别的判定

1. 剧毒类废液

如含汞废液、含砷废液、含氰废液及含镉废液等。

2. 有机废液类

① 油脂类：由实验室所产生的废弃油（脂），如灯油、轻油、松节油、油漆、重油、杂酚油、绝缘油（脂）（不含多氯联苯）、润滑油、切削油及动植物油（脂）等。

② 含卤素有机溶剂类：由实验室所产生的溶剂，该废弃溶剂含有脂肪族卤素类化合物，如氯仿、二氟甲烷、四氯化碳、碘甲烷等或含芳香族卤素类化合物，如氯苯、苄基氯等。

③ 不含卤素有机溶剂类：由实验室所产生的废弃溶剂，该溶剂不含脂肪族卤素类化合物或芳香族卤素类化合物。

3. 无机废液类

① 含重金属废液：含有任一种重金属（如铁、钴、铜、锰、镉、铅、镓、铬、钛、锗、锡、铝、镁、镍、锌、银等）的废液。

② 含氰废液：含有游离氰废液（需保存在 pH10.5 以上）或含有氰化合物的废液。

③ 含汞废液：含有汞的废液。

④ 含氟废液：含有氟酸或氟化合物的废液。

⑤ 酸性废液：含有酸的废液。

⑥ 碱性废液：含有碱的废液。

⑦ 含六价铬废液：由实验室所产生的废液，该废液含有六价铬化合物。

4. 污泥

① 有机污泥：例如油污、发酵废污等。

② 无机污泥：由实验室所产生的无机性污泥，例如雨水下水管道污泥或人工污泥、钻孔污泥等。

5. 废弃化学品

各种固体废渣、过期失效的固体药品、废旧固体试剂等。

6. 废旧试剂空瓶

各种试剂空瓶。

六、危险化学废弃物的处理原则

1. 减少废弃物的产生

实验设计过程中应充分考虑废弃物对环境等的影响，在保证实验效果的前提下，采用微型实验，微量、半微量实验，尽量减少化学试剂的用量，尽量避免有毒及剧毒性试剂的使用。

2. 回收再利用危险化学废弃物

实验室产生的化学废弃物，要尽可能进行回收再利用，减少对环境的污染和处理费用。如有机化学实验室使用大量的有机溶剂，可提纯后再次使用。有些废液的成分复杂，直接回收利用的难度很大，回收过程中有时会产生二次污染，另外，也需要消耗大量的其他试剂，从经济角度考虑可行性也较差。因此，在制定实验方案时，尽可能采用链式实验法，回收实验废弃物作为另一实验项目的原料。如：有些废液可以与环境监测实验相衔接，把相关废液作为"水中金属离子的测定""水中氨氮的测定""化学需氧量的测定"等实验的原料或部分原料。使学生串联专业知识的同时，重视废弃物的回收利用，培养学生的环保意识。

3. 进行无害化处理

没有回收价值的废弃物可以在实验室进行无害化处理，经过处理，达到国家相关排放标准后排放。

4. 进行回收处理

不能进行回收再利用，也不能在实验室进行无害化处理的化学废弃物，必须严格按照国家相关规定进行回收处理

5. 化学废弃物必须分类收集处理

化学实验室废弃物数量少，但种类较多、成分复杂，没有普遍适用的处理方法。如果随意混合，不仅容易发生危险，也会给后续处理造成困难，因此必须分类收集处理。回收处理化学废弃物，不仅要便于收集、储存和清运，还要方便后续的处理。

第二节　危险化学废弃物的处理方法

产生危险化学废弃物是化学类实验室的固有特点，没法避免。在危险化学品废物管理日益严格的背景下，如何在高质量完成教学任务的同时，尽可能减少废弃物带来的危害，是实验管理中绕不开的一个难题。对化学实验而言，要对实验项目进行分类管理。

一、废水处理

所谓废水处理就是将污水经过处理达到允许排放标准后，排入下水道。目前，污水处理的方法一般有两种。

1. 循环使用

采取循环用水系统，使废水在实验过程中多次重复利用，减少废水排放量。

2. 净化处理

净化处理就是用各种方法将废水中所含的污染物质分离出来，或将其转化为无害物质，从而使废水得以净化。净化的方法一般有三种。

① 物理法：沉淀、过滤、离心分离、浮选（气浮）、机械阻留、隔油、萃取、蒸发结晶（浓缩）、反渗透等。

② 化学法：混凝沉淀、酸碱中和、氧化还原、电解、吸附消毒等。

③ 生物法：活性污泥法、生物膜法、生物氧化塘法、污水灌溉法等。将污水排入池塘内，由于表面溶解氧和藻类的同化作用所生成的氧，利用好气性微生物对塘内有机物进行分解，使污水得到处理的方法，称为生物氧化塘法。

二、常见无机实验废液处理

日常实验教学和科研所产生的无机废液不可随意排放，废液应装入指定容器内，且容器必须有密封措施。所用容器应具有抗撞击、不易变形、抗老化、防渗漏、防扩散等特性。不能将有可能相互反应的废液混装。收集废液的容器应固定在远离电源、气源、火源、且通风、干燥、避光的区域。容器上的标签应书写规范、字迹清晰，注明废液所含成分的化学名称、危险等级、禁忌物等，所贴标签应用蜡封或用透明胶带上膜。容器内废液存放量不得超过容器容积的五分之四，并应及时、正确收集处理。

处理无机废液时应遵循的原则是：根据废液的特点对其进行分类收集、集中处理；处理方法最好兼顾试剂种类少、试剂用量小、方法简单、易于操作、高效、投资少且不造成二次污染等特点；根据具体的成分不同采用有针对性的处理方法。废液尽可能回收利用，本着恰当、环保、高效的宗旨处理实验室无机废液。

1. 酸碱废液的处理

无机化学实验、分析化学实验通常会产生酸性和碱性的废液，这类废液直接排放会造成水体 pH 值的改变，水质酸度过高会造成实验室管道腐蚀。一般在处理这类废液时先测定其浓度，如果浓度较低，可稀释后直接排放；如果浓度过高，则需中和处理后再排放。

2. 含汞废液的处理

废液中汞的最高容许排放浓度为 0.005mg/L［按《无机化学工业污染物排放标准》（GB 31573—2015），以 Hg 计］。其处理方法如下。

① 硫化物共沉淀法：先将含汞盐的废液的 pH 值调至 $8.0\sim10.0$，然后加入过量的 Na_2S，使其生成 HgS 沉淀。再加入 $FeSO_4$（共沉淀剂），与过量的 S^{2-} 生成 FeS 沉淀，将悬浮在水中难以沉淀的 HgS 微粒吸附共沉淀，然后静置、分离，再离心、过滤。

② 还原法：用铜屑、铁屑、锌粒、硼氢化钠等作还原剂，可以直接回收金属汞。

3. 含镉废液的处理

① 氢氧化物沉淀法：在含镉的废液中加入石灰，调节 pH 值至 10.5 以上，充分搅拌

后放置，使镉离子变成难溶的 $Cd(OH)_2$ 沉淀。分离沉淀后，检测滤液中的 Cd^{2+}（降至 0.1mg/L 以下），将滤液中和至 pH 值约为 7.0，然后排放。

② 离子交换法：利用 Cd^{2+} 比水中其他离子与阳离子交换树脂有更强的结合力，优先交换。

4. 含铅废液的处理

在废液中加入熟石灰，调节至 pH 值大于 11.0，使废液中的铅生成 $Pb(OH)_2$ 沉淀。然后加入 $Al_2(SO_4)_3$（絮凝剂），将 pH 值降至 7.0～8.0，则 $Pb(OH)_2$ 与 $Al(OH)_3$ 共沉淀，分离沉淀后达标排放。

5. 含砷废液的处理

在含砷废液中加入 $FeCl_3$，使 Fe/As 达到 50，然后用熟石灰将废液的 pH 值控制在 8.0～10.0。利用新生成的氢氧化铁和氢氧化砷共沉淀的吸附作用，除去废液中的砷。处理后的废液静置 24h 后分离沉淀，达标后排放。

6. 含铬废液的处理

铬酸洗液是实验室常用的洗液，也是无机实验中含铬废液的主要来源。其中 $Cr(Ⅵ)$ 是 $Cr(Ⅲ)$ 的毒性的 100 倍，所以，实验室废液处理一般是把高价铬离子转化为低价铬离子，水中 $Cr(Ⅵ)$ 排放要小于 $0.5\mu g/mL$。一般处理方法是用铁氧体法除去铬，在含铬废液中加入硫酸亚铁作为还原剂，把高价态的五价铬还原为低价态的三价铬，pH 值调节后生成氢氧化铬（Ⅲ）沉淀，进行统一处理，剩余废液达标后排放。

7. 含银废液的处理

含银废液中回收银的方法有：沉淀法、电解法和离子交换法等，最常用的是沉淀法。沉淀法是在废液中加入 Na_2SO_4 等含有 SO_4^{2-} 的溶液，将废液中的 Ag^+ 转化为相对应的 Ag_2SO_4 沉淀，然后进行过滤回收处理。

当废液中含有多种金属离子时回收 Ag^+，加入盐酸可避免共沉淀现象。此种情况下，先在废液中加入盐酸调节 pH 值，再加入 NaCl 得到 AgCl 沉淀，将得到的白色 AgCl 沉淀用硝酸洗涤后过滤回收。

当收集的废液为碱性时，加入 NaCl 会使其他金属的氢氧化物和 AgCl 一起沉淀，用盐酸洗沉淀可除去其他金属离子。得到的 AgCl 用硫酸和锌粉还原直到沉淀内不再有白色物质，生成的单质银以暗灰色细小颗粒的形式析出，水洗，烘干，用石墨或刚玉坩埚熔融可得块状的金属银。

8. 含钡废液的处理

在废液中加入 Na_2SO_4 等含有 SO_4^{2-} 的溶液，把 Ba^{2+} 全部转化成容易除去的 $BaSO_4$ 沉淀，然后进行过滤回收处理。

9. 含铜废液的处理

实验室在处理此类废液时可以加入 NaOH 等碱性溶液，然后调节溶液的 pH 值至碱性，把废液中 Cu^{2+} 转化为相对应的 $Cu(OH)_2$ 沉淀，然后对沉淀进行过滤回收。最后在滤液中加入稀盐酸或者稀硫酸等酸性物质进行中和，调节溶液 pH 值为 7.0 左右。

10. 含锌废液的处理

实验室在处理含锌废液时可以通过加入 NaOH 等碱性溶液，使废液中的 Zn^{2+} 全部转化成 $Zn(OH)_2$ 沉淀。

11. 含硫废液的处理

实验室在处理此类废液时可以利用 H_2O_2 把含硫废液中的硫氧化为硫酸盐后，进行再利用。也可以把硫酸亚铁和石灰加入含硫废液中，然后调节溶液 pH 值为 $8.0 \sim 9.0$，即可生成硫化铁沉淀，最后进行回收处理。

12. 含铋废液的处理

用盐酸调节废液酸度为 0.3mol/L，再加入 Na_2S，静置后分离沉淀，滤液经检测合格后排放。

13. 含氰化物废液的处理

由于氰化物中毒量及致死量极低（口服 HCN 致死量为 $0.7 \sim 3.5$mg/kg；吸入的空气中 HCN 浓度达 0.5mg/L 即可致死），在处理含氰废液时务必注意周围酸碱环境，准备好所需防护设施。

① 强氧化剂氧化法　向含氰废液中加入 NaOH 调节废液 pH 值在 10.0 以上，加入过量的 NaClO 或漂白粉或 $KMnO_4$ 溶液使 CN^- 氧化为相应的盐，并进一步分解为 CO_2 和 N_2。放置 24h，再加入 Na_2SO_3 还原剩余的 NaClO，检测废液合格后排放。

② 双氧水氧化法　往含氰废液中加入 NaOH 调节废液的 pH 值为 8.5，往废液中加入 H_2O_2 使氰化物氧化成氰酸盐，并随着反应放热使最终产物为 CO_2 和 N_2，处理完的废液经检测合格后排放。

14. 含氟废液的处理

由于氟化物对玻璃具有腐蚀作用，含氟废液一般盛装在聚四氟乙烯容器内。将氟化物废液 pH 值调节为 8.5，加入石灰形成 CaF_2 沉淀，若同时加入明矾共沉淀效果则更佳。

15. 含磷废液的处理

目前，国内外废水除磷技术主要有生物法和化学法两大类。生物法主要适合处理低浓度及有机态含磷废水；化学法主要适合处理无机态含磷废水。化学沉淀法是利用多种阳离子与废水中的磷酸根结合生成沉淀物质，从而使磷有效地从废水中分离出来。与其他方法相比，化学沉淀法具有操作弹性大、除磷效率高、操作简单等特点。

在沉淀法除磷时，化学沉析剂主要有铝离子、铁离子和钙离子，其中石灰和磷酸根生成的羟基磷灰石的平衡常数最大，除磷效果最好。投加石灰于含磷废水中，钙离子与磷酸根反应生成沉淀，反应如下：

$$5Ca^{2+} + 7OH^- + 3H_2PO_4^- \Longrightarrow Ca_5(OH)(PO_4)_3 \downarrow + 6H_2O \tag{1}$$

副反应：

$$Ca^{2+} + CO_3^{2-} \Longrightarrow CaCO_3 \downarrow \tag{2}$$

反应（1）的平衡常数 $K = 10^{-55.9}$，除磷效率取决于阴离子的相对浓度和 pH 值。磷酸盐在碱性条件下与钙离子反应生成羟基磷酸钙，随着 pH 值增加反应趋于完全。当 pH 值大于 10.0 时除磷效果更好，废液中磷的含量低于 0.5mg/L。反应（2）即钙离子与废水中的碳酸根反应生成碳酸钙，它对于钙法除磷也非常重要，不仅影响钙的加入量，同时生成的碳酸钙作为增重剂，有助于凝聚而使废水澄清。

16. 含碘废液的处理

用 NaClO 将 I^- 氧化为 I_2，减压过滤分离出粗碘，升华提纯后回收 I_2；用 CCl_4 萃取滤液中未提取的 I_2。萃取液经分馏浓缩得到 I_2 的四氯化碳溶液，封口保存。处理后的废液检测合格后排放。

17. 含无机卤化物废液的处理

将含 $AlBr_3$、$AlCl_3$、$SnCl_4$、$TiCl_4$ 等无机卤化物的废液，放入蒸发皿中，投入适量高岭土和碳酸钠（1∶1）的干燥粉末，将其与卤化物废液充分搅拌混匀，然后在搅拌下喷洒 1∶1 的氨水，至不再有 NH_4Cl 白烟放出，静置至溶液澄清，过滤分离沉淀物，经检验滤液合格后排放。

18. 综合废液处理

用酸、碱调节废液 pH 值为 3.0～4.0，加入铁粉，搅拌 30min，然后用碱调节 pH 值为 9.0 左右，继续搅拌 10min，加入硫酸铝或碱式氯化铝混凝剂进行混凝沉淀，上清液检测合格后排放，沉淀以废渣的形式处理。

三、有机类实验废液的处理方法

1. 有机类实验废液的处理注意事项

① 尽量回收溶剂，在对实验没有影响的前提下，把溶剂多次使用。

② 为了方便处理，应分类收集，一般分为可燃性物质、难燃性物质、含水废液等。

③ 可溶于水的物质，容易成为水溶液扩散到周围环境中。因此，回收时要加以注意。但是，甲醇、乙醇及醋酸之类的溶剂，能被细菌作用而易于分解。这类溶剂的稀溶液，经用大量水稀释，检测合格后可直接排放。

④ 含重金属等的废液，将其经有机质分解后，作为无机类废液进行处理。

2. 常见处理方法

（1）焚烧法

将可燃性物质的废液，置于燃烧炉中燃烧。如果数量很少，可把它装入铁制或瓷制容器内，选择室外安全的地方燃烧。点火时，取一长棒，在其一端扎上沾有油类的破布，或用木片等东西，站在上风方向点火。并且，必须监视至烧完为止。

难燃烧的物质，可与可燃性物质混合燃烧，或者把它喷入配备有助燃器的焚烧炉中燃烧。多氯联苯之类难以燃烧的物质，往往会排出一部分还未焚烧的物质，要加以注意。含水的高浓度有机类废液，也可以用此法进行焚烧。

燃烧容易产生 NO_2、SO_2 或 HCl 等有害气体的废液，必须用配备有洗涤器的焚烧炉燃烧。必须用碱液洗涤燃烧废气，除去其中的有害气体。

固体物质，可以将其溶解在可燃性溶剂中，然后焚烧。

（2）溶剂萃取法

含水的低浓度废液，用与水不相混合的正己烷之类挥发性溶剂进行萃取，分离出溶剂层后焚烧。再用吹入空气的方法，将水层中的残余溶剂吹出。

形成乳浊液的废液，不能用此法处理，要用焚烧法处理。

（3）吸附法

用活性炭、硅藻土、矾土、层片状织物、聚丙烯、聚酯片、氨基甲酸乙酯泡沫塑料、稻草屑及锯末之类能吸附溶剂的物质，使其充分吸附后，与吸附剂一起焚烧。

（4）氧化分解法

在含水的低浓度有机类废液中，其中易氧化分解的废液，用 H_2O_2、$KMnO_4$、$NaClO$、$H_2SO_4 + HNO_3$、$HNO_3 + HClO_4$、$H_2SO_4 + HClO_4$ 及废铬酸混合液等物质，将其氧化分解。然后，按无机类实验废液进行处理。

（5）水解法

有机酸或无机酸的酯类，及部分有机磷化合物等容易发生水解的物质，可加入 $NaOH$ 或 $Ca(OH)_2$，在室温或加热下进行水解。水解后，若废液无毒，则中和、稀释、检测合格后排放；如果废液中含有其他有害物质，则用吸附等方法处理。

（6）生物化学处理法

用活性污泥并吹入空气进行处理。例如，含有乙醇、乙酸、动植物性油脂、蛋白质及淀粉等的稀溶液，可用此方法处理。

3. 含一般有机溶剂的废液处理

一般有机溶剂是指醇类、酯类、有机酸、酮及醚等由 C、H、O 元素构成的物质。此类废液中的可燃性物质，用焚烧法处理。难以燃烧的物质及可燃性物质的低浓度废液，则用溶剂萃取法、吸附法及氧化分解法处理。另外，废液中含有重金属时，要保管好焚烧残渣。易被生物分解的物质（即通过微生物的作用而容易分解的物质），其稀溶液经用水稀释，检测合格后可直接排放。

废乙醚溶液置于分液漏斗中，用水洗一次，中和，用 0.5% 高锰酸钾溶液洗至紫色不褪，再用水洗，用 0.5%～1% 硫酸亚铁铵溶液洗涤，除去过氧化物，再用水洗，用氯化钙干燥、过滤、分馏、收集沸点为 $33.5\sim34.5℃$ 的馏分。

乙酸乙酯废液先用水洗几次，再用硫代硫酸钠稀溶液洗几次，使之褪色，再用水洗几次，蒸馏，用无水碳酸钾脱水，放置几天，过滤后蒸馏，收集沸点为 $76.0\sim77.0℃$ 的馏分。

氯仿、乙醇、四氯化碳等废溶液都可以通过水洗废液再用试剂处理，最后通过蒸馏收集沸点左右的馏分，得到可重复使用的溶剂。

4. 含石油、动植物性油脂的废液处理

此类废液包括：苯、己烷、二甲苯、甲苯、煤油、轻油、重油、润滑油、动植物性油脂及液体和固体脂肪酸等物质的废液。可燃性物质，可用焚烧法处理。难于燃烧的物质及低浓度的废液，则用溶剂萃取法或吸附法处理。含机油之类的废液，含有重金属时，要保管好焚烧残渣。

5. 含 N、S 及卤素类的有机废液处理

此类废液包含的物质：吡啶、喹啉、氨基酸、酰胺、二甲基甲酰胺、二硫化碳、二甲亚砜、氯仿、四氯化碳、氯乙烯类、氯苯类、酰卤化物等。可燃性物质，可用焚烧法处理，但必须采取措施除去燃烧产生的有害气体（如 SO_2、HCl、NO_2 等）。难燃烧的物质及低浓度的废液，用溶剂萃取法、吸附法及水解法进行处理。但氨基酸等易被微生物分解的物质，可用水稀释，检测合格后排放。

6. 含酚类物质的废液处理

酚属剧毒类物质，此类废液包括苯酚、甲酚、萘酚等。

低浓度的废液，可用吸附法、溶剂萃取法或氧化分解法处理。具体处理方法：向废液中加入次氯酸钠或漂白粉，然后加热，使酚分解为二氧化碳和水。如果是高浓度的含酚废液，可用乙酸丁酯萃取，再加少量的氢氧化钠溶液反萃取，调节 pH 值后进行蒸馏回收。浓度大的可燃性物质，也可用焚烧法处理。

7. 含有酸、碱、氧化剂、还原剂及无机盐类的有机类废液的处理

此类废液包括：含有硫酸、盐酸、硝酸等酸类和氢氧化钠、碳酸钠、氨等碱类，以及过氧化氢、过氧化物等氧化剂与硫化物、联氨等还原剂的有机类废液。

首先，按无机废液的处理方法进行中和处理。然后，若有机类物质浓度大时，用焚烧法处理（保管好残渣）。能分离出有机层和水层时，将有机层焚烧，水层或其浓度低的废液，用吸附法、溶剂萃取法或氧化分解法进行处理。其易被微生物分解的物质，可用水稀释，检测合格后排放。

8. 含有机磷的废液

此类废液包括：含磷酸、亚磷酸、硫代磷酸及膦酸酯类、磷化氢类以及磷系农药等物质的废液。

高浓度的废液进行焚烧处理（因含难燃烧的物质多，可与可燃性物质混合进行焚烧）。

低浓度的废液，经水解或溶剂萃取后，用吸附法进行处理。

9. 含天然及合成高分子化合物的废液

此类废液包括：含有聚乙烯、聚乙烯醇、聚苯乙烯、聚二醇等合成高分子化合物，以及蛋白质、木质素、纤维素、淀粉、橡胶等天然高分子化合物的废液。

其含有可燃性物质的废液，用焚烧法处理。而难焚烧的物质及含水的低浓度废液，经浓缩后，将其焚烧。蛋白质、淀粉等易被微生物分解的物质，可用水稀释，检测合格后排放。

四、活泼金属的处理

用剩的活泼金属残渣应缓慢滴加乙醇将所有金属反应完毕后，整体作为废液处理。

实验室的危险废物投放时要做好登记，以方便后续处理（图 9-2）。有些实验室废物混合时会发生反应，产生危险，切忌随意混合（表 9-1）。

编号：_____

实验室危险废物投放登记表

类别	□含卤素有机废液□其他有机废液 □含氰废液□含汞废液□重金属废液□废酸□废碱□其他无机废液 □废弃化学试剂□废弃包装物□废弃容器□其他固态废物			pH：_____ 实验室：_____	
序号	主要有害成分	数量	单位/mL(g)	投放日期	投放人(签字)

注：1. "类别"只能选择一种。

2. "主要有害成分"应按照环境保护部《中国现有化学物质名录》中的中文名称填写,不应使用俗称、符号、分子式代替。

3. "pH 值"是指液态废物收集器中废液的最终 pH 值。

4. 编号应与标签编号一致。

实验室联系人：_____　　　　单位联系人：_____　　　　交接日期：_____

图 9-2　实验室危险废物投放登记表示例

表 9-1　不相容危险废物混合时会产生的危险

不相容混合物		混合后产生的风险
甲	乙	
氰化物	酸类	产生氰化氢,吸入少量可能会致命
次氯酸盐	酸类、非氧化性	产生氯气,吸入可能会致命
铜、铬及多种重金属	酸类、氧化性,如硝酸	产生二氧化氮、亚硝酸盐,引致刺激眼睛及烧伤皮肤
强酸	强碱	可能引起爆炸性的反应及产生热能
铵盐	强碱	产生氨气,吸入会刺激眼睛及呼吸道
氧化剂	还原剂	可能引起强烈及爆炸性的反应及产生热能

注：摘自《危险废物贮存污染控制标准》（GB 18597—2001）。

▶▶ 习 题 ◀◀

一、选择题

1. 用过的废洗液正确的处理方法是（　　）。

A. 可直接倒入下水道　　　　　　　　B. 作为废液交相关部门统一处理

C. 可以用来洗厕所　　　　　　　　　D. 随意处置

2. 热处理实验采用的淬火介质如水、矿物油等，使用后如直接排入下水道会造成（　　）的污染。

A. 空气质量　　　B. 水环境　　　　C. 人身

3. 处理使用后的废液时，下列说法错误的是（　　）。

A. 不明的废液不可混合收集存放

B. 废液不可任意处理

C. 禁止将水以外的任何物质倒入下水道，以免造成环境污染和人身危险

D. 少量废液用水稀释后，可直接倒入下水道

4. 实验完成后，废弃物及废液正确的处置方法是（　　）。

A. 倒入水槽中　　　　　　B. 分类收集后，送中转站暂存，然后交有资质的单位处理

C. 倒入垃圾桶中　　　　　D. 任意弃置

5. 各实验室在运送化学废弃物到各校区临时收集中转仓库之前，可以（　　）。

A. 堆放在走廊上　　　　　B. 堆放在过道上

C. 集中分类存放在实验室内，贴好物品标签

6. 实验室危险化学废弃物，按其化学性质来分，可分为（　　）。

A. 化学活性废物和化学惰性废物

B. 有害废物、生物性废物、实验用剧毒品残留物和一般废物

C. 有机废物和无机废物

D. 固体废物和液体废物

7. 在实验过程中，废液须倒入符合要求的废液桶里，桶外须贴标签标示，下列说法错误的是（　　）。

A. 处理废弃物时，需边注意观察，边进行操作，要有安全意识

B. 危险物品的空器皿、包装物等，可直接改为他用或弃用

C. 进行统一收集处理，并有一定的规范记录

D. 不同废液倒进废液桶前，要检测其相容性，禁止将不相容的废液混装在同一废液桶内，以防发生化学反应而爆炸

8. 下列不属于有机固体废物处理方法的有（　　）。

A. 催化法　　　　　B. 封存填埋　　　　C. 焚烧　　　　D. 交专门垃圾处理场

9. 金属钠着火可采用的灭火方式有（　　）。

A. 泡沫灭火器　　　　B. 湿抹布　　　　C. 水　　　　D. 干沙

10. 实验室内为了减少汞液面的蒸发，下述哪些液体不可在汞液面上覆盖（　　）。

A. 5%的 Na_2S 水溶液　　B. $CuSO_4$ 水溶液　　C. 水　　　　D. 甘油

二、判断题

1. 实验中的过量化学品应当返回其原来的试剂瓶中，以免浪费。（　　）

2. 过期的、不知名的固体化学药品可自行处理。（　　）

3. 无机酸类废液，实验室可以收集后进行如下处理：将废酸慢慢倒入过量的含碳酸钠或氢氧化钙的水溶液中（或用废碱）互相中和，再用大量水冲洗。（　　）

4. 氢氧化钠、氨水等废液可以进行如下处理：用 6mol/L 盐酸水溶液中和，再用大量水冲洗。（　　）

5. 各实验室对所产生的化学废弃物必须要实行集中分类存放，贴好标签，然后送学校中转站，统一处置。（　　）

6. 各实验室在运送化学废弃物到各校区临时收集中转仓库之前，不得堆放在走廊、过道以及其他公共区域。（　　）

7. 实验中产生的废液、废物应分类集中处理，不得任意排放；未知废料不得任意混合。酸、碱或有毒物品溅落时，应及时清理及除毒。（　　）

8. 酸、碱、盐水溶液使用后，经自来水稀释后可直接排入下水道。（　　）

9. 实验室的废液可以放入同一个废液桶中进行处理。（　　）

10. 实验产生的废液（废酸、废碱等）和废弃固体物质可直接倒入下水道或普通垃圾桶。（　　）

11. 实验产生或剩余的易挥发物，可以倒入废液缸内。（　　）

12. 回收不便时可以将实验室废弃物掩埋处理。（　　）

13. 有异味或挥发性的废液或废物要丢弃在远离人群的地方。（　　）

14. 实验结束后，应该打扫卫生、整理或运走废弃的试样或物品。（　　）

15. 微生物实验中，一些受污染或盛过有害细菌、病菌的器皿和不要的菌种等，一定要经消毒和高压灭菌处理后，方可弃掉，而器皿才能再利用。（　　）

16. 化学废液要回收并集中存放，不可随意倒入下水道。（　　）

17. 产生少量有毒气体的实验应在通风橱内进行。通过排风设备将少量毒气排到室外（使排出气在外面大量空气中稀释），以免污染室内空气。产生毒气量大的实验必须备有吸收或处理装置。（　　）

18. 按国家有关规定处理有毒、带菌、腐蚀性的废气、废水和废物，集中统一处理放射性废物，谨防污染环境。（　　）

19. 化学废液要用适当的容器盛装存放、定点保存，不需要分类收集。（　　）

20. 酸、碱、盐水溶液使用后，均可不经处理直接排入下水道。（　　）

21. 待处置的培养物和污染材料可以和生活垃圾放在一起集中处理。（　　）

22. 在实验室不可佩戴隐形眼镜，应使用一般眼镜。（　　）

23. 回收不便时可以将实验室废弃物掩埋处理。（　　）

24. 过氧化物与有机物废物可以相互混合。（　　）

25. 高浓度芳香烃、硝基烃、卤代烃等的废气，可采用燃烧法处理。（　　）

26. 含氟废液应保存在玻璃容器中。（　　）

27. 不含重金属离子的无机酸类废液，实验室可以收集后进行如下处理：将废酸慢慢倒入过量的含碳酸钠或氢氧化钙的水溶液中（或用废碱）互相中和，再用大量水冲洗。
（   ）

28. 在处理叠氮化合物废渣时，可加入酸使其生成叠氮酸，再用大量水稀释后进行排放。（   ）

29. 实验室内的浓酸、浓碱如果不经处理，沿下水道流走，对管道会产生很强的腐蚀，又造成环境的污染。（   ）

30. 危险废物可以混入非危险废物中储存或混入生活垃圾中储存。（   ）

31. 化学危险品应当分类、分项存放，还原性试剂与氧化剂、酸与碱类腐蚀剂等不得混放，相互之间保持安全距离。（   ）

32. 含氟废液可以进行如下处理：加入石灰使生成氟化钙沉淀。（   ）

33. 能相互反应产生有毒气体的废液，不得倒入同一收集桶中。若某种废液倒入收集桶会发生危险，则应单独暂存于一容器中，并贴上标签。（   ）

34. 实验室内的浓酸、浓碱处理，一般要先中和后倾倒，并用大量的水冲洗管道。
（   ）

35. 盛装废弃危险化学品的容器和受废弃危险化学品污染的包装物，必须按照危险废物进行管理。（   ）

三、填空题

1. 汞易挥发，在人体内会积累起来，引起慢性中毒。盛汞的瓶中上层加_____防止汞挥发，其废液也不能倒入下水道，应统一回收处理。

2. 银氨溶液放久后会变成_____而引起爆炸，因此用剩的银氨溶液应及时处理。

3. 少量的废洗液可加废碱液或石灰使其生成_____沉淀，将其埋入地下即可。

4. 氰化物是剧毒物质，少量的含氰废液可先调至_____（酸、碱、中）性，再加入几克 $KMnO_4$ 使 CN^- 氧化分解。大量的含氰废液可用_____法处理，先用碱调至 $pH > 10.0$，再加入 $NaClO$ 使 CN^- 氧化成氰酸盐，并进一步分解为_____和_____。

四、分析题

1. 含 Hg^{2+}、Hg_2^{2+} 废液的处理，一般先用 Na_2CO_3 将废液调 pH 值为 8～12，加入 Na_2S，再加入 $FeSO_4$，使过量 S^{2-} 与 Fe^{2+} 及 Hg^{2+}、Hg_2^{2+} 生成共沉淀析出。写出相应的反应式，并分析汞盐（$HgCl_2$、Hg_2Cl_2）、甲基汞的毒性相对大小。日本 20 世纪 50 年代出现的水俣病是由哪种汞导致的汞中毒？

2. $Cr(Ⅵ)$ 的废液处理一般是先酸化，用过量 $FeSO_4$ 把 $Cr(Ⅵ)$ 还原为 $Cr(Ⅲ)$，再加 $NaOH$ 调 pH 值为 10～11，使 Cr^{3+} 及 Fe^{3+}、Fe^{2+} 共沉淀析出。写出相应的反应式，并说明 $Cr(Ⅵ)$ 和 $Cr(Ⅲ)$ 毒性的相对大小。

3. 试分析含银废液的处理方法。

4. 试分析含铜、锌废液的处理方法。

5. 试分析含碘废液的处理方法。

6. 试分析含无机卤化物废液的处理方法。

7. 试分析说明以下所列出的废液能否混合，并注明理由。

（1）氟化铵废液和氯化铵废液

（2）硫化钠废液和强酸性废液

（3）过氧化物和有机物

（4）铬酸洗液废液和稀硫酸废液

8. 试分析说明含氟废液不能保存在玻璃容器中。

9. 试分析含磷废液的处理方法。

习题参考答案 ▶▶

第一章　化学实验室概述

一、单选题

1～5	DDBDA	6～10	DABBA	11～15	ADDAD
16～20	DDDBB	21～25	DABCC	26～30	CDDDC
31～35	BABAB	36～40	BABBC	41～45	CBCDB
46～50	DCDBD	51～55	CCAAB	56～60	BBAAC
61～65	DBCBA	66～70	CADBB	71～73	ADD

二、多选题

1. ABCD　　2. ABCD　　3. ABCD　　4. ABC　　5. CD　　6. AB　　7. ABCD

8. BD　　9. BAF　　10. ABCD　　11. ABD　　12. ACD

三、判断题

1～5	××√××	6～10	××√√×	11～15	√√×××
16～20	×××√√	21～25	×√√××	26～30	√×√×√
31～35	×√×√×	36～40	√√√√√	41～45	√×××√
46～50	√×√√√	51～55	×√×√√	56～60	×√√√√
61～65	√√√√√	66～70	××√√√	71～75	√××√√
76～80	√×√√√	81～85	√√√××	86～90	√√√√√
91～95	√√√√√	96～100	√√√√√	101～105	√√√√√
106～110	√√√√√	111～115	××√×√	116～120	√××√√
121～125	√√√××	126～130	××√√√	131～135	××√√√
136～140	√×√√×	141～145	××√√√	146～150	√√√√√
151～155	√√√√√	156～160	√√×√	161～165	√×√√×
166～167	√×				

四、填空题

1. 石棉网

2. 水膜

3. 重铬酸钾

4. 少量多次

5. 少

6. 小

7. 肥皂水

8. 深褐

9. 碱　摩擦　吸附

10. 优级纯

11. 氧化焰

12. 18

13. 倒回原瓶，重复使用

14. 平放

15. 倒置

16. 先朝下　再朝上

17. 凹

18. 稀醋酸或 4.5％醋酸或 1％～2％硼酸或稀硼酸　10～15

19. 15

20. 10

第二章　安全科学的基本概念

一、单选题

1～5　BBAAC　　6～10　BBADC　　11～12　BC

二、判断题

1～5　√×√××　　6～10　√√×√√　　11～15　√×√√√

16～20　×√√×√　　21～25　×××√√　　26～29　√√√√

三、填空题

1. 必要性　普遍性　随机性　相对性　局部稳定性　经济性　复杂性　社会性

2. 本质及其规律

3. 危险源

4. 潜在危险性　存在条件　触发因素

5. 存在条件　触发因素　触发因素

6. 能量或危险物质的宣外释放

7. 技术控制　人行为控制　管理控制

8. 人的不安全行为　物的不安全状态　环境的不安全条件的缺陷

9. 可能性　后果

10. 正常　异常　紧急　过去　现在　将来

11. 风险识别　风险评估　风险控制

12. 可能性　损失　风险值　风险等级

13. 危险源辨识　风险评估　管理标准　管理措施　危险源

14. 风险预控　全员参与，持续改进　人员无失误　设备无故障　系统无缺陷　管理无漏洞

15. 物的不安全状态　人的不安全行为

16. 人的不安全行为　物的不安全状态　环境的不良刺激作用　直接原因　间接原因

17. 特殊事件　意外事件

18. 普遍性、随机性、必然性、因果相关性、突变性、潜伏性、危害性、可预防性

19. 不正确的态度　技术、知识不足　身体不适　不良的工作环境　强制管理　教育培训　工程技术

四、简答题

1. 强制管理、教育培训、工程技术。

2. 分别是人员的不安全因素、机（物）方面的不安全因素、环境方面的不安全因素以及管理方面的不安全因素。

3. 安全指没有危险，不受威胁，不出事故，即消除能导致人员伤害，发生疾病或死亡，造成设备或财产破坏、损失，以及危害环境的条件指在外界条件下处于健康状况，或人的身心处于健康、舒适和高效率活动状态的客观保障条件。

4. 必要性，普遍性，随机性，相对性，局部稳定性，经济性，复杂性，社会性。

5. 安全是相当的，危险是绝对的。首先，绝对安全的状态是不存在的，系统的安全是相对于危险而言的。其次，安全标准是相对于人的认识和社会经济的承受能力而言的，抛开社会环境讨论安全是不现实的，同一个危险源，由于评估风险地方法不同或者不同的人对风险的接受程度不同，对安全的认识不同。再次，人们的认识是无限发展的，对安全机理和运行机制的认识也在不断深化，由于人对危险的认知程度，在某一时认为是安全的，随着发展，在另外的时期可能就被认为是不安全的。

6. 事故是可能涉及伤害的、非预谋性的事件。事故是造成伤亡、职业病、设备或财产的损坏或损失或环境危害的一个或一系列事件。事故是违背人的意志而发生的意外事件。事故是人（个人或集体）在为实现某种意图而进行的活动过程中，突然发生的、违反人的意志的、迫使活动暂时或永久停止的事件。

特征：普遍性、随机性、必然性、因果相关性、突变性、危害性、潜伏性、可预防性

7. 安全生产是为了使生产过程在符合物质条件和工作秩序下进行，防止发生人身伤亡和财产损失等生产事故，消除或控制危险有害因素，保障人身安全与健康，设备和设施免受损坏，环境免遭破坏的总称。

8. 事故是可能涉及伤害的、非预谋性的事件。事故是造成伤亡、职业病、设备或财产的损坏或损失或环境危害的一个或一系列事件。事故是违背人的意志而发生的意外事件。事故是人（个人或集体）在为实现某种意图而进行的活动过程中，突然发生的、违反人的意志的、迫使活动暂时或永久停止的事件。

9. 一是由于人的不安全动作引起的事故，例如绊倒、高空坠落、人物相撞、人体扭曲等；二是由于物的运动引起的事故，例如人受飞来物体的打击、重物压迫、旋转物夹持、车辆压撞等；三是由于接触或吸收引起的事故，例如接触带电导体而触电，受到放射线辐射，接触高温或低温物体，吸有毒气体或接触有害物质等。

10. 危险源是指一个系统中具有潜在能量和物质释放危险的、可造成人员伤害、在一定的触发因素作用下可转化为事故的部位、区域、场所、空间、岗位、设备及其位置。

第三章　安全管理

一、单选题

1～5　BDBBD　6～7　AB

二、判断题

1～5　×××√√　6～10　×√√√×　11～12　××

三、填空题

1. 不伤害自己　不伤害他人　不被他人伤害　不愿看到他人被伤害
2. 设备的不安全状态　安全行为　不良的工作环境　劳动组织管理的缺陷
3. 遗传　环境
4. 人对人的管理　人、机、环境
5. 管理　人　机　环境　人
6. 人受伤害的原因是某种能量的转移
7. 人的不安全行为　物的不安全状态　环境的不安全条件　安全管理的缺陷
8. 人的个性

9. 人的因素　物的因素

10. 防止人的不安全行为　消除机械的或物质的不安全状态　中断事故连锁的进程

四、简答题

1. 管理是指在特定的环境条件下，对组织所拥有的人力、物力、财力、信息等资源进行有效的决策、计划、组织、领导、控制，以期高效地达到既定组织目标的过程。

2. 安全管理是管理者对安全生产进行计划、组织、指挥、协调和控制的一系列活动，以保护职工的安全与健康，保证企业（单位）生产的顺利发展，促进企业（单位）提高生产效率。

3. 安全管理的对象是单位生产系统这个人、机、环境系统中的各个要素，包括人的系统、物质系统、能量系统、信息系统以及这些系统的协调组合。

4. （1）强调以人为中心的安全管理，体现以人为本的科学的安全价值观。安全生产的管理者必须时刻牢记保障劳动者的生命安全，它是安全生产管理工作的首要任务。在实践中，要把安全管理的重点放在激发和激励劳动者对安全的关注度、充分发挥其主观能动性和创造性上面来，形成让所有劳动者主动参与安全管理的局面。（2）强调系统的安全管理。也就是要从企业的整体出发，实行企业全员、全过程、全方位的安全管理，使企业整体的安全生产水平持续提高。（3）信息技术在安全管理中的广泛应用。信息技术的普及与应用加速了安全信息管理的处理和流通速度，并使安全管理逐渐由定性走向定量，使先进的安全管理经验、方法得以迅速推广。

5. 传统安全管理的特点主要是依靠方针、政策、法规、制度，凭经验直觉，靠强制命令、办法，是人管人，工作以"事后"为主。

现代安全管理主要是在传统安全管理的基础上，注重系统化、整体化、横向综合化，运用新科技和系统工程的原理与方法，完善系统，达到本质安全化，工作以"事前"为主。

6. 安全评价的目的是查找、分析和预测工程、系统中存在的危险、有害因素及可能导致的危险、危害后果和程度，提出合理可行的安全对策措施，指导危险源临近和事故预防，以达到最低事故率、最少损失和最优的安全投资效益。

7. 遗传及社会环境、人的缺点、人的不安全行为和物的不安全状态、事故、伤害。

8. 轨迹交叉理论是一种研究伤亡事故致因的理论，轨迹交叉理论可以概括为：设备故障（或物处于不安全状态）与人失误，两事件链的轨迹交叉横会构成事故。在多数情况下，由于企业管理不善，工人缺乏教育训练，或者机械设备缺乏维护、检修以及安全装置不完备，导致人的不安全行为或物的不安全状态。轨迹交叉理论作为一种事故致因理论，强调人的因素和物的因素在事故致因中占有同样重要的地位。按照该理论，可以通过避免人与物两种因素运动轨迹交叉，即避免人的不安全行为和物的不安全状态同时、同地出现，来预防事故的发生。

9. 人的不安全行为或者物的不安全状态是由于人的缺点造成的，人的缺点是由于不良的环境诱发或者由先天的遗传因素造成的。安全工作的中心就是防止人的不安全行为，消除机械或物的不安全状态，中断事故连锁的进程，从而避免事故的发生。

10.事故是一种不正常的或不希望的能量释放，意外释放的各种形式的能量是构成伤害的直接原因。因此，应该通过控制能量，或控制作为能量达及人体媒介的能量载体来预防伤害事故。

第四章　化学品

1.第一项：化学品名称和制造商信息。第二项：化学组成信息。第三项：危害信息。第四项：急救措施。第五项：消防措施。第六项：泄漏应急处理。第七项：操作和储存。第八项：接触控制和个人防护措施。第九项：理化特性。第十项：稳定性和反应活性。第十一项：毒理学信息。第十二项：生态学信息。第十三项：废弃处置。第十四项：运输信息。第十五项：法规信息。第十六项：其他信息。

2.NFPA 704警示菱形按颜色分为四部分：蓝色表示健康危害性；红色表示可燃性；黄色表示反应性；白色用于标记化学品的特殊危害性。

3.替代、变更工艺、隔离、通风。

4.管理控制的目的是通过登记注册、安全教育、使用安全标签和安全技术说明书等手段对化学品实行全过程管理，从而减少事故的发生。

5.主要分为过滤式和隔绝式两大类。

过滤式呼吸防护用品是依据过滤吸收的原理，利用过滤材料滤除空气中的有毒、有害物质，将受污染空气转变为清洁空气，供人员呼吸的一类呼吸防护用品。如防尘口罩、防毒口罩和过滤式防毒面具。

隔绝式呼吸防护用品是依据隔绝的原理，使人员呼吸器官、眼睛和面部与外界受污染空气隔绝，依靠自身携带的气源或靠导气管引入受污染环境以外的洁净空气为气源供气，保障人员正常呼吸和呼吸防护用品，也称为隔绝式防毒面具、生氧式防毒面具、长管呼吸器及潜水面具等。

过滤式呼吸防护用品的使用要受环境的限制，当环境中存在着过滤材料不能滤除的有害物质，或氧气含量低于18%，或有毒有害物质浓度较高（>1%）时均不能使用，这种环境下应用隔绝式呼吸防护用品。

6.可燃物、氧化剂和点火源。

7.分为物理爆炸、化学爆炸及核爆炸。

8.爆炸的破坏形式通常有直接的爆炸作用、冲击波的破坏作用、造成火灾、造成中毒和环境污染。

9.LD_{50}即半数致死量，是描述有毒物质或辐射毒性的常用指标。按照医学主题词表（MeSH）的定义，LD_{50}是指能杀死一半实验总体的有害物质、有毒物质或游离辐射的剂量。这一测试最先由J. W. Trevan于1927年发明。

经口LD_{50}即实验动物口服后，在预定时间内，至50%个体死亡的剂量。

LC_{50}表示吸入外源化学物后杀死一半受试动物浓度。由于受试动物的体重不同，抵抗中毒能力不同，所以 LD_{50} 和 LC_{50} 均视为单位体重的剂量或单位体重的浓度。

第五章　危险化学品

一、单选题

1～5	DDDBC	6～10	BAABD	11～15	DDDCA	16～20	AABAD

21～25　ABDCA　26～30　CCCAA　31～35　BDCBC　36～40　CBAAD

41～45　BACCC　46～50　DDBDC　51～55　BACBA　56～60　DCADC

61～65　BDDCA　66～70　CDDDB　71～73　ABC

二、多选题

1. ABC　　2. ABC　　3. ABCD　　4. ABCDE　　5. ABCD　　6. ABCD

7. ABCDE　　8. ABC　　9. ABCD　　10. ABCD　　11. ABD　　12. ABCD

13. ABCD　　14. ABCDE　　15. ACDE　　16. CD　　17. BCE

三、判断题

1～5　××√√√　　6～10　√√×××　　11～15　√√√√√

16～20　√√√√√　　21～25　√√√√√　　26～30　√√×√√

31～35　√√√√×　　36～40　√√√√√　　41～45　√√××√

46～50　√√√√×　　51～55　√√√√√　　56～60　√√√√√

61～65　√√×√√　　66～70　√√√×√　　71～75　√√√√√

76～80　√√×√√　　81～85　√√√√×　　86～90　√××××

91～95　√×××√　　96～100　√√√×√　　101～105　√√√√×

106～107　√√

四、填空题

1. 特别易燃物质　一般易燃性物质

2. 高度易燃物质　中等易燃物质　低易燃物质　70℃　20～70℃　20℃

3. 燃烧　爆炸　腐蚀　中毒

4. 通风橱

5. 水　煤油

6. 毒气　剧毒物　毒物

7. 人类健康　环境

8. 爆炸

9. 物理危险　健康危害　环境危害

第六章　消防安全

一、选择题

1~5　CADCA	6~10　CDCAA	11~15　BCACD	16~20　BBCDB
21~25　DCBBB	26~30　BCBCA	31~35　CCBCC	36~40　BABBC
41~45　CCBAB	46~49　CBCA		

二、判断题

1~5　√××××	6~10　××××√	11~15　√√√×√
16~20　√√√√√	21~25　√√√√√	26~30　√√√√√
31~35　√√√√√	36~40　√√×√√	41~45　√√√√×
46~50　√×××√	51~55　√√√√√	56~60　√√√√√
61~65　×√√√√	66~70　√√√√×	71　√

三、填空题

1. 热传导　热对流　热辐射
2. 着火源　助燃物　可燃物
3. 隔离法　窒息法　冷却法　化学抑制法
4. 烟气
5. 窒息灭火法
6. 爆炸下限　爆炸上限
7. 局部通风　全面通风　局部通风　全面通风
8. 过滤式（净化式）　隔绝式（供气式）
9. 不缺氧　低浓度
10. 发光　发热
11. 气体燃烧　液体燃烧　固体燃烧
12. 气体　能量　可见烟　悬浮固体　液体粒子　气体组成
13. 高压气体　高温高压气体
14. 爆炸上限　爆炸下限

四、简答题

1. 反应速率极快，通常在万分之一秒以内即可完成；释放出大量的热；产生大量的气体。

2. 一是可燃性气体与空气混合，达到其爆炸极限浓度时着火而发生燃烧爆炸；一是易于分解的物质，由于加热或撞击而分解，产生突然汽化的分解爆炸。

3. 闪燃、着火、自燃、爆炸。

4. 一氧化碳中毒的机制，是空气中的一氧化碳浓度过高，人体吸入高浓度的一氧化碳，而一氧化碳进入人体后与血液中的血红蛋白相结合，形成碳氧血红蛋白，而碳氧血红蛋白失去了携带氧气及运输氧气的能力，最终造成全身各个组织器官的缺氧，造成中毒。

5. 火灾是指在时间或空间上失去控制的燃烧所造成的灾害。新的标准中，将火灾定义为在时间或空间上失去控制的燃烧。

①扑救 A 类火灾可选择水型灭火器、泡沫灭火器、磷酸铵盐干粉灭火器，卤代烷灭火器。②扑救 B 类火灾可选择泡沫灭火器（化学泡沫灭火器只限于扑灭非极性溶剂）、干粉灭火器、卤代烷灭火器、二氧化碳灭火器。③扑救 C 类火灾可选用干粉、水、七氟丙烷灭火剂。④扑救 D 类火灾可选择粉状石墨灭火器、专用干粉灭火器，也可用干沙或铸铁屑末代替。⑤扑救 E 类火灾可选择干粉灭火器、卤代烷灭火器、二氧化碳灭火器等。带电火灾包括家用电器、电子元件、电气设备以及电线电缆等燃烧时仍带电的火灾，而顶挂、壁挂的日常照明灯具及起火后可自行切断电源的设备所发生的火灾则不应列入带电火灾范围。⑥扑救 F 类火灾可选择干粉灭火器。

6. 从内在原理来说，烟雾报警器就是通过监测烟雾的浓度来实现火灾防范的，它在内外电离室内有放射源镅 241，电离产生的正、负离子，在电场的作用下各自向正负电极移动。在正常的情况下，内外电离室的电流、电压都是稳定的。一旦有烟雾窜入外电离室，干扰了带电粒子的正常运动，电流、电压就会有所改变，破坏了内外电离室之间的平衡，于是无线发射器发出无线报警信号，通知远方的接收主机，将报警信息传递出去。

第七章　压力容器

一、选择题

1～5　BCBBC　　6～10　DAABA　　11～15　ACBCA　　16～20　CAACB
21～22　CB　　23　AC

二、判断题

1～5　×××√√　　6～10　×√××√　　11～15　×××√√
16～20　×√×√√　21～24　√√×√

三、填空题

1. 高压容器　气体钢瓶

2. 中毒　爆炸　火灾

3. 深绿　天蓝　黑，黄

4. 螺扣要旋紧　动作必须缓慢　开关阀　减压器（阀）　关闭开关阀放尽余气后关减压器（阀）

5. 0.05MPa　0.2～0.3MPa　2MPa

6. 良好的通风　散热　防潮

7. 大于10m　隔离

8. 活性炭　丙酮　乙炔

9. 液氮储存罐　液氮运输罐　冻伤　窒息

10. 永久性气体气瓶　液化气体气瓶　溶解乙炔气瓶

第八章　实验室安全用电常识

一、选择题

1～5　ACDDA　　6～10　ACDDC　　11　D　　12　BC　　13　ABCD
14　ABCD

二、判断题

1～5　×√√××　　　6～10　×√√×√　　　11～15　×√√√√
16～20　×√√√√　　21～24　√√√√

第九章　实验室废弃物处理

一、选择题

1～5　BBDBC　　6～10　CBADB

二、判断题

1～5　××√√√　　　6～10　√√×××　　　11～15　×××√√
16～20　√√√××　　21～25　×√××√　　　26～30　×√√√×
31～35　√√√√√

三、填空题

1. 水（或甘油）
2. 氮化银
3. 氢氧化铬
4. 碱　碱性化　CO_2　N_2

四、分析题

1. $Hg^{2+} + S^{2-} = HgS\downarrow$

   $Hg_2^{2+} + S^{2-} = Hg_2S\downarrow$

   $Fe^{2+} + S^{2-} = FeS\downarrow$

毒性：甲基汞 $> HgCl_2 > Hg_2Cl_2$。

水俣病是由甲基汞导致的汞中毒。

2. $Cr_2O_7^{2-} + 6Fe^{2+} + 14H^+ = 2Cr^{3+} + 6Fe^{3+} + 7H_2O$

   $Cr^{3+} + 3OH^- = Cr(OH)_3\downarrow$

   $Fe^{3+} + 3OH^- = Fe(OH)_3\downarrow$

   $Fe^{2+} + 2OH^- = Fe(OH)_2\downarrow$

毒性：$Cr(Ⅵ)$ 大于 $Cr(Ⅲ)$

3. 含银废液中回收银的方法有沉淀法、电解法和离子交换法等，最常用的是沉淀法。沉淀法是在废液中加入 Na_2SO_4 等含 SO_4^{2-} 的溶液，将废液中的 Ag^+ 转化为相对应的 Ag_2SO_4 沉淀，然后进行过滤回收处理。

当废液中含有多种金属离子时回收 Ag^+，加入盐酸可避免共沉淀现象。此种情况下，先在废液中加入盐酸调节 pH 值，再加入 NaCl 得到 AgCl 沉淀，将得到的白色 AgCl 沉淀用硝酸洗涤后过滤回收。

当收集的废液为碱性时，加入 NaCl 会使其他金属的氢氧化物和 AgCl 一起沉淀，用盐酸洗沉淀可除去其他金属离子。得到的 AgCl 用硫酸和锌粉还原直到沉淀内不再有白色物质，生成的单质银以暗灰色细小颗粒的形式析出，水洗，烘干，用石墨或刚玉坩埚熔融可得块状的金属银。

4. 实验室处理含铜废液时可以加入 NaOH 等碱性溶液，然后调节溶液的 pH 值至碱性，把废液中 Cu^{2+} 转化为相对应的 $Cu(OH)_2$ 沉淀，然后对沉淀进行过滤回收。最后在滤液中加入稀盐酸或者稀硫酸等酸性物质进行中和，调节溶液 pH 值为 7.0 左右。

实验室在处理含锌废液时可以加入 NaOH 等碱性溶液，使废液中的 Zn^{2+} 全部转化成 $Zn(OH)_2$ 沉淀而除去。

5. 用 NaClO 将 I^- 氧化为 I_2，减压过滤分离出粗碘，升华提纯后回收 I_2；用 CCl_4 萃取滤液中未提取的 I_2。萃取液经分馏浓缩得到 I_2 的四氯化碳溶液，封口保存。处理后的废液检测合格后排放。

6. 将含 $AlBr_3$、$AlCl_3$、$SnCl_4$、$TiCl_4$ 等无机卤化物的废液，放入蒸发皿中，投入适

量高岭土和碳酸钠（1∶1）的干燥粉末，将其与卤化物废液充分搅拌混匀，然后在搅拌下喷洒1∶1的氨水，至不再有 NH_4Cl 白烟放出，静置至溶液澄清，过滤分离沉淀物，经检验滤液合格后排放。

7.（1）能，不反应。

（2）否，反应会生成 H_2S 挥发污染环境。

（3）否，可能引起强烈及爆炸性的反应及产生热能。

（4）能。

8. 因为氢氟酸腐蚀玻璃，发生的反应为：

$$SiO_2 + 4HF =\!=\!= SiF_4 \uparrow + 2H_2O$$

9. 国内外废水除磷技术主要有生物法和化学法两大类。生物法主要适合处理低浓度及有机态含磷废水；化学法主要适合处理无机态含磷废水。化学沉淀法是利用多种阳离子与废水中的磷酸根结合生成沉淀物质，从而使磷有效地从废水中分离出来。与其他方法相比，化学沉淀法具有操作弹性大、除磷效率高、操作简单等特点。

在沉淀法除磷中，化学沉析剂主要有铝离子、铁离子和钙离子，其中石灰和磷酸根生成的羟基磷灰石的平衡常数最大，除磷效果最好。投加石灰于含磷废水中，钙离子与磷酸根反应生成沉淀，反应如下：

$$5Ca^{2+} + 7OH^- + 3H_2PO_4^- =\!=\!= Ca_5(OH)(PO_4)_3 \downarrow + 6H_2O \qquad\qquad (1)$$

副反应：$\qquad\quad Ca^{2+} + CO_3^{2-} =\!=\!= CaCO_3 \downarrow \qquad\qquad\qquad\qquad\qquad (2)$

反应（1）的平衡常数 $K = 10^{-55.9}$，除磷效率取决于阴离子的相对浓度和 pH 值。磷酸盐在碱性条件下与钙离子反应生成羟基磷酸钙，随着 pH 值的增加反应趋于完全。当 pH 值大于 10.0 时除磷效果更好，废液中磷的含量低于 0.5mg/L。反应（2）即钙离子与废水中的碳酸根反应生成碳酸钙，它对于钙法除磷也非常重要，不仅影响钙的加入量，同时生成的碳酸钙作为增重剂，有助于凝聚而使废水澄清。

参考文献

[1] 孙建之，董岩．地方高校化学实验室安全管理中存在的问题及对策［J］．实验室研究与探索，2017，36（5）：286-289.

[2] 张景林，林柏泉．安全学原理［M］．北京：中国劳动社会保障出版，2009.

[3] 邹碧海．安全学原理［M］．成都：西南交通大学出版社，2019.

[4] 姜忠良，等．实验室安全基础［M］．北京：清华大学出版社，2009.

[5] 北京大学化学与分子工程学院实验室安全技术教学组．化学实验室安全知识教程［M］．北京：北京大学出版社，2012.

[6] 蔡乐等．高等学校化学实验室安全基础［M］．北京：化学工业出版社，2018.

[7] 雄伟，牟琳，尚勇．安全生产职业培训中"安全本质"的教学思考［J］．中国安全科学学报，2009，19（6）：65-69.

[8] 刘景良．安全管理．北京：化学工业出版社，2008.

[9] 饶国宁，陈网桦，郭学永．安全管理．南京：南京大学出版社，2010.

[10] 周文斌，马学忠．安全管理中的侥幸心理：表现、成因与干预［J］．中国人力资源开发，2014（17）：37-42.

[11] 于丽娜．化学品相关标准及其分类方法探讨［J］．环境工程技术学报，2012，2（1）：76-80.

[12] 林鹏程．浅谈粉尘爆炸火灾特点及预防对策［J］．中国新技术新产品，2011（21）：185-186.

[13] 罗文平，李小林．高校实验室化学品安全管理［J］．化工管理，2019（2）：43-44.

[14] 赵忠林．国外实验室化学品安全管理介绍［J］．职业卫生与应急救援，2013，31（3）：167-169.

[15] 朱明辉，武成杰，徐敏，等．关于危险化学品火灾爆炸事故危害范围的探讨［J］．科技资讯，2018，16（01）：65-68.

[16] 高存文．浅议化学品火灾与爆炸的危害［J］．太原科技，2003（3）：29-30.

[17] "全国化学品安全卫生知识有奖问答"讲座（第二讲）——化学品的火灾与爆炸危害［J］．劳动保护科学技术，1998（3）：62-64.

[18] 崔少朴，刘宜新，李旭，等．爆炸极限的影响因素及常用防爆措施，中国石油和化工标准与质量，2013-12-10，236-238.

[19] TSG 21-2016 固定式压力容器安全技术监察规程．国家质量监督检验检疫总局颁布，2016.02.22

[20] 郁先哲，黄少云．无机化学实验室常见废液的处理方法［J］．实验科学与技术，2016，14（2）：195-196.

[21] 郑传明，支俊格，龙海涛．高校化学实验室危险化学废弃物回收处理［J］．科技创新导报，2018，15（27）：102-103.

[22] 陆广农，杨柳，卢正丹．化学实验室无机废液的处理方法．实验室科学，2015，18（4）：193-196.

[23] 邵艳秋，姜封庆，蔡雪，等．高校化学实验室常见无机废液的处理方法，广东化工，2019，46（5）：263，262.

[24] 邓佑林，陆婷婷，黄秀香，等．有机化学实验教学过程中实验室废液处理的探讨［J］．广州化工，2019，47（24）：166-168.

[25] 张键，周骥平，周俊．高校实验室废液处置体系的初步建构［J］．实验技术与管理，2014，31（8）：232-235.

[26] 国家危险废物名录（2021年版）．生态环境部，2020-11-05 发布.

[27] 谭大志，张文珠，赫英辉，等．化学教学实验室废液的管理探索［J］．化工高等教育，2018，（5）：59-62.

[28] 污水排入城镇下水道水质标准．（CJ343-2010）．中华人民共和国住房和城乡建设部，2010.07.29.

[29] 实验室危险化学品安全管理规范（DB11T 191.2—2018）．北京市质量技术监督局，2018.04.04.